金子邦彦 Kunihiko KANEKO

普遍生物学

物理に宿る生命、生命の紡ぐ物理

東京大学出版会

Universal Biology:

Macro-Micro Consistency Principle for Robust Living Systems

Kunihiko KANEKO

University of Tokyo Press, 2019

ISBN978-4-13-062620-0

はじめに

　量子力学の祖の一人，Schrödinger は 70 年ほど前，『生命とは何か』という書で，情報を担う分子としての DNA の性質を予言し，また非平衡性の意義を論じました．この著は物理学者として生命の普遍的性質を解明しようとしたもので，分子生物学の興隆への大きな一石となりました．そして分子生物学の発展とともに，生物内の個々の分子の性質は調べ挙げられてきました．しかし，核酸やタンパク質の存在だけでは生きていることになりません．むしろ分子が集まってなりたつ，「生きている状態とは何か」の答えが今，求められています．

　「生命とは何か」をいいかえて，「生命一般になりたつ普遍的性質は何か，それをどう理解するか，そのための学問体系はできないか」という問題設定をおいてみます．とても困難にもみえます．しかし，人類はかつて個々の分子によらずにシステム全体をとらえる「熱力学」をつくることに成功しました．では「生きている状態」を規定して，それのみたすべき普遍的性質や一般的法則を求められないでしょうか．これが本書の問いです．

　生物は分子が集まって細胞をつくり，細胞が集まって個体をつくり，個体が集まって生態系をつくるというような階層をなします．本書では分子や細胞の要素 1 つ 1 つの探索ではなく，要素とその集団の階層間整合性を指導原理として，遺伝，複製，適応，発生，進化の基本的性質を考えていきます：まず，生物でいう非平衡性とはどういうことかを考え直して細胞成長の法則を探ります．次に生命システムは環境変化に適応するべく状態を変化させる可塑性を有する一方で，できるだけ内部状態を維持する頑健性をもつことに着目し，この一見相矛盾する性質が多成分の力学系の中でどう表現されるかをみていきます．さらに細胞内の反応変化だけをとっても桁違いに異なる時間スケールの階層があることに注目し，異なる時間スケールでの現象間の整合性という観点から適応，

記憶，進化を考えます．変化しやすい細胞が集まって互いに相互作用すると各細胞状態が異なるタイプに（不可逆的に）分化し，それにより安定した細胞集団が形成されるという多細胞生物の一般原理を追究します．そして可塑性をゆらぎと結びつけることでデタラメな遺伝的変異と淘汰というだけでは語りえない，（表現型の）進化の方向性と拘束を明らかにします．

　もちろん本書の目標である，熱力学に匹敵するような生命の普遍的性質の理解——「普遍生物学」の体系——が一朝一夕でできるわけではありません．

　ここで普遍生物学という，耳慣れないであろう言葉を使いました．この学問分野を提唱したのは，私の知る限りでは，小松左京のSF『継ぐのは誰か』が最初です．そのSFの中で定義される普遍生物学はたまたま地球で進化した生物だけでなく，宇宙でも，（現代でいえば）実験室内の人工細胞系でもなりたつべき普遍的性質を理解しようという分野です．1968年にかかれた，このSFでは生命のありうるパタンを探る普遍的原理を探る研究者が登場します．そしてこの小説の舞台はまさに21世紀初頭の今です．ではこのSFがかかれて半世紀，このSFの「予言」にどこまで迫れているでしょうか．本書は，現段階での故小松左京さんへのレポートです．

　生命は「非常に多様な成分をもち，その状態をほぼ維持して，かつ，再生産する能力を有している」というユニークな状態です．この普遍性クラスをあらわす状態方程式はみつけられるでしょうか．そこから「複製」，「適応」（可塑性と頑健性の両立），「記憶」（固有時間の生成と履歴），「分化」（細胞にせよ種にせよ離散的なタイプへ多様化する傾向）そして「進化」（表現型変化の起こりやすさと制約）の原理をどこまでみいだせるでしょうか．本書がそうした問題を考えるための一歩となれば幸いです．

　2003年に『生命とは何か』を上梓し，2009年に改訂版も著しました．この書はおかげをもちまして好評裏にうけとめられ，専門書としては異例なことに1万部を突破しました．50年ほど前にモノーの『偶然と必然』がフランスでベストセラーになっているのをみて彼我の文化レベルの差を嘆いていた識者がおられましたが，前著をこれだけの方に支持していただいたことには，日本の皆さんの基礎科学への関心はけっしてひけをとるものではない，とおおいに勇気づけられました．

　その励ましで本書の執筆にかかりましたが，正直，前著よりも完成に時間がかかってしまいました．自然科学はやはり積み重ねで進むものですので，本書

の内容の基盤には前著で述べた研究があります．といっても読者の皆さんがそれを読まれていることを前提にするのは避けたいですし，その一方で前著との繰り返しが多くては読者の皆さんに失礼です．こうした，ややもすれば両立しにくい希望をどうみたすか悩みつつ星霜を重ねてしまったというのもあります．本書では，前書の内容は必要に応じて極力簡単に振り返る，ということでこの2つの要請をみたすよう心がけました．

　前著について大学1年生の読者に，「この本，生物学の本だと思って読みだしたら戸惑いましたけど，その先入観をはずして読んだら，面白かったです」といわれたことがあります．本書でも遺伝子や分子の名前はほとんど登場しません．生物の実験の話はしばしば出てきますが，その詳細ではなく，実験結果からどのように生命システムの普遍的性質を引き出せるかが主題です．理論の話も数学や物理に基づき計算機シミュレーションもふまえた結果ですが，式を扱うのが本筋ではなく——式が出てきても読み飛ばしてかまいません——，大自由度のダイナミックなシステムの中に生命の安定した性質がいかに宿るかが主題です．これまでの生物学や物理学といった学問分類の先入観をいったんとりはずして，科学を学びはじめた頃の気持ちに立ち返って楽しんでいただけたらと思います．

　まず本書の第1, 2章では普遍生物学の目指すもの，その方法論を概観します．とくに分子 – 細胞 – 個体 – ⋯ の各階層でマクロ（上位）の頑健性に着目した現象論，ミクロ（下位）の普遍的統計法則，マクロ – ミクロの間の整合性がもたらす法則，そして時間的な階層性，さらにはそれらへの実験アプローチという5つの方法論を提示します．それをふまえて細胞複製（第3章），可塑的変化と内部状態の恒常性を両立させた生物の適応過程（第4, 5章），動的な記憶（第6章），細胞分化（第7章），ゆらぎと進化の関係（第8章），そして表現型進化の拘束と方向性（第9章）が議論されます．第10章は現在進行形の研究として，生命起源や多細胞生物の階層性と機能分化，発生過程と進化過程の関係，そして脳の動的記憶と学習を階層間整合性の立場から述べ，最後に本書の問題を扱うために必要な数理の枠組を議論します．

　本書は第1, 2章のあとで興味に応じて第3–9章のどの章に進んでも理解できるよう構成したつもりです．もちろん順に全体を読んでいただければありがたいですが．一方，第1, 2章で抽象的でわかりにくかった箇所はとりあえず読み飛ばして後の章を読んだあとに振り返っていただけると幸いです．

本書の研究の完全な理解にはある程度，数式を含む理論が必要ですが，一方でその本質の直感的な理解には必ずしも式を追う必要はありません．ただ，式で示したほうがわかりやすいという方（とくに物理系の方）のことも考えて，式を一部では用い，ただし，それは飛ばしても理解できるようにつとめました．皆さんそれぞれの関心，いままでの履歴に応じて読んでいただければ幸いです．

　本書も前書同様多くの方の支えで完成しました．まずは科学研究費そして複雑生命システム動態研究教育拠点 (2013–2017)，東京大学生物普遍性研究機構 (2017–) を通して，本書の基となる基礎研究を支援し続けてくださった，日本国民の皆様に深謝いたします．また伏見譲先生，柳田敏雄先生，和田昭允先生には折にふれてさまざまな励ましをいただきました．そして本書は，すべてお名前を挙げることができないくらい多くの方との共同研究によってなりたっています．とくに畠山哲央氏，若本祐一氏，津留三良氏，井上雅世氏，姫岡優介氏，上村淳氏，香曽我部隆裕氏，栗川知己氏，山岸純平氏には多くの図も提供していただきました．そして古澤力氏には 20 年以上の共同研究の成果，議論，多くの図を通して共著者ともなすべきほどのご支援をいただきました．高木拓明氏と山岸純平氏からは初稿への多くのご指摘をいただきました．このほかすべてのお名前は挙げられませんが多くの共同研究者や研究室の方々にもさまざまな助けをいただきました．こうした皆様に心から感謝いたします．

　また本書の多くの部分は東京大学理学部物理学科および教養学部統合自然科学科での普遍性生物学の講義に基づいており，その一端は大阪大学生命機能研究科，北海道大学，京都大学，お茶の水女子大学などでも講義，さらには高校生向けの学校（数理の翼など），一般向けの講演会（生命誌研究館など）で講演しました．他方，イタリア，デンマーク，ドイツ，フランス，スペイン，アイルランド，アルメニア，アルゼンチン，アメリカ，インド，中国などでの国際会議やスクールでも講演しました．これらの受講者や参加者の方たちからの刺激的なフィードバックも本書の完成には大きな助けとなりました．また本書の一部はプリンストン高等研究所，ニールス・ボーア研究所，インド国立生物学センター滞在中に構想を練りました．そしていうまでもありませんが東京大学生物普遍性研究機構の活動やメンバーの方々との議論は本書執筆の大きな支えとなっています．あらためて感謝いたします．

　本書では表カバーに葛飾北斎の東町祭屋台「鳳凰」そして裏カバーには生命誌研究館の生命誌マンダラを使わせていただきました．普遍生物学ではこの地

vi　　はじめに

上で進化した多様な生物，さらにはありうるべき生命体までがみたす普遍法則と性質の解明を目指しています．鳳凰図を後者，生命曼荼羅を前者の体現とみとっていただけないでしょうか．とくに鳳凰は（一見力学系の軌跡とも見まがうような）躍動する姿の中に「物理に宿る生命」，そしてほとばしる活力の中に「生命の紡ぐ物理」という分野の胎動を感じとっていただければ幸いこの上ありません．

　最後になりますが，前著については大沢文夫先生から過褒ともいうべき素晴らしい書評をいただきました．本書も完成したらまっさきにお届けしようと思っていましたのに，3月に訃報に接しました．あと一歩，間に合いませんでした．残念でなりません．今となってはご意見をうかがうこともかないませんが，これまでのご議論，激励に感謝して本書を捧げたいと思います．

金子邦彦

目次

はじめに .... *iii*

第1章　普遍生物学 *1*

1.1　普遍生物学の可能性——生命一般の性質はあるのではないか？ *1*

1.2　生命の基本的性質 *4*

　　1.2.1　活動性，頑健性，可塑性 *4*

　　1.2.2　自律性 *6*

1.3　多様性 *7*

1.4　生きている状態の理論について——生命システムのマクロ状態
　　理論の可能性 *11*

　　1.4.1　生命は理解できるという可能性に賭けてみよう *11*

　　1.4.2　熱力学をふりかえる *13*

　　1.4.3　生命状態現象論の可能性——熱力学の成功を意識して *18*

1.5　生物複雑系の見方——階層間の動的整合性 *25*

1.6　整合性とタイプ化 *29*

　　1.6.1　整合性をみたす状態 *29*

　　1.6.2　タイプ化のアトラクター描像 *29*

　　1.6.3　タイプ化の分岐描像 *30*

　　1.6.4　タイプ間の遷移 *31*

1.7　まとめ *32*

第2章　普遍生物学の方法論 *33*

2.1　階層間整合性 *33*

2.2　Ａ：マクロ現象論 *34*

2.3 B：ミクロからみた整合性——多成分全体での統計則（ミクロ） *35*

    2.3.1 ミクロ大自由度モデルの意義 *35*

    2.3.2 成分にわたる統計法則 *36*

    2.3.3 ゆらぎの性質——対数正規分布 *37*

2.4 C：マクロ‐ミクロ整合性 *38*

    2.4.1 整合性の意義 *38*

    2.4.2 増殖共通の帰結——μ 理論（ミクロ平均量とマクロ増殖）.. *39*

    2.4.3 強いホメオスタシス原理 *44*

2.5 D：時間スケール階層性と整合性 *45*

    2.5.1 生命における多時間スケール *45*

    2.5.2 時間スケールの異なる現象間の干渉と制御 *47*

2.6 E：実験 *49*

    2.6.1 整合性への実験アプローチ *49*

    2.6.2 構成生物学 *50*

2.7 F：整合性の破れと可塑性の回復 *53*

2.8 まとめ *54*

第 3 章　細胞の複製——熱力学，ゆらぎ，整合性 *55*

3.1 多様な成分をもつ複製系に関する問い *55*

    3.1.1 非平衡性 *55*

3.2 成長細胞のマクロ現象論 (A) *58*

    3.2.1 自己触媒による平衡化と成長 *58*

    3.2.2 成長に関する法則 *62*

    3.2.3 成長と栄養消費とロスによる熱力学形式 *63*

3.3 触媒反応ネットワークからみえる分布則とマクロ状態論 (B, C) *65*

3.4 細胞状態の転移——触媒枯渇による遅いダイナミクスと整合性

    の破れ (D, F) *66*

3.5 実験——成長速度，世代時間，成分濃度のゆらぎの法則 (E).... *71*

    3.5.1 （マクロ）成長速度とゆらぎの法則 *71*

    3.5.2 分裂時間の 1 細胞計測と分布法則 *76*

3.6 構成的な細胞構築実験と普遍生物学の理論的問題 *79*

    3.6.1 分子‐細胞の相克的階層進化と遺伝の起源 *80*

3.6.2　少数性，混雑性，区画化 *82*

　　3.6.3　多様性，ゴミ処理，混雑性 *84*

　3.7　まとめ——本章で議論された普遍的な性質と法則 *87*

第 4 章　細胞の環境への適応——ゆらぎ，アトラクター選択，整合性 ... *89*

　4.1　生物の適応の 2 つの側面 *89*

　4.2　活性とゆらぎによる一般的適応の現象論 (A) *91*

　4.3　少数成分での例 (B, E) *95*

　4.4　多成分のミクロモデルでの検証 (B, C) *100*

　4.5　細胞の適応におけるノイズの意義 (E) *104*

　　4.5.1　細胞ゆらぎによる集団増殖率の増加 *105*

　　4.5.2　アトラクター選択の拡張と細胞実験での検証可能性 *109*

　4.6　時間スケールの干渉による状態選択 (D) *113*

　4.7　整合性の破れ——新規環境への適応過程 (F) *114*

　4.8　まとめ——本章で議論された普遍的な性質 *114*

　4.9　付録——遺伝子制御ネットワークモデル *115*

第 5 章　細胞のホメオスタシス *117*

　5.1　問題意識 *117*

　5.2　少数成分での適応モデル，現象論 (A) *121*

　5.3　適応のミクロ大自由度モデル (B) *123*

　　5.3.1　触媒反応ネットワークモデルでの適応 *123*

　　5.3.2　遺伝子制御ネットワークにおける適応 *128*

　5.4　生物時計のホメオスタシス (D) *133*

　　5.4.1　周期の頑健性（ロバストネス） *133*

　　5.4.2　周期の頑健性と位相の可塑性の間の互恵関係 *137*

　5.5　整合性の破れと適応の適応 (F) *140*

　5.6　まとめ——本章で議論された普遍的な性質と法則 *141*

　5.7　付録 *142*

第 6 章　細胞の記憶 *145*

　6.1　静的記憶と動的記憶 *145*

目次　　*xi*

6.2	酵素競合律速による動的記憶理論 (B, D)	152
6.3	化学反応ネットワークにおけるガラス的ふるまい (C, D)	156
6.4	遅い時間スケールへの固定化 (C, D)	162
6.5	動的記憶の生物学的意義と実験的検証 (E)	165
6.6	まとめ——本章で議論された普遍的性質	167
6.7	付録——動的記憶のチェイン修飾モデル	168

第 7 章　細胞状態の分化 ... 169

7.1	分化における基本的な問い	169
7.2	発生のマクロ現象論の可能性 (A, E)	172
7.3	未分化細胞からの組織構築実験 (A, E)	175
7.4	細胞分化の相互作用力学系 (B, C, E)	179
	7.4.1　相互作用力学系モデル (B)	179
	7.4.2　振動からの分化 (B, C)	182
	7.4.3　階層的分化と分化多能性の度合いの指標 (C)	186
	7.4.4　比率制御——マクロ – ミクロ整合性 (C)	188
	7.4.5　多能性と状態変動の実験的検証 (E)	189
7.5	エピジェネティック固定　(D：時間スケール)	190
7.6	不可逆性を巻き戻す操作について (C, D, E)	191
7.7	整合性の破れ——変態，ガン化 (F)	195
7.8	本章で議論した普遍的性質	198
7.9	付録	199

第 8 章　表現型進化 ... 201

8.1	表現型のゆらぎと進化しやすさ	201
8.2	マクロ分布理論 (A)	206
8.3	ミクロモデルでの検証 (B)	212
8.4	遺伝子制御ネットワークモデルでの検証——ミクロとマクロをつなぐ試み (B, C)	216
8.5	異なる時間スケールの間の整合性——エピジェネティクス (D)	223
8.6	ゆらぎの維持と可塑性の回復 (E, F)	224
	8.6.1　環境変動	225

8.6.2　自由度の干渉 (E, F) 227

8.7　整合性の破れと種分化 (F) 232

8.8　まとめ——本章で議論された普遍的性質と法則 233

第 9 章　環境への適応と進化——次元圧縮，頑健性，ルシャトリエ原理　235

9.1　環境適応による表現型変化と進化による変化 235

9.2　ミクロ – マクロ適応関係——実験 (E, C) 237

9.3　細胞モデルの適応にみるミクロ – マクロ関係 (C) 242

9.4　優位モード理論——ミクロ – マクロ関係へ (C) 246

9.5　表現型進化のミクロ – マクロ関係——理論と実験 (C, D, E) ... 249

9.5.1　理論 249

9.5.2　細胞モデルのシミュレーションによる確認 249

9.5.3　実験的検証 (E) 251

9.6　ノイズによるゆらぎと遺伝子変異によるゆらぎの間の成分にわ
たる比例関係 (C) 253

9.7　遅いモードの意義 (D) 255

9.8　非成長状態と整合性の破れ (F) 257

9.9　まとめ——本章でみいだされた普遍的法則 258

第 10 章　まとめと今後の課題 259

10.1　まとめ 259

10.2　起源の問題 261

10.2.1　生命の起源について再び 261

10.2.2　細胞内共生，個体内共生 262

10.2.3　多細胞生物の起源 264

10.3　生態系 267

10.3.1　多様性 267

10.3.2　安定性 268

10.4　発生と進化の対応について 269

10.5　脳神経系へ 273

10.6　生命システムの数理的理論へ 276

目次　　*xiii*

文献 *283*

索引 *301*

1 普遍生物学

1.1 普遍生物学の可能性——生命一般の性質はあるのではないか？

「普遍生物学」を真剣に推進するときがきたのではないだろうか？ 「はじめに」でもふれたように普遍生物学という学問分野は，小松左京の SF『継ぐのは誰か』で登場する．普遍生物学はたまたま地球で進化した生物だけでなく，宇宙でも，人工細胞系でもなりたつべき普遍的性質を理解しようという分野である．そして 1968 年にかかれた，この SF によると，

> 普遍生物学——この宇宙における生命現象の普遍的パターンと，そのバリエーションの可能性を探る生物学で，前世紀末（＊）から急速に拡充しはじめた．まだ理論的推論の域を出ないが，しかしこの分野がひらかれてから，生命の位相学的解釈[1]が急速にすすみ，近いうちに生物学の領域における相対性理論のような，画期的な理論の出現が，期待されるところまできた〔＊注，この SF の舞台の設定は 21 世紀なので 20 世紀末のこと〕．

さて，この SF がかかれて半世紀，はたして，画期的な理論の出現は期待されるところにきたのだろうか．本書では現時点でのその解答を提示する．

---

1) この定義はそうはっきりはしないけれど，ルネ–トムのカタストロフィ理論 [Thom 1975] が出てきた頃に書かれた小説であることを考えると，現時点では，力学系による研究とよばれるものに近いようにみえる．実際，小説には，計算機上で軌道が収斂する，というアトラクターに向かう過程ともみえる記述もある．

ここで，生命現象の普遍的パターンというのは分子に帰着される問題ではないだろう．核酸（DNA，RNA など）があるから，あるいはタンパク質があるから，といっても単にそれらがあるだけでは何も始まらないし，それでは生きているとはいえない．また，核酸やタンパク質を使わずに別な分子を使った生物が宇宙には存在してもよいかもしれない（個々の分子の性質として「生命とは何か」に答えることができないことはすでに前著『生命とは何か──複雑系生命科学へ』[金子 2003; 第 2 版 2009]（以下「生命本」と略）でも議論した）．むしろ，生命とは分子集団のなす，動的な普遍的状態として考えるべきだろう[2]．いいかえると，いかに分子集団が適切な集まり方をして，その結果，自律的に自己を再生産できるようになるか，という分子集団からなるシステムの問題であろう．そうしたシステムのもつ一般的な性質を理解するのが普遍生物学の目標である[3]．

　しかし，生命状態という普遍的性質があると思える理由は何だろうか？　まず，生命が有する普遍的性質としてどのようなものが挙げられるだろうか？　生命は単純ではない．「生命とは何か」に関して，XX である，という万人の納得する答えは依然むつかしいであろうけれど，**「非常に多様な成分をもち，その状態をほぼ維持して，かつ，再生産する能力を有している」**というのは，多くの人が賛成する性質といってもよいであろう．この状態は，たとえば，物理で普通みる状態と比べると相当変わっている．これだけ多様な成分からなる状態がひとまとまりでいて，それを維持しているのは十分不思議ではある．普通の細胞でいえばタンパク質だけでも 1 万種類程度は存在し，そのほかさまざまな分子が共存している．さらには，その各成分の量が一定のままで落ち着いているとは限らず（まわりの条件さえ満足されれば），その量が増えていき，そしてほぼ同じものを再生産しうる．つまり，

　(0)「複製」：増えていき，ほぼ同じものを再生産する能力をもつ．ただし，結晶成長のように，少数成分の再生産という単純なものではなく，多様な成分を維持し，その成分全体を（完全に同じでなくても）ほぼ同じ組成で再生産させる．この多様な成分の維持と再生産を生きている状態の出発点と

---

　2)　極論すれば，分子を使わずに原子核レベルで原子核反応を使う生物（中性子星での生命についての SF，『竜の卵』）[Forward 1980] とかも考えうるかもしれない．あるいは別な形の人工生命も考えうるかもしれない．ただ，その際でも要素の集まり方，というところまでは共通であろう．

　3)　本章と第 2 章では普遍生物学の考え方を述べる．これは以下の章の基盤であるが，一方で以下の章を読んでからのほうがわかりやすい点もあると思われる．その際は適宜読みとばして，後で立ち返っていただきたい．

2　第 1 章　普遍生物学

してもよいだろう．そして，このような，生きている状態は，一般に以下のような性質をもつと期待される．

(1)「適応」：外界に応答して，その環境条件で生存し，成長できるように内部状態を維持する．ただし，これも少数成分で決まる性質ではなく，細胞内の多くの成分が変化し，一方で内部をもとに戻すという，強力なホメオスタシスを有している．

(2)「記憶」：上記の応答は過去の履歴に依存し，結果として細胞（個体）のそれまでの経験を内部状態に維持する．ただし，この記憶は静的なものではなく，連続的に変動しうる．このときに，内部に異なる時間スケールをもつさまざまな過程が相互干渉し，長い時間スケールにわたって持続する変化が生じる．

(3)「分化」：多くの成分が再生産できるという拘束は組成のとりうる範囲に制限を与え，結果，その状態はいくつかの離散的なタイプに分かれる．一方で細胞にせよ，種にせよ，多様化する傾向があるので，その帰結として細胞や種は異なるタイプに分化する（細胞分化や種分化として知られている）．つまり，それらの性質が連続的に存在するのではなくて，あるタイプと別なタイプの中間は存在できない．つまり単に多様なのではなく，構造をもった多様化を示す．

(4)「進化」：成分が多数であるので，完全に同じものを複製するのは困難になり，複製に変異が生じる．そこで，より子孫を残しやすい変異が選ばれてくる．このとき，時間スケールの違いによって，情報を担ってよく遺伝されている成分と，それに影響されて変わる成分への分化が生じてくる．前者が遺伝情報を担う側である．これに影響されて決まる，外に現れる性質が表現型とよばれ，その表現型に依存して生存しやすさ，そして子孫の残し方が決まってくる．進化とともにこの遺伝子型から表現型への関係も変わっていき，それにより進化しやすさや進化の方向性が生まれてくる[4]．

生命のこれらの性質は (0) での「多様成分の維持‒再生産系」の帰結と考えてもよいであろう．考えうる生命システムが必ず (1)–(4) を論理的帰結として有するのかはさらに調べなければいけないであろうが，生命システムは (1)–(4)

---

4)（後にもみるように）こうした遺伝子型—表現型の構造が生じる基盤には (2) でふれた，速い / 遅いの時間スケールの違いがあり，世代よりずっと長いスケールで変化する，遅い成分が遺伝を担う側となる．

のすべてでなくとも多くを有するものと考えるのは自然であろう.

さて，これらの性質は1つの分子の性質であらわされず，多数の成分が絡む動的な性質と考えられる．実際，生命の最小単位である細胞は，非常に多数の種類の分子の集合体として実現している．これを1分子の性質にして，多様性を切り捨てて単純化させると本質を失う危険性がある[5]．一方で，単に多様であればよい，とすればでたらめに多数の分子，多数の細胞，多数の個体が存在すればよい，ということになるけれども，それでは，ほぼ同じものを再生産できるという性質をみたせず，複製，適応，進化，といった性質ももてないであろう．また，以上で挙げた性質はすべて動的な過程であり，その意味で，生命の普遍的性質は動的な複雑系として考えるべきものであろう.

1.2 生命の基本的性質

1.2.1 活動性，頑健性，可塑性

生命の普遍的性質を考える上で，有効と思われる性質を3つ取り上げよう.

(a) 活動性 (activity)：細胞が成長して分裂増殖し，生存を続けるには外部から「栄養成分」をとりこみ，非平衡状態を維持している．つまり活動性 (activity) を有する.

(b) 頑健性 (ロバストネス：robustness)：複製でみるように「ほぼ同じもの」ができる．環境条件が変わっても違うものが突然複製されるわけではなく，ほぼ同じものができる．一方，記憶では，過去の状態を維持し続ける．これらの点で，生命システムは頑健性を有する．これをいかに表現していくかは本書の大きなテーマとなっていく.

(c) 可塑性 (plasticity)：その一方で，適応では外界に応じて変化する．さらに進化では，より長期的スパンで遺伝子を変化させて，外界に応じた変化を起こしていく．この変化しやすさが可塑性である．頑健性が変化しにくさであったから，一見，この両者は相反するようにもみえる．にもかかわらず，生命システムはこの2つを両立させている．それを理解するのも本書のテーマとなっていく.

---

5) 寓話として，これをみごとに述べたものが，荘子の渾沌の話である [荘子 紀元前 2c 頃].

4　　第1章　普遍生物学

いずれにせよ，われわれの経験則としては，活動しながら自己を維持し，可塑性と安定性を有して複製していく，そうした状態が普遍的に存在しているようである．翻れば，普遍的に存在しうる，このような状態を数理的に定義していければ「生命とは何か」に迫っていけるのではないだろうか．

機械との比較

さて，これらの性質を考える上で生命と機械を比較するのは有効であろう．機械も外界から影響を受け，内部の状態を変更・維持しながら活動し，外界の状態を記憶して，それに応じた応答をして，外界へ影響を与える．さらに，この働きは安定性を有している．通常，機械は自身では複製や進化はできないものの，ある程度，活動性，頑健性，可塑性を有している．

たとえば，計算機を考えてみよう．入力がはいり，それにより内部状態は変わる．しかし，計算終了後は，計算機の状態はかなりもとに戻る．もちろん計算機はおおいに電力を消費して動いている．このように，上の 3 つの特性に関して機械と生命システムは共通性がある．とはいえ，重要な差異もあり，それは生命システムの性質を考える上で本質的と思われる．そこで，この 3 つの性質について生命システムと機械との差異を簡単に議論しておこう．

活動性：機械の場合は，特定の働きをおこなうためにエネルギーを要するのであるが，生命システムの活動性は，明確な 1 つの特定の目的を有しているとは言い難い点がある．もちろん，生存して増殖するために，物質やエネルギーを要するのであり，それが活動性の目的の一端とみなすこともできるが，ただし，それだけにしては不必要に思えるほどの多様な成分を維持し増殖しており，そのための活動性を有している．むしろ，活動性は目的というよりも，生きている状態の性質とも考えられる．また，機械では外部からの操作でエネルギーを供給しているのに対して，生命システムでは活動を目的としてエネルギーをとりこむというよりは，外部とのやりとりを経て内部で生産されたエネルギーが結果として活動性を生んでいる．

頑健性：機械ももちろん，その状態が安定している．この場合，外部変動やノイズが内部に影響を与えないように，ノイズ除去をおこなうという戦略をとっている．生命システムでは必ずしもノイズ除去戦略をとっているわけではない．実際，細胞内では分子数がそう多くない成分も多々あるので，個々の反応が起きるかどうかには大きなゆらぎをもっている [生命本]．そのノイズの中でもシ

ステムは壊れることなく頑健である．さらに，機械ではその設計図はきちんと決まっている．これに対して，生命システムでは設計図の役割を果たす遺伝子も変異しうる．しかし，そのような変異のもとでも十分，頑健性を有している．その意味で，機械とは質の異なる頑健性が存在している．

可塑性：外部の変化に柔軟に対応して状態を変化させて適応する，という性質は機械でもある程度もちうる．ただし，その度合いは生命のほうが高いと思われる．機械では通常，前もって作動できる条件を定めているのに対し，生命システムは予期せぬさまざまな環境変化に対応しうる．

1.2.2 自律性

機械と生命システムの差異は，「自律性」（自己でルールをつくる性質）の違いにもみてとれる．生命は外部に目的をもった設計者がいるわけではなくて，自ら発展してきたシステムである．この自律性は外界に適応して変化する際でも，より長期的に進化する場合でも存在する．もちろん生命システムは一見，ある機能やふるまいをもつように設計されてみえる場合もある．しかし，その場合でも外部設計者がいるのではなく，内部の状態から生成されてきたという由来をもっている．

たとえば，遺伝子はしばしば設計図に喩えられる．それは実際，起こりうる反応を規定している．ただし，その広い可能性の中から，どの状態が実現してくるかにはまだ大きな自由度が残っている[6]．とくに，システムの内部では，ゆらぎが大きければ遺伝子や外部環境で決められない部分が多くなりうる．そのような意味で，設計図というより，せいぜいレシピとでもいうべきものであろう [金子・津田 1996]．さらに，その遺伝子自体，生物の状態に基づいて選択されてきた，つまり，自律的に進化してきたものである．とくに目的をもってつくられたわけではないので，外部にデザイナーがいる系とは本質的に異なりうる．この点については，第 8, 9 章でくわしく議論することになるが，注目すべき点は現在，進化の研究において，ダーウィニズムに矛盾はしないものの，素朴な最適者生存描像を超える大きな変革が起こりつつあることである．

機械と違って，生物は自主性，自律性があるとしばしばいわれる．外部から

---

6) それは広い意味でエピジェネティクス (epigenetics) といわれる．ただし，現在，エピジェネティクスは遺伝子を修飾して，読み出すかどうかを制御する過程に制限されて使われていることも多いので，その用法には注意を要する．

観測される状態で予測できない部分が多いときに，われわれは自主性が高いとみなす．この外部制御で決まらない部分はどう考えればよいのだろうか．1つは，内部にある多くの自由度によって決まるダイナミクスがあり，それで状態が決まってくる（自律性）からであり，さらには，ノイズなど制御不能な変化の結果，外に現れる状態がゆらぐからである．とくに，増殖するためには系は成分を増幅しなければならず，その際，ノイズも増幅しうる．そしてこれが非常に大きな自由度の中で伝播するので，同じ規則（遺伝子）から形づくられても状態は十分異なる．つまり，外部のデザインで決められない部分があり，機械とは異なった，生命固有の性質が生じる．内部に多くの自由度と大きなゆらぎをもち，ダイナミックに変化し，そしてその結果自ら進化してきた系は，外からデザインした系と根本的な違いがあって不思議はない．

1.3 多様性

機械も複雑になれば組み合わせる部品が増えていく．しかし一般に生命システムは切り離された部品の集まりではなく，相互に強く影響し合っている内部自由度を多く有するようにみえる．たとえば，細胞ではバクテリアで通常数千以上の遺伝子，つまりそれに対応するだけのタンパク質の種類がある．そしてタンパク質に限らず，その中にある分子の種類をみるともっと多い．そしてそれらは独立にあるわけでなく，互いに強く影響しあっている．このような「大自由度系の複雑性」が生命システムの特徴といえ，また，この過剰な多様性は頑健性と可塑性と密接に関係している．

もし，ある機能をもつように設計するのであれば，このように相互依存する多数の成分や自由度はいらないはずである．実際，機械を設計する際には，その機能をもつような少数の自由度での設計が通常おこなわれる．メカニカルな機械，電気回路，トランジスターをとってもそれが基本である．もちろん，機械の機能への要求が大きくなれば，その設計図はこみいってくる．ただし，その際の基本は，単純な部品の組み合わせである．

果たして生命システムは，そのような単純な部品＋組み合わせで理解できるのであろうか？　それへの疑問はすでに [生命本] で議論した．要点は，生命のように増える系ではすぐに各部分どうしが強い相互作用をもつようになってし

まうので，各部分が分離して独立に存在して機能していると考えるのは，多く
の場合，困難であろうということである．

生命システムでは，多くの成分が互いに関係するネットワークを構成してい
て，各要素は密に影響しあっている．これに対して，一部切り出したモジュー
ルがある機能をもつという研究も現在盛んにおこなわれている．ある程度は，
その見方が成立することも多いが，現実にはそのモジュールは他から独立して
働いているわけではない．実際，遺伝子制御のネットワーク，代謝系のネット
ワークをみても各部分は互いに広く影響し合っている．また，ある機能を担う
とみられる遺伝子を取り除くと別な遺伝子がその機能を替わりに果たすという
補償作用もしばしばみいだされている．このように，生命システムは 1 つずつ
モジュールを組み合わせてつくったというよりも，もともと多数の要素が絡み
合って影響し合いながら働くシステムがあり，それがある条件では 1 つの機能
モジュールが主に働いているようにみえるものなのであろう[7]．

では多様な成分の維持，再生産系として生命を考える際に，1 つ疑問になるの
は，なぜ多様なのか，である．なぜ，生命システムは，冗長な部分をそぎとっ
た，単純な系ないし単純な部品の単なる組み合わせに帰着されていないのだろ
うか．単に複製するというだけであれば，原料から触媒（酵素）によってその
触媒自体をつくる，という簡単な「自己触媒反応複製系」で十分であり，そのほ
うが速く進みそうにみえる．この問題は後の章でまたたちかえってくるが，こ
こで少し考察してみよう．

多様性の由来

(a)「もともと多様」

遺伝情報による複製が始まる以前の状況を考えてみる．各分子の複製は完璧
ではない．するといい加減に似たものを多種類つくっておいて，維持しておく，
という状態が先にあったとも考えられる．たとえば，4 種のモノマーからなる高
分子があり，一部の配列は触媒活性をもち，それが互いに他の重合を触媒して
維持する，という状況を考える．実際，高分子は何段階も経ないと合成されな
い．このとき，ぴたりと必要な高分子だけができる，というのは確率的に低い

---

7) 統計物理では，この半世紀の研究で，多くの要素が強く相互作用している系には，独立した
部品があって少しだけ影響し合う（摂動）系とは本質的な違いがあることが明らかにされている．

8   第 1 章　普遍生物学

であろう．結果的に，必要な高分子だけでなく，それ以外の分子が混ざり合っ
た集合体がまず生じ，その集合体が増えていく状態がつくられて維持されてき
た，と考えるのは自然であろう．つまり，高分子複製過程にエラーがつきもの
である限り，存在する配列の場合の数が大きくなることは避けがたく，多様な
分子集団が存在する．通常，まず単純な複製系ありき，と考えやすいが，むし
ろ，多様な分子集団が，完全に同じ分子を複製せずとも，だいたい維持している
という集合がまずあったのではないか，という立場である（たとえば，[Dyson
1985; 生命本] 参照）．

(a′) 増殖系に特徴的なパラサイト（寄生分子）の問題

高分子の反応は，触媒なしではほぼ進まない．触媒なしで進む反応は遅いの
で，仮に合成がおこなわれても分解がまさってしまい，複製系を長期，維持す
ることができない．細胞という発明は，区画の中に酵素という触媒を維持し，
それにより内部で高分子の反応を進行させることに成功したともいえる．する
と，この中で生じた高分子がすべて触媒活性をもつようにはできないだろうか
ら，触媒により複製してはもらうけれど他の複製を助けはしない分子，寄生分
子が出てくる．寄生分子だけになれば細胞内での反応は止まってしまう．する
と，寄生分子を抑える他の成分ができ，それに寄生する分子が出る，といった
連鎖が起こり，結果，不必要なまでに多様な分子集団が生まれてしまう [Eigen
and Schuster 1979; Eigen 1992; Dyson 1985]．

以上のように考えるのであれば，まず複製系がある程度維持されて回り続け
るようになった段階で，すでに十分多様な分子があって複雑なシステムがつく
られていたと予想される．

(b) 栄養律速問題

栄養がつねに十分供給されていて，複製系がそれを利用できるのであれば，
速い単純な複製系が有利と考えられる．しかし，そのような複製系がいったん
増えていけば，栄養はすぐ枯渇してしまう．このとき，もし栄養の種類が多け
れば，あまり効率のよくない栄養成分でもとりあえずすべて入手しておくほう
が有利であろう．実際，栄養が不足すると複製系が多様になるという転移がみ
いだされる（第 2 章および [Kamimura and Kaneko 2015, 2016] 参照）．複
製系は当然まわりを同じものに囲まれるので，単純で決まった栄養成分しか使
えなければその間での競合が激しくなる．これに比し，複雑な系では競合を弱

められるであろう.

一方,複雑な合成過程からなる高分子を考えると,その各ステップで栄養をとりこんで複合分子をつくるので,栄養分子を抱え込む上では有利になりうる.また,複雑な高分子はその分解によって,後でまた栄養として使いうる分子を生成する.さらに,完全に分解されて流出してしまうのに時間がかかる.これに比して,単純な分子はすぐ分解され流出されやすい.その意味で,栄養枯渇状態では単純な系は先に壊れやすい.以上から栄養枯渇状態では複雑な高分子からなる複製系が維持されやすいと考えられる.

これと類似して,多様な栄養成分のある環境で多くの複製系が競合している状況では,とりあえずためこむという戦略が成立すると考えられる.どんな栄養でもためこんでおいたほうが,他の複製系を邪魔できるからである.もし複製個体それぞれが独立していて速さを競うだけの状況を考えるのであれば,必要な栄養成分を判別してとりこみ,それを効率よく変換させていくのが有効な戦略であろうけれども,多数の個体が栄養源を共有している場合,とりあえず,他の個体にとられる以前にためこんでおく戦略が成立すると考えられる[8].

(b′) 変動環境での多様な複製系の有利さ

これと関連して環境が時間的に変動する場合,多様な系のほうが有利であろうとしばしば考えられている.これは結果としては正しいともいえる.ただし,複製系は前もって未来に環境が変わることは予想できないので,その瞬間瞬間で最適な系が選ばれていくはずと考えるとこの理屈はこのままでは成立しがたいかもしれない.

一方で,仮に複雑な生命システムが成立したとして,そのあとで,一定の環境に置かれれば,淘汰によって単純なものへと「進化」(退化?)されるのだろうか? たとえば,大腸菌を長期一定栄養環境で培養させ続ければ,この解答は得られるであろう.Lenski による,このような長期進化実験によると,少しは遺伝子数が減っても,目立つほどの単純化は生じないようである [Elena and Lenski 2003].

では単純化はなぜ抑制されるのだろうか.いまのところ,憶測の段階であるがいくつか理由は考えられる.1つには複製系につきものの寄生分子の問題で

---

8) この点は,進化理論での r 戦略(多数子孫を産み,一部が残ればよいとする)と K 戦略(少数の子孫を手厚く成長させ子孫を残す)とも類似していると考えることもできよう.

10 第 1 章 普遍生物学

ある．先に述べたその寄生分子にまた，寄生する分子がつく，それを抑制するための分子が存在し，……という問題は十分栄養がある一定環境でも解決はされないだろうから，分子の種類はすぐ膨大になる．

また，いったん多様なものでつくられた場合，仮にその多くの成分が不要であっても，それらをバランスをとって同時に取り除かないと系を維持できないという状況は十分考えられる．たとえば成分 A と成分 B はその効果が単に打ち消しあっていて，合計すれば不要である場合を考える．この場合，片方だけを取り除くと，バランスが崩れ，システムは維持できない．同時に取り除いて初めて系を維持した単純化が可能になる．この状況がさらに絡み合っていけば，不要であっても単純化するのは困難になる．つまり，いったんできた多様な複雑系は，それを壊さずに単純化するのは困難になる[9]．

本節の考察をまとめておこう：環境が多様であり，栄養が制限されている状況で複製反応系の過程を考えると，結局，場合の数が多いほうがよいという原理が働き，多様化が生じる．これは栄養が十分与えられたときでの成長速度最大というのを実現するものではない．実際後者ではしばしば単純なシステムが選ばれる．その意味で，多様化自体が最適化原理の限界を物語っている．

1.4 生きている状態の理論について――生命システムのマクロ状態理論の可能性

1.4.1 生命は理解できるという可能性に賭けてみよう

多様性の起源の絶対的解答はまだ得られていないにせよ，われわれが目にする生命システムは非常に多くの成分を含む，多様な反応からなる系である．そこで，このような多様な成分があることを生命システムの特徴として認めて出発するのが健全な態度と思われる．その上で，多様な成分からなるシステムが自己を維持して複製していく際の普遍的性質を探ることが目標となる．

それでは多様な成分からなる生命システムについて――たとえばバクテリアでタンパク質だけに限っても数千以上の種類が存在する――その詳細を枚挙し

---

9) この状況は生命システムだけでなく，社会システムでもしばしばみられる．いったん肥大化した官僚組織は縮小できず官僚数は増加するという Parkinson の法則はその一例であろう．この場合もある部門の暴走を防ぐ監視部門など順に組織が増えていくと，まとめて削減しない限り減らせないという状況が考えられる．

て描写することに陥らないで，システム全体を捉える理論化が可能なのだろうか？　もし，こうした理論化ができないというのであれば，大量の成分を個別的に枚挙しただけでは人間にはとても理解できない [生命本] のだから，生命は，人類には「理解」できないということになってしまうのかもしれない．

たとえば，病状ごとに治療法のリストからどれを選ぶかを与える膨大なデータベースができ，それが十分の効能をもつなら，病気の原因を理解できなくても治療は可能になる．同様に，環境条件と細胞内にある膨大な分子の量を入力したら，その細胞がどういう性質をもって，どういうふるまいを示すかという膨大なデータベースが完成し，それを十分高速で検索できるようになれば，とりあえず，細胞のふるまいを予測することは可能で，これ以上理解する，ということはあきらめる，という立場もありうる．膨大なデータベース構築が各研究で進み，その一方で，Google を中心として，高度な検索や機械学習が進展している現在，「普遍法則の発見による理解という従来の科学は 20 世紀で終焉し，21 世紀はデータベースと機械学習の時代になる」という「悲観論」もあながち否定できないかもしれない[10]．

ただし，仮にデータベースが必要になったとしても，そこから検索する際には，生命の性質とか機能とか状態といった少数の項目を用いなければならない．その項目自体が膨大なデータベースから勝手に生まれるとは限らない．つまり，データベースだけでは定義できていない用語が必要になる．そうであれば，どこかで（人間の脳の思考による）先行的な理解が要求される．もちろん，項目自体を機械学習で生成しようという可能性もあるだろうけれども，現段階では，脳による理解と機械学習との間の関連も不明であり，明確な方法が確立されているわけでもない．

いずれにせよ，本書では「科学」は終焉し「データベース＋検索＋機械学習」にとってかわられる，という悲観論は採らない[11]．まず，生命とはどういうシステムで，生きているのはどういう状態かを理解したいというのは人類の自然な要望であろう．それが可能かどうか十全な試みをした上での悲観論ならば致し方ないのかもしれないけれど，現段階で，できっこない，難しいにちがいない，生物は複雑だから（近似的にも）少数変数での記述はできないはずだ，あ

---

10)　著者は 20 世紀末に，この予測をなかば冗談でいっていたのであるが，その後，機械学習の発展で，だんだん真実味を帯びて語られるようになってしまった．
11)　悲観論と思うのは科学者だけなのかもしれないが……．

12　第 1 章　普遍生物学

るいは，人類の数学で表現できるようなものは生命の本質ではない，ときめつけて悲観する態度はあまり科学的とも思えない．

一方で，生命システムを理解できる，そこに普遍法則をみいだせるだろう，という楽観論も無根拠でついていけない，そもそも多くの変数が絡むシステムを理解できるのか？　と思われる方もいるであろう．ただし，人類はこれまでに誇りうる成功例を1つもっている．非常に自由度が多く一見ごちゃごちゃしたシステムの理論，つまり「システム物理学」ともいうべき，熱力学である．そこで，この「システム物理学としての熱力学」の構造を簡単に振り返り，その成功例に学んで普遍生物学を考えられないかを次項では議論しよう[12]．

1.4.2　熱力学をふりかえる[13]

熱力学の対象とする系は（それが成立した当時は知られていなかったけれども）膨大な数の分子からなり，それらは（一般には）影響しあいながら動き回っている．にもかかわらず（あるいは，かえってそれを知らなかったゆえに？）温度，圧力，エントロピー，といった少数の量で記述ができ，しかも熱力学の理論自体は分子の種類にも，対象とする系の個々にもよらない．普遍度のきわめて高いシステムの理論が構築されている．それは以下のような構造をもっている．

(i) 平衡状態

平衡状態はほうっておいたら落ち着いて到達する，マクロには動いていない状態であり，厳密にいえば，理想化した状態である．熱力学は，われわれが目にするマクロ状態がこうした「平衡状態」に向かうという経験事実をふまえて，平衡状態とその間の遷移過程に限定するということで成り立っている[14]．この

---

12)　そう簡単に2匹目のドジョウがいるのだろうか？　それは本書全体で判断していただきたい．

13)　本項は，熱力学がどういうものかは学んだことがあるという前提での議論であり，かなり通常の熱力学入門とは異なる視点での議論である．熱力学をあまり知らない方は適当に読み飛ばしてもかまわない．

14)　非平衡状態へと熱力学を拡張するのは，物理学者の大きな夢であり，ながらくその研究が続けられている．平衡状態の近傍，つまり，そこに落ちる寸前で，平衡からのずれが小さい場合には定式化が確立している．とはいえ，これは平衡状態と整合しているということで定式化された理論体系である．平衡から遠く離れた任意の場合になりたつ一般論というのは規定がなさすぎて不可能であろう．そこで定常状態，という範囲内で，平衡から十分離れた状態まで拡張しようという試みが近年議論されている．ただし，ここでの困難は定常性を維持するためには外部からのフローが必要であり，そのフローを規定する境界条件の採り方，という大きな自由度が存在する点である．そこで，こうした大きな自由度によらずに少数変数で記述できる熱力学形式化が可能かどうか，が問題になる．もちろん，あるクラスの境界条件のみに限定すれば，可能かもしれない．ただし，その限定のしかたがどこまで普遍的かを今度は議論しなければならない．

1.4　生きている状態の理論について——生命システムのマクロ状態理論の可能性　　*13*

規定のもとで，ミクロ，つまり個々の分子の位置や速度の詳細と切り離した，マクロな状態論が可能になり，温度，圧力，……といった少数変数での記述が可能になっている．

(ii) 安定性と不可逆性

平衡状態に落ち着く，ということは，平衡状態からすこしずらしたら平衡状態に戻ってくる，勝手に平衡状態からどんどんずれていくことはない，ということを意味している．そこには平衡状態の安定性とそこへ向かう不可逆的な変化が含意されている．一方で，そうした安定性がなければ，平衡状態に制限してシステムの理論をつくること自体に意味はないだろう．われわれの側で徹底的に制御しないと勝手にそこからずれていってしまう状態に制限した理論とは，針の上にちょうどうまく乗っているときだけ相手にするようなことであり，そうした理論の適用領域はほぼなくなってしまうからである．一方で，われわれは経験事実として，平衡状態の安定性とそこへ向かう不可逆性を知っている．

たとえば，$T_1 \neq T_2 \neq T_3 \neq \cdots$ と異なる温度の系を接触させると，1つの温度 T の系に向かって平衡状態に落ちる．あるいは，ある場所の温度を少し高くする，というように，状態を変えてもしばらくすればまた一様になる．逆に自発的に温度が場所によって変わっていったりはしない．こうした経験事実である．

そして平衡状態の少数変数での記述を可能にしているのは，まさにこの安定性のゆえんともいえる．もし，勝手に違う温度の系に分離されてしまうのであれば，場所ごとにどんどん温度を定義しなければならず，それは際限がなくなり，ついには少数の状態変数（温度）で記述できるという前提自体が覆ってしまうからである．つまり，平衡状態を規定して少数で記述できるという熱力学の根源にはすでに安定性と不可逆性が内在している．

(iii) 少数変数での記述

(i)(ii) で述べたように，平衡状態では，その巨視的ふるまいを少数の変数で記述することが可能になっている．勝手に場所ごとに温度が非一様になり，位置ごとの温度を際限なく指定する必要がないので少数マクロ変数での記述ができるのである．一方で，現在，われわれは平衡状態でも分子の速度は1つずつ異なりうることを知っている．分子1つ1つでいえばアヴォガドロ数なみの自由度が必要になる．適当に粗視化したマクロスケールでみたら，少数の変数で

14　第1章　普遍生物学

記述できるのである．これは自明なことではない．平衡状態は落ち着いていて
位置ごとのマクロ変数での違いがなく，またその状態が安定しているという前
提のもとで，少数自由度記述の可能性は了解できる，というものであろう．

(iv) 不可逆性という順序構造をエントロピーという量で表現

閉じた系での断熱過程では状態間の遷移に順序がある．A から B には到達
できるけれど，B から A には到達できない，B から C には到達できるけれ
ど C から A には到達できない，というように状態間に順序があれば，それを
$A \to B \to C \cdots$ といった関係でかくことができる．たとえば，部屋を冷やす
には，冷房機で外に熱を捨てる作業がいるので，断熱過程では到達できない．一
方で，外に捨てなくても板を棒でこすって摩擦で熱を出すだけで，部屋を暖め
ることは可能なので，逆向きはできる，といった例である[15]．もし，考えてい
る状態がすべて遷移でつながりうるのであれば，断熱過程での到達順序を表す
量を定義できる．つまり，$S(A) < S(B) < S(C)$，といった量 S である．こ
のようにして，断熱的に到達できるかで，異なる平衡状態を比較できるのであ
れば，その順序を記述するエントロピー S という量を導入できる[16]．

(v) エネルギーの移動形態としての熱

熱力学であるからには，熱が登場する．これはエネルギーの移動の形態であ
るが，熱はあくまで移動形態として定義されるもので，平衡状態にあるシステ
ムを決めて定まる状態量ではない．エネルギーは保存するのであるが，熱とし
て散逸しうる．これは前述の不可逆性により，平衡状態に向かう過程でエント
ロピーが増加してしまうからである．こうして，不可逆性の指標たるエントロ
ピーと熱が関係してくる．平衡状態を保ちつつじわじわと平衡状態を移動する，
という理想的な過程を考えると，内部での熱損失が最小になり，この過程での
熱移動を温度で割ったものがエントロピー変化となる．以上の不可逆性の結果
として，システムのもつエネルギーを仕事として取り出そうとしてもある程度
は熱で散逸してしまう．そこで，（温度一定の環境下で）系で利用できるエネル
ギーは系がもっているエネルギーそのものではなくて，そこからエントロピー
に温度をかけたものを差っ引いたものになる．

---

15) 断熱的に到達できない状態がどの状態の近くにも存在することを公理として要請して熱力学
を構築する試みは [Caratheodory 1976] によっておこなわれている．

16) 実際に，この断熱過程で到達可能な状態の順序関係をもとにしてエントロピーを定義し，そ
こから熱力学を構築することも可能である [Lieb and Yngvason 1999]．

1.4 生きている状態の理論について——生命システムのマクロ状態理論の可能性　　*15*

(vi) エントロピーとエネルギーを結合した熱力学ポテンシャル概念

システムの安定性を考えると，ある量の地形があって，その谷に落ちていくという描像をとるのが自然である．しかしエネルギー E は保存するので，それが保存量のままである場合は，エネルギーが低いところに落ちていく，ということはできない．一方で，上に述べた利用できるエネルギーは，エントロピー（× 温度）を差っ引いているので，これは平衡状態で最小になる量として導入でき，地形の指標，熱力学ポテンシャルとして用いることができる．これが自由エネルギー $F = E - TS$ として与えられる．

(vii) 状態方程式

平衡状態では，その変数の間になりたつ関係式がある．圧力 p，体積 V，温度 T のあいだになりたつ状態方程式である．たとえば，理想気体の $pV = NRT$（N はモル数，R は定数）．この関係式自体は物質によるけれども，関係式が存在する，ということは物質によらない．

(viii) ルシャトリエ原理

システムの外界からの条件を変える，そうするとその変化を打ち消すような方向の応答が，その後システムが新環境条件での平衡状態に戻る過程で生じる．こうした「抵抗律」がルシャトリエ原理である．たとえば，温度を上げると，その後，体積が増して，結果温度を下げる方向の応答が働く，温度を上げると発熱反応の度合いが減少して，その結果温度を下げるような応答が働く，などである．これはシステムの安定性の帰結であり，もとの状態が安定しているので，そこへ戻る方向の力が働くといってもよい．このとき，環境変化に対する直接の変化とそのあとで生じるそれを打ち消す変化，という時間を含む議論がこっそりはいっていることに注意されたい．熱力学は平衡状態を扱うものであるが，その間の遷移の順序関係をも扱えるので，一見時間変化を含むような議論が可能になる．

(ix) ゆらぎと応答の関係

熱力学の対象とする系はもともと分子の集団からなり，その膨大な分子の運動は規則的ではなく，ランダムに扱えることになる．すると，たとえば，箱の右にある分子数とか，箱の右にあるエネルギーなど，完全に一定ではなく，少しはゆらぐ．これが典型的に現れるのはブラウン運動である．水の中の花粉から出た微粒子がデタラメに運動することを Brown がみいだし，後にこれは水

16 第 1 章 普遍生物学

分子がデタラメに衝突することで生じる運動であることが明らかになった。つまり、ゆらぎにはミクロな運動の様子が表現されている。一方で熱力学のマクロな系に対して外から環境条件を変化させる（全体に力をかける、熱を入れるなど）。そうした、広い意味での力をかけると、システムが変化する、つまり力をかけると応答が生じる。これはマクロな意味での力だから、ミクロなゆらぎをもたらす力とは無縁にもみえる。ここで Einstein はシステムが安定していればミクロとマクロの間に整合性があるはずだと要請し、その結果ミクロなゆらぎとマクロな応答に関係があることを示した [Einstein 1905, 1906]。力を入れていないときのある量のゆらぎ（分散）と力を入れたときのその量の応答率（応答量を力で割ったもの）の間の比例関係である。これが一般には揺動応答関係とよばれている [戸田他 1972; Kubo *et al.* 1985]。こうした関係は平衡状態の周りのゆらぎと平衡状態での応答について一般的に成立する。

(x) 構築の上で重要な役割をもつモデルの導入

熱力学は非常に普遍性の高い学問であるので、あるモデルだけでなりたつということではけっしてない。ただし、理想化したモデルを導入して、そのふるまいを考えることは、熱力学を構築する上で大きな意義があった。理想気体がそれであり、また、Carnot が考えた熱機関の理想化（カルノーサイクル）も大きな役割を果たした。熱力学を発展させていく上で、これらは大きな足場となった。足場だから完成したら、なくしてもよいのであるが、やはり上に登る（熱力学を理解する）ためには今でも役に立っている。

以上、本書での立場で熱力学という体系を復習してみた（きちんと説明するには熱力学の教科書が必要になるので、すでにあるものを参照されたい。いくつかの立場での教科書がありそれぞれの長所があるので、複数読まれることを勧める）。さて、以上の 10 点との対応を念頭に置いて、生命状態の現象論[17]を構築する計画を述べよう。ここでは話を制限するために細胞を念頭に置く（その方向での実践篇は第 3 章以降で述べられる）。

---

17) しばしば、現象論を否定的にとらえる向きが物理学でもある。それが的外れであることは、現象論たる熱力学が物理学の中でもっとも強力な普遍性を有すること、その証拠に物理学が困ったときは熱力学頼みで進歩してきた歴史（量子力学の誕生、現在進行形の量子重力理論構築のこころみ）をみてもわかる。さらに熱力学抜きでミクロからマクロな性質を統計力学で導くことは現在においてもできていないので、現象論がそれより基礎的な理論ができるまでのつなぎであるという見方も正しくない。

1.4 生きている状態の理論について——生命システムのマクロ状態理論の可能性

1.4.3 生命状態現象論の可能性——熱力学の成功を意識して

(I) 安定して定常的に成長できる（ないし維持される）状態への制限

熱力学が平衡状態に限って定式化された代わりに，自己を維持し定常的に成長する状態と制限することで，生命現象論を定式化することが可能ではないだろうか？　まず経験事実として，生命システムでは内部に多様な成分がある．そこで，これらの多様な成分が定常的に増えていく，安定した状態にまず対象を制限し，この定常成長状態とその間の遷移過程に着目する．ここで環境が変わると，しばらくは細胞の状態は変化していくだろうけれども，新しい定常状態に移っていく途中の過程自体はとりあえず，現象論の対象からはずすこととする．

もちろん，生きている状態の中には，成長がほぼとまり「眠っている」状態が存在する．この状態は熱平衡状態とは異なるけれども，（ほぼ）定常的に維持されている状態であろう．とりあえず，この状態も成長率が $+0$ の極限の状態として考えれば，上の定常成長状態に含まれるとも考えられる（ただし，成長している状態とは異なる特性をもつ可能性があり，その問題には第 3 章で立ち返る）．いずれにせよ，定常的に成長ないし維持している状態に制限をする．

(II) 安定性と不可逆性

細胞に外部からさまざまな摂動がはいったとする．そのあとで細胞はもとの状態に戻る傾向がある（これは，より一般的にはホメオスタシスともいわれる）．適応した細胞状態はそのような安定性を有する，というのは多くの生物学者が感じている経験事実であろうから，そうした安定性を要請しよう．

安定性と不可逆性はコインの表裏である．まず，定常成長状態から外れた状態，つまり各成分の複製速度がずれている状態からしばらくすると定常成長状態に向かう．こうした不可逆性が内在している．さらには，いくつかの定常成長状態の間で"ほうっておいたら"どちらに遷移しやすいかということもありうるであろう．これについては (IV) で述べる．

(III) 少数変数での記述

細胞の中には多数の成分がある．いま，これを N 種類としよう．N はバクテリアのタンパク質の種類数だけとってもすぐに数千を超える．代謝成分なども考えるのであればもっと多くなる．すると，細胞内での分子の配置はとりあ

えず考えずにその量だけ考えるとしても，この系の記述には膨大な N 自由度が必要にみえる．ここで，われわれは定常成長状態のみに着目していることを思い出そう．すると 1 世代で細胞が 2 つに分裂するまでに各 N 成分がみな生成されて約 2 倍になるはずである．この各成分 i は複製されるのでその量の変化はほぼ $dN_i/dt = \mu_i N_i$ であらわされ，時間 t とともに $\exp(\mu_i t)$ に比例して増えると予想される．もちろん短い時間範囲ではここからずれるだろうけれども，定常成長状態として時間的にならしてみれば，およそこうなると予想される．さて，このとき定常であるためには各成分の増殖速度 μ_i が等しいと考えられる．そうでなければ成長とともに，ある成分の割合が他より多くなったり少なくなったりしてしまうからである．つまり $\mu_1 = \mu_2 = \cdots = \mu_N$ という，$N-1$ 個の条件が要請されることになる．そして，この各成分共通の増殖速度は 1 つのマクロ量となる．つまり多くの成分があるけれど，細胞が定常的な成長を維持するマクロな性質に制限すれば少数で記述できる可能性がある．

　一方で，生命現象をつぶさにみてきた生物学者はしばしば可塑性，頑健性，活動性といった，少数の基本的な言葉を用いる．これらの存在は漠然とは予想されているものの，まだ具体的な「量」としては表現されるに至っていない．熱力学が熱いという感覚を定量的に表現して，熱と温度を区別して定義したのに比べると，現状の生命状態の理解は温度や熱が定量的に定義される以前の感覚的な段階にあるともいえる．それをいかに乗り越えていくかを考えていくのが本書の目的の 1 つである．

(IV) 不可逆性の順序

　定常成長をする細胞の間でも，同一環境下でほうっておいて移りうる細胞間に順序が存在している．通常，受精卵や全能性をもつ万能細胞（ES 細胞）はすべての細胞に分化できる．そこから順次，一定環境下で，細胞分化が進行し，決定した (committed) 細胞に至る（図 1.1）．外部から特別な操作を施さない限り，分化はもとに戻せない．そこで，1 つの細胞分化系列に沿って，その順序を表現する量が導入できるであろう．さらに，違う分化系列においても，いったん外部操作により（iPS 細胞構築などの）初期化をおこなって未分化状態に戻し，そこから別な誘導をかければ，他の系列の分化細胞に至ることができる．つまり，以上の過程を通して，多くの細胞を比較することができる．こうしてある 1 つの量で分化順序を比較することができると予想される．こうした「エ

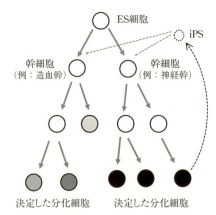

図 1.1 分化能を不可逆的に順次失う細胞分化過程と iPS 化（脱分化）の模式図

ントロピー」的量を分化誘導実験から抽出し，それを数千次元のタンパク質発現量と結びつける試みは今後の課題であり，これについては第 7 章でふれる．

(V) 増殖速度と活動度

細胞を環境から栄養成分をとりこみ定常成長するシステムだとみなしたときに，とりこんだ量がそのまま細胞成長につながるわけではない．細胞状態を維持する代謝活動に使われ，それは細胞の活動度を担う．それは細胞の増殖につながることは多いだろうけれども，一方で増殖につながらずに維持だけに用いられるケースもある．このように栄養を成長に変換する効率は細胞の状態ごとに異なる．そこで，増殖速度とは別に栄養のとりこみ，細胞の活動度というマクロな状態量が考えられるだろう．これについては第 3 章で議論する．

(VI) 活動度とポテンシャル描像

上で述べたように細胞が外からとりこんだエネルギーや物質のうち，それが成長に変換させられるのはその一部である．つまり，成長＝栄養のとりこみ $-X$，という形になるであろう．ここで X は成長に直接つながらない多様なパスで消費される部分である．これは細胞維持のためのコストとも考えられ，細胞の活動度と関係している．

(VII) 状態方程式

現時点で，細胞状態を少数のマクロ量で表現する状態方程式の決定版が得ら

れているわけではないが，細胞の増殖速度，ストレス，栄養消費量などのマクロな状態の間になりたつ関係式を求める，という多くの試みが，定常成長状態に着目しておこなわれてきている．

　一方で，熱力学では圧力，体積，温度がみたす状態方程式から，固相，液相，気相の間の相変化を議論できる．一方で，原生生物の細胞には 3 つの相が知られており，これは普遍的にみられる．(i) よく成長する状態で細胞数が指数関数的に増える相（指数増殖相；exponential phase）[18]，(ii) 細胞の数が増えすぎて混み合った結果，あまり成長できなくなり個数がほぼ一定に保たれる相（静止期；stationary phase）ないし，飢餓におかれたときに，活動を弱めて増殖が止まりほぼ眠る休眠相 (dormant phase)．ここでは，細胞成長が完全に止まっているのではなく非常に遅く成長，ないしは指数関数よりも遅い増殖をしている可能性もある[19]．(iii) 死．この状態になるともはや成長できる状態には戻れず，この相への遷移は不可逆である．これに対して (ii) では増殖は止まっていても死んでいるわけではなく，栄養を与えると，ある程度の時間を経たあとで増殖を再開する．これらの「相」は，栄養消費，成長状態，細胞内の代謝，遺伝子発現の違いでおよそ区別することはできる．では，それぞれの相の違いとそれらの間の転移を表現する方法があるだろうか[20]．

(VIII) ルシャトリエ原理

ホメオスタシスともいわれるように，生命システムは環境変化により生じた変化をなんらかの形で補償して，その内部状態をもとに戻そうとする傾向がみられる [Cannon 1932]．これは，先述した熱力学でのルシャトリエ原理——条件（温度，圧力など）を外部から変えると，それに抗する変化がシステム内から生じる——と類似している．実際，後の章では，環境変化で生じた細胞の内部状態（各タンパク質の量）の変化が適応，進化によってもとに戻る傾向があることをみていく．

(IX) ゆらぎと応答

　最近の研究が明らかにしているように，生命システムの状態にはしばしば大

---

18) これはしばしば対数増殖期，log-phase とよばれている．とはいえ指数関数的に増えるのを対数とよぶのも誤解を招くので本書ではこうよぶことにする．

19) 物理学者なら指数関数より遅い，べき乗の増殖を予想するかもしれない．

20) 物理でいえば，それぞれの相を記述するマクロな秩序変数をみいだすことができるかという問題となる．

　　1.4　生きている状態の理論について——生命システムのマクロ状態理論の可能性　　*21*

きなゆらぎが存在する．たとえば，同じ遺伝子をもった細胞でも，そのタンパク質量を測ると，細胞ごとに大きな違いがある．これは細胞内の反応がもともと分子の衝突によるものであり分子は細胞内を（ある程度は）ランダムに動くので，このゆらぎの存在自体はそれほど驚くことではない．もちろん，状態がもとからずれても内部のフィードバック過程でもとに戻す過程があれば，このゆらぎを減少させる可能性はあるけれども，細胞では，増えていく，という性質もあるので，このゆらぎの削減にも限りがある（[生命本] も参照）．

　一方で，外部からの影響で，細胞の状態は変化する．外部環境条件に対して内部状態がどれだけ変化しやすいかは「応答」度合いとして定量化できる．最近，この応答度合いと，もともとあるゆらぎの大きさの間に相関関係（ないし比例関係）があるという結果が，生命現象でもみいだされている．ここで議論する応答は，可塑性，つまり外部変化への適応しやすさや進化しやすさを与えているので，これとゆらぎの関係は生物学的に大きな意義がある．本書の第3–5章ではこのゆらぎと適応との関係を議論し，第8章では，このゆらぎと進化的応答の関係を熱力学の揺動応答関係を拡張して定式化する．

　(X) 理想細胞モデル

　熱力学が理想気体の導入により発展できたように，理想細胞モデルを導入することは生命現象論を考えていく上で有効であろう．理想気体が実際と厳密に合っていなくてもよいように，理想細胞モデルも現実の細胞と詳細に合致させる必要はない．むしろ現実の詳細をそぎとって理想化して思考実験をおこないやすくすることが重要である．熱力学が理想気体から離れて一般的に成立するように，理想細胞モデルはあくまで細胞状態論を構築するための足場である．たとえば「外部栄養をとりこみ，それをもとにして多様な成分が触媒反応で生成される，一方でその触媒（酵素）もその反応の結果生成される，その結果，細胞は成長し，分裂に至る，その際，細胞内の各成分の組成はほぼ維持される」といった，細胞がみたすべき最低限の条件だけをとりいれた理想モデルを考え，「思考＋計算機」実験により (I)–(IX) の性質を理解し，それをもとに普遍的な法則の抽出を目指すのが本書のよってたつ立場である．

差異

　以上，熱力学と，目指すべき生命状態現象論との類似性を議論してきた．現

在，まだ熱力学に対応する体系が確立できたわけではないし，その可能性が確証できたわけでもない．本書を通じて，その可能性が夢物語ではないことを実感していただけたらと願っている．もちろん，それがそうたやすいことではないことは生命現象論と熱力学の間には以下のような重要な相違点があることでもみてとれる．

- 分子の大数のかわりに多種類：熱力学とミクロな分子の動力学を結ぶ統計力学は，分子の数が多数あることで成立している[21]．一方で細胞内では分子数はしばしば 1–10 程度のこともあり，その一方で種類は少なくとも 10^4 存在する．もちろん，熱力学自体は種類数には依存せずなりたつが，種類数が多い極限での描像は提示していない．生命現象論では，「多数」の極限でなく，このような「多種類」の極限が求められている．この極限での統計性を扱う理論は未発達である．

- 多階層性：階層性が 2 段階以上続き，また階層を決めるミクロ – マクロの間が整然と分離されているとは限らない．

  もちろん，熱力学が対象にしている系でもミクロ（原子，分子）とマクロ（システム全体）という階層が存在している．しかし，熱力学の場合は階層が比較的分離されて理解できた．実際マクロを考える場合はミクロ（分子）をほぼ気にしなくてすむ[22]．

  一方，生命システムの場合は，階層間の関係が本質的に重要である．生命システムでは，分子，細胞，個体（組織），生態系という階層が存在している（図 1.2）．しかも，（生態系全体を除けば）階層の各要素単位はその量が一定ではなくて，増殖しうる．階層が続いているので，各要素は（一番下の分子の階層を除けば[23]）内部自由度をもっている．たとえば細胞といってもその内部の組成で状態が変化しうる．この内部状態は，まわりにどのような要素が分布しているか，つまりその上位の階層（細

---

21) 厳密な形式では分子数が無限大の極限をとるのであるが，もちろん，それは理想世界のことである．現実ではアヴォガドロ数 10^{23} のオーダーを想定するわけであるが，ただし，数値計算などの結果によれば，10–100 程度でも統計力学はそこそこ，あてはまる．

22) ただしときどき，分子の存在を仮定するとわかりやすいことはあるので，100%分離できているとは言い難いかもしれない．

23) ただし分子といっても高分子なので分子を構成するモノマーという下位が続いておりさらに下が存在するとも考えられる．

1.4 生きている状態の理論について——生命システムのマクロ状態理論の可能性　　*23*

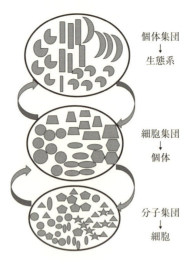

図 1.2 分子，細胞，個体，生態系の階層

胞の場合ならどのような組織に属しているか）によって影響されている．つまり，上位の階層から下位の階層への影響が存在する．そこで，「部分からなりたつ全体の性質によって部分の状態が変わる」という複雑系特有の状況 [Kaneko and Tsuda 1994, 2000; 金子・津田 1996] が存在する．これは，生命状態の現象論の構築をむつかしくさせるだろう．ただし，定常的に成長している状態に制限すれば，(III) でふれたように，上の要素も下の要素も同じ割合で成長する（つまり分子が2倍になって細胞が2倍になる）という「マクローミクロ整合性」がなりたつはずである．そこで，階層性を考慮した現象論を考えうるだろう．

- 内部状態は一定でなく，時間的に振動し変化しうる．

  後の章の例でみるように，細胞内の各成分の量は定常的に増えていくだけでなく，時間的に振動しうる[24]．ただし，その振動自体が定常的であれば[25]，その振動の時間スケールよりも長い時間にわたって状態を平均して定常成長状態とみなした現象論を考えてもよいだろう．

---

24) さらには，カオスとよばれる不規則な変化を示してもよい．
25) 力学系でのアトラクターにおちていると考えてよいのであれば（後述）．

いずれにせよ，上の差違を意識せずに，平衡熱力学や統計力学の形式をそのまま安直に模倣して，生命現象を定式化するのは危険ではあるけれども，といって，この差異のために生命システムの状態論が不可能だ，というわけでもないだろう．ただし，多くの自由度のミクロレベルと少数自由度であらわされるマクロレベルの間の相互の関係，そしてそのダイナミクスを真剣に取り扱う複雑系の考え方を意識しておくのは必要である．この点を次節で議論しよう．

1.5 生物複雑系の見方——階層間の動的整合性

前節で生命システムには分子，細胞（組織），個体，生態系といった階層性が重要であると述べた[26]．このように，生命システムは階層性をもつことを経験として私たちは知っている．では，これは多様な成分をもち増えていく系の必然なのだろうか．

分子の触媒複製系はまず，自分をつくる触媒を必要とする．そこで，互いに生成を助け合う集合が形成される [Kauffman 1986, 1993]．一方で分子が増えていけば周りが分子でみたされていく．するとそれらが邪魔し合うことが起こる．そこで分子が適度な集合体をつくったときのみ，触媒反応系は維持し，複製が続けられる．ここで先述したように複製系には触媒能を失って，複製してもらうけれど他の複製を助けない寄生分子が一般に現れうる．寄生分子は他を助けるよりも自己が複製されやすいので，このままでいくとシステムは寄生分子に覆われる．この際，もし分子集団が空間的な区画構造，つまり細胞の原型をつくり，分子が増えてこの原細胞が大きくなると分裂するとしよう．こうなると原細胞が複製の単位になり，寄生分子にみたされた原細胞は増えていけなくなり生き残ることはできない．この結果，分子集団からなる区画（＝原細胞）という階層ができることで寄生分子が抑制される（第 3 章および [Eigen 1992; Maynard-Smith and Szathmary 1995; Altmeyer and McCaskill 2001; Boerlijst and Hogeweg 1991; Hogeweg 1994] を参照）．つまり，増殖していく上で，分子複製系には分子集団という「細胞」レベルが必然的に生じる．

---

26) さらには，人間社会を考えれば，個人，家族，共同体（国家）といった階層性が存在している．

これは空間的な階層であるけれども，その一方で，[生命本] で議論したように，相互に助け合って複製する系では，複製が遅く，数の少ない成分が，そのシステムを制御し，それが次世代にきちんと伝わっていくようになる．ここで多数ある成分のそれぞれに変異がはいっても平均化されて大きな違いを生みにくいのに対し，少数成分に変異がはいると全体がそれに影響を受ける．この結果，そのような，少数の遅く複製される成分が「遺伝子」として働くようになる．つまり時間的な階層があることで遺伝子型と表現型の分離が実現し，進化を起こりやすくする．この点で時間的にも階層性をもったシステムが生き残ってくるであろう．

　第3章で議論するように，このような遺伝子的役割を果たす成分の分離は分子–細胞の階層性をもった複製系のみたす普遍的な性質と考えられる．その際，少数の成分は，複製が遅くゆっくりとしか変化しない（たとえば DNA の変異）のに対し，多数の成分はもっと速い時間スケールで変化しうる（たとえばタンパク質）．こうした，時間的階層の問題は本書に通底するテーマであり，遅い成分が速い成分を制御することで適応や進化を可能にしているという例を後の章ではみることになる．

　細胞が集まって個体をつくるという階層でも，いかに多様な細胞集団が複製を維持できるのかについて同様な問題がある．まず細胞集団が多細胞システムをつくる場合，いくつかの形態がありうる．バクテリアのバイオフィルムのように異なる遺伝子型をもった細胞種が共存してコロニーを形成する場合がある．また細胞性粘菌などのように単細胞生物が栄養枯渇条件では集合して多細胞システムをなし，栄養が十分あるときには単細胞生物として生存する，といった可逆的な多細胞形態もありうる．他方，いわゆる多細胞生物では，少数の生殖細胞から始まり安定した細胞分化過程を経て個体が発生し，そこから再び少数の生殖細胞が生じて，次世代がつくられるという形をもつことが多い．この場合でも，少数の成分が次世代に伝わる（遺伝する）といった構造がみられる．おそらく，このような分化は，多細胞生物が寄生的な細胞（たとえばガン細胞）につぶされず，そしてまた，進化しやすさを担保する上で重要なのであろう．このように階層性をもった複製するシステムの安定性と進化という面で，分子–細胞，細胞–多細胞生物で共通する概念化が考えられる[27]．

---

27)　個体集団としての生態系にもある程度，同様なことが考えられるかもしれないけれど，生態系自体が複製するか，という問題があるので多少状況は異なる点もある．

26　　第1章　普遍生物学

そこで階層性をもったシステムに共通する性質の理解は普遍生物学の基本課題となる．階層性をもったシステムが安定に維持され成長できるということから階層間でなりたつべき関係が求められる．

下の階層をミクロ，上側をマクロとよぼう．たとえば，トピックごとの例を以下の表にした．

トピック	ミクロ	マクロ
複製	多種類の分子（の複製）	細胞の増殖
適応	各遺伝子の発現	細胞の成長，適応
記憶	分子修飾／細胞の長期変化	細胞状態／分布の長期変化
発生	細胞（の増殖と分化）	多細胞生物の発生過程
進化	遺伝子型の変化	表現型の変化

ここで，マクロ側はミクロ側からつくられるのであるが，一方でマクロ側はミクロ側が維持，成長，複製していくための条件（場）を与えている．そこで，ミクロがマクロを決めるという一方向の関係ではなく，両方が両方を決めるという構造になっている[28]．ここでミクロ側もマクロ側も成長していき，それが定常に保たれている場合を考えよう．すると，先述したようにミクロ側の各要素（各分子種）の増殖率はそれぞれそろっていなければならない．そうでないとある成分の割合が減っていってしまう．そしてこの増殖率はマクロ側の増える割合（たとえば細胞の増殖率）と等しくなる．つまり，ミクロとマクロは整合して増殖していかなければならない．これは一例であるが，このような「マクロ－ミクロ整合性」が複雑生命システムの現象論を構築する上での指導原理となる．

もちろん，この整合性がとれているのは細胞が定常的に維持ないし成長する状態になっている場合である．環境を変えた場合に，生物が新環境に適応する段階ではマクロ－ミクロ整合性がとれておらず状態は変動する．そこで，整合性がとれた状態での普遍的性質の抽出の後には，環境が変わったときにどのようにその整合性が崩れ，ついで新環境に適応した，整合性が回復した新状態へと遷移するかを調べるのが次のステップとなる．この整合性の観点からは以下の点が主題になる．

---

28) この構造は実は平衡系の熱力学－統計力学でもあるけれども，生命システムの場合はそのダイナミックな複製ゆえに如実に現れる．

1.5 生物複雑系の見方——階層間の動的整合性　27

- 整合性がいかにしてなりたつか

  ミクロ側はマクロ側に比して，空間的サイズが小さく，時間スケールが速い．これらの異なるスケールの現象がいかに整合するだろうか？　また，スケールの違いと関連して，ミクロ，マクロ側では通常異なる要因が存在する．物理過程，化学過程，細胞過程，個体数集団過程，遺伝子変化といった異なる要因の過程がいかに整合するのだろうか．

  また，異なる時間スケールの現象がいかに整合するかを考えていくことも重要である．細胞の適応過程では細胞内部で速い変化と遅い変化があり，進化はさらに遅い変化である．こうした例ではまず速い変化が生じ，それを打ち消すように遅い変化が生じ，結果異なる時間スケールの現象は結びついていく（第5，9章参照）．

- 整合性の帰結としての普遍法則

  整合性のとれた状態ではミクロの多成分の間に強い拘束が加わる．たとえば各成分の増殖率がすべて同じであるというように．このことはミクロ側の各成分の量になんらかの統計法則をもたらすであろう．一方で，マクロ側を構成するミクロ側の自由度は大きくても，整合性の拘束によってマクロ側は少数の変数で記述できる可能性がある．もしそれができれば可塑性，安定性，活動性などを少数の変数で記述できる．このようにしてマクロ変数とミクロの統計則がつながれば，生命システムの普遍性の理解につながるであろう．

- 整合性の破れとその回復

  もちろん，生命システムはいつも階層間の整合性を保ち定常成長しているわけではない．こうした，整合性の破れた状態を考えることも意義があるだろう．細胞が成長できない相を分子の複製と細胞の複製の整合性が破れた状態として理解する，多細胞生物のガン化を細胞と組織の整合性の破れた状態として理解するといった視点である．

  ここで整合性が破れた状態はミクロ側の統一性がとれなくなっているのだから，マクロ側からみれば，変動やゆらぎの大きい乱れた状態となるだろう．新しい環境に適応していない段階では整合性の破れによりミク

ロ側の変化の自由度が大きくなり，いったんゆらぎが増大する．こうして変化の方向や可塑性を増加させた後に新たな適応した表現型を獲得し，それからゆらぎが減少して整合性を回復するのであろう．そこで，この回復過程でのミクロ側の多くの量（多くの成分の濃度や遺伝子の発現量）やその統計分布の時間変化を調べ，それと細胞増殖率の回復とのつながりを探ることが重要になる．本書ではこのような方向から，適応，分化，進化への新しい描像をつくっていく．

1.6　整合性とタイプ化

1.6.1　整合性をみたす状態

多様な成分が整合性をみたすには大きな制約があるので，そのような状態は，状態空間の中で連続的には存在できず，全状態空間の中のある限られた範囲で存在すると考えられる．外部から摂動が入っても，ある範囲まではそのもとの状態に引き込まれ，大きく状態をゆすった場合にはじめて，もとの領域から離れたところに新たな整合性状態が生まれうる．この結果，整合性を保った状態はある幅をもった離散的なタイプとして存在すると予想される．

このように離散的なタイプに分かれていく現象を以下では「タイプ化」と呼ぼう．

1.6.2　タイプ化のアトラクター描像

上記のタイプ化を考える上で１つの重要な視点は力学系のアトラクターである．状態の時間発展を考えたときに引き込まれていく領域がアトラクターである（図 1.3a）．ある範囲の初期条件が同一のアトラクターに吸引されるのでアトラクターが複数存在すれば落ち着き先が複数とびとびに存在している．ノイズや環境の擾乱があれば，状態はそのまわりでゆらぐので，結果的に状態空間の中でいくつかの離散的な状態が雲のように存在することになる．存在できる領域はゆらぎによって広がっているが，ある範囲を超えるとほとんど存在できなくなる．さらに遠く離れたところで別なアトラクターが存在すればそのまわりに安定に存在できる領域がある．このように，アトラクターの考え方は生命

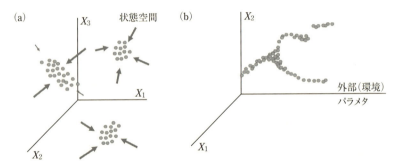

図 1.3 模式図：(a) ある環境下でとりうる状態：外部からの摂動に対して安定して存在できる状態（たとえば成分量などの表現型）は状態空間の中で、いくつかの分離したクラスターとして存在する。(b) 環境変化に対して状態はあるところまでは連続的に変わり、それを超えると状態が 2 つに分岐したり、また不連続な変化が生じたりする。

システムが多様であるけれどもいくつかの離散的なタイプに分かれていることを理解するための 1 つの基盤を与える。

多細胞生物の異なる細胞タイプは状態空間の中で、いくつかの離散的なタイプが状態空間内での雲として存在する例である。第 7 章ではこのようなタイプ化がマクロ–ミクロの階層間の整合性として現れることを確認する。この場合、整合性をみたすためには各細胞タイプの状態（ミクロ側）とその個数の比率（マクロ側）がどちらもある範囲内に保たれる。これにより、細胞状態と細胞集団が互いに安定化する。

1.6.3 タイプ化の分岐描像

アトラクター描像は、同じ遺伝子をもった細胞（個体）が、与えられた環境下で、時間発展の結果到達する状態が離散的なタイプとして存在することを説明しうる。一方で環境条件などの外部パラメタを変えた場合でも、ある段階までは状態は少しずつ変化し、どこかで異なる状態へと変化することがよくみられる。つまり外部変化に対しても状態は離散的タイプに分かれる（図 1.3b）。

いいかえると、あるところまで状態はマクロ–ミクロ整合性を保ちつつバランスをとって変化していき、しかし外部変化が大きくなると、整合性が要請する拘束条件をみたせなくなる。そうなると、状態は大きく変化し、ミクロ側もマクロ側の状態量も大きく変化する。その後で、また整合性をみたす新たな状

態に至る．つまり，環境変化に対して，あるところまでは少しずつ状態が変化し，それを超えると，もとの微調整では整合性を維持できなくなり，がくっと大きく変わった別な状態をとり，定性的な変化が生じる．

　これを理解する上で力学系の「分岐」の考え方は有効である：パラメタの変化に対してあるところまではアトラクターが少しずつ変化するけれどある値で定性的な変化が生じるというのが「分岐」の概念である．外部パラメタが変化しても分岐しない範囲が1つのタイプであり，分岐後の状態が別なタイプとなる．こう考えることで環境変化に対して状態が離散的タイプに分かれることへの1つの見方が与えられる（図1.3b）．

　以上のタイプ化は，進化的な意味での，離散的な種の存在を直接説明するわけではない．しかし，第8，9章でみるように，遺伝的変化に対してある範囲までは状態（表現型）は大きく変化せずに安定している．さらには，環境を大きく変えて細胞の状態（たとえばタンパク質組成）が変化した後に適応的な遺伝的進化が起こると，むしろその状態はもとに戻る傾向がある．言い換えると，遺伝子変化に対しても環境変化に対しても，各タイプの状態は，ある範囲に留まるという強い安定性をもつ．ある程度以上の大きな遺伝的変化が起きてはじめて，もとの状態は不安定化する．

1.6.4　タイプ間の遷移

　前項では環境変化への適応に関して，整合性によるタイプ化を議論した．生命システムへの外部条件の変化は発生における細胞数の少しずつの増加，遺伝的変化による酵素活性の変化などでもみられる．こうした変化に対しては，時間的にはまず速い変化が起こり，それと整合して遅い変化が起こってくるであろう．ミクロ側の変化は速いので，まず速いミクロ側が変わり，それが遅いマクロ側に伝わり，そして共に固定化していくのが自然であろう．「共固定化」できる領域は限られているのでタイプ化が生じたのであるが，このタイプ化が時間的にどう形成されてきたかを考えると，時間方向に対しても各階層でのタイプを維持した定常状態のゆっくりした変化と，そのタイプが変わる大きな遷移からなると予想される．時間方向でみるといくつかのエポックからなる発展過程が予想されることになる．これは第7章でも議論する，細胞分化を含む発生過程での1つの特徴になろう．

1.6　整合性とタイプ化　　*31*

この立場を進化にあてはめれば，環境変化に対して，表現型の状態，たとえばタンパク質の量が変わり，そのあとで何世代かかけて遺伝子変化がその状態を安定して形成するように生じて，変わった表現型が固定されていく，という見方に至る[29]．このような考え方は，Waddington により，「遺伝的同化」(genetic assimilation) として提唱されたものである．われわれの立場では，これは速い変化と遅い変化の整合性として理解すべきものであり，速い変化の遅い変化への埋め込みの原理とも考えられる．この考えの妥当性については，理論，実験両面から第 8, 9 章で議論する．そこから進化のしやすさ，方向性が議論されていく．

1.7　まとめ

以上のような階層間整合性という問題意識に基づいて，生命システムの原理をさぐっていくのが本書の目標である．第 2 章ではこの方向での研究の方法論を述べ，整合性原理 – 定常成長状態論から考えられる法則の一例も紹介する．そして第 3 章以降では，第 2 章の方法論を基盤として，複製，適応，記憶，分化 – 発生，進化といった各テーマでの普遍法則を求めていく．

---

29)　発生を物理としてみたときに普遍的に生じやすい（generic な）現象がまずあり，それを遺伝子進化が固定していくという考え方が Newman にとって提示されている [Newman 1994].

32　　第 1 章　普遍生物学

2 普遍生物学の方法論

2.1 階層間整合性

第1章で階層間の整合性を基本的原理として述べた．階層間の整合性をみたすためには，ミクロ側（分子）とマクロ側（細胞）で安定した状態をつくらなければならない．もちろん．そうした状態はいつでもできるわけではない．ただし，細胞が安定して成長ないし維持されているところでは，このようなミクロとマクロの整合性が成り立つと考えられる．では，その整合性原理で，生命状態の記述がどこまで可能であろうか．

このような階層間の整合性の視点で研究をおこなうには，マクロ側 (A)，ミクロ側 (B) 両面から普遍的性質を調べ，その間の整合性 (C) を理論，実験両面からおこなうことが必要である．また，ミクロ−マクロをつなぐためには異なる時間スケールの現象がどのように連関するか (D) の視点も欠かせない．まず理論側で A–D それぞれの方法論の立場をとり，対応して実験 (E) でも A–D の立場をふまえた研究をすすめる．さらに整合性の破れ (F) の生物学的意義も論じる必要がある．

本章では普遍生物学のアプローチについてざっとしたスケッチをおこない，階層性をまたがるいくつかの概念を簡単に議論する．そうした見方がいかに，複製，適応，記憶，分化，進化といった普遍生物学の基本問題にいかせるかについての具体的研究は，第3章以降でおこなう．

2.2 Ａ：マクロ現象論

これは，定常成長状態に限定することで，マクロレベルで少数変数による記述がおこなえるだろうと仮定して，先験的にえいやっとつくる現象論である．これは熱力学での温度やエントロピーの導入のように，現象をみてその本質をつかむ方法である．生物学で，この研究スタイルが（部分的に）おこなわれた例としては Waddington の後成的地形 (epigenetic landscape) をあげてもよいであろう [Waddington 1957]．

Waddington が問題にしたのは，多細胞生物での細胞分化である．初期には多くの細胞になりうる能力（多能性）をもった細胞があり，それが発生過程とともにいくつかの細胞へと分化し，次第にその状態が固定化していく．それぞれの細胞は安定していてその状態に多少擾乱がはいってももとに戻る．この過程を彼は図 2.1 のような地形の変化であらわした．これは発生時間とともに細胞が多能性を失い各状態に順次分化して安定化していく過程を枝分かれする谷としてあらわしたものである．この地形変化の図は，発生における細胞分化過程を直感的に説明している．それではこの地形の高さの軸は何なのだろうか？物理では（自由）エネルギーが状態とともに変化するポテンシャル地形をしばしば描く．しかし，Waddington の地形の高さはエネルギーをあらわすものでもない．ただし発生をマクロにみた現象論としての記述力は高い．それでは，この高さを操作的に定義して，定量的にあらわし，ある谷から別な谷への移動の可能性を表現できないのだろうか．これを目指すのがマクロレベルでの現象論である．さらに，この図の前後軸は発生時間をあらわすと考えられる．もし，高さをあらわす現象論が構築されれば，発生時間とともに枝分かれする，この谷の地形を理解することもできよう．

以上は発生を例にとったが，一般に，優れた生物学者が抱く生命への直感に対する適度な現象論を構築することは，生命の理解のために欠かせない．非常に多くの成分からなる細胞について，細胞の活性度というイメージを生物学者は抱いている．この活性と細胞の複製速度，栄養変換効率などをつなぐマクロ現象論を図 2.1 のような地形として表現して，その谷の深さと広さとから細胞状態の安定性や可塑性を理解するのは重要であろう．また後にくわしく述べる，進化のしやすさや方向性に関して Waddington が抱いたイメージへの現象論も

34　　第 2 章　普遍生物学の方法論

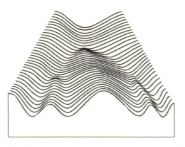

図 2.1 Waddington の後成的地形．[Waddington 1957] に基づいて作成した模式図．

構築すべき重要な課題である．

2.3 B：ミクロからみた整合性——多成分全体での統計則（ミクロ）

2.3.1 ミクロ大自由度モデルの意義

マクロからの現象論は重要であるのだけれども物理においてもなかなか成功しがたい研究モードである[1]．まして生物のように階層間の関係が両方向の複雑系では容易ではない．そこで，ミクロ側からの研究も必要である．ここで細胞を考えたとき，ミクロ側は多数の分子の集合であり，マクロ側は細胞となり，その両者が増えていく．細胞内の各成分の量は反応などにより変化するので，ミクロ側は大自由度の力学系で記述されることになる．ここで，反応は確率的に起きるから，確率過程としての見方も必要となろう．さらには，個々の成分を個別に調べる枚挙的手法では生きていることの状態論に到達できないので，むしろそのミクロ大自由度量の統計分布を扱うことも重要である．そして，このような大自由度の増殖系の直感を得るには適度な理想細胞モデルの数値シミュレーションも必要であろう．以上，大自由度の理想細胞モデルのシミュレーション，力学系，確率過程からの動態，ゆらぎ，統計分布の理論がミクロ側からの研究手法となる．

では多数の成分が定常的に増えていく場合，ミクロな成分の間に統計法則があるだろうか．たとえば平衡状態ではマクスウェル分布やボルツマン分布といっ

---

1) 熱力学より統計力学の方がわかりやすいという人がしばしばいるのをみても想定される．

た統計法則が知られている．一方で，いま問題にする細胞については，各成分が互いの増殖に関与して定常的な成長を形成している．その結果，多成分の間に共通の統計法則がなりたつはずである．以前，複製系では各成分の量の分布がべき乗則をみたすことをみいだし，また実験においても検証された [生命本]．くりかえしになるが，簡単に振り返っておこう．

2.3.2 成分にわたる統計法則

細胞が自己成長するには，各成分が自分で自分を増やす必要がある．すると，栄養からのフローが十分あれば，多い成分は多くなりがちである（金持ちはますます金持ちに）．しかし，各成分の変化は触媒，つまり酵素によって助けられた反応で進むので，ある成分が一人勝ちしすぎると，その成分を増やすための触媒成分がなくなってしまう．1 つの触媒成分だけが存在すればよいというわけではなく，定常成長するためには，その成分を触媒する他の成分が必要である．これをくりかえしていくと，互いに触媒し合う成分集合が存在していなければならない．この状況で無駄な成分を省いて成長を最適にするのであれば，その状態では互いに触媒し合う成分が栄養からつくられ，それがぎりぎりでつながって維持されているであろう．ここで，栄養からほかの成分へのパスは順に枝分かれしていくネットワークとみなせ，一方で，反応で成分が失われないという保存則のもとで，全成分が合成されるというバランスがなりたっている．平均 K 本で枝分かれしていけば，成分量は，反応パスごとに $1/K$ 倍に減っていき，一方で枝分かれ先の種類は K 倍で増えていく．そこで，順位が K 番目のものの量はおよそ $1/K$ になる．そこで量と順位が逆比例するというべき乗則，ジップ則[2]がなりたつ．以上の説明は非常に大雑把なものなのでくわしくは [生命本] 第 6 章や [Furusawa and Kaneko 2003a] を参照していただきたいが，成分量の分布がガウス分布とは異なって，べき乗型になることがある程度想像できるであろう．もちろん，以上は最適成長に系がチューン・アップされていたら，の話である．環境条件を変えたときに，はたしてその状態に適応できるかについては別な考察が必要であり，これは第 5 章で議論する．

いずれにせよ，互いに触媒し合って増えていく系では増殖を最適化しすぎて

---

2) 量とランクの逆比例関係は一般にそう呼ばれる．もとは Zipf が単語の使用頻度の順位についてみいだしたものである [Zipf 1949]．

36 第 2 章 普遍生物学の方法論

少数成分だけになると互いの触媒構造を維持できなくなり，死んでしまう．その結果，増殖速度はあるところまでは栄養流入とともに上昇していくが，それを超えると死ぬという，ある種の崖のような構造が現れる．いいかえると，多数の成分で維持される大自由度系の構造を消すと死ぬということである．この点は多様な成分からなる生命システムを考える上で示唆的である[3]．

2.3.3　ゆらぎの性質——対数正規分布

成長系の分布の特性として，以前議論したもう1つの普遍的特徴は，対数正規分布である [Furusawa *et al.* 2005; 生命本, 第6章]．すでに述べたように，同じ遺伝子をもった細胞でも，ある成分（タンパク質）の量は同じではなく，分布している．このゆらぎは分子のランダムな衝突を経る化学反応のノイズに起因するが，他の反応を通して成分量が増幅されたり減少されたりするのでノイズの大きさもそれによって変化する．ある量が多いときにその生成を減らすような「負のフィードバック」があれば，ゆらぎは減少される．一方で，定常的に成長していく細胞では自分を増やすという正のフィードバック過程があり，ゆらぎも増幅させられる．

こうした正の増幅過程のもとでの成分の量の分布は，通常のガウス（正規）分布とは異なる．確率論の基本定理，中心極限定理ではデタラメな変数を足しあわせていくとその平均はガウス分布になることが知られている．これに対して成分量の分布は左右対称でなく多い側に長いテイルをひく分布となり，対数正規分布に近いことが多い．これは成分量の対数をとった変数でみるとガウス分布になるということである．

この分布の出現は細胞内の反応過程が足し算よりも掛け算を含んでいることからだいたい理解できる．一般に細胞内の反応過程は触媒により起こり，反応のレートは触媒成分の量によるので，その量のゆらぎが他の成分に掛け算として働く．掛け算過程（乗法過程）は対数をとると足し算になるので，対数をとったあとで中心極限定理を使えば対数正規分布が得られる．こうした触媒反応だけでなく，次節で述べるような成長による希釈も，やはりそれぞれの成分の濃度に比例して起こる掛け算過程である．そこで，成長率がゆらいでいれば，ノイズが掛け算で入ることになり，やはり，対数正規に近い分布になる（第3章

---

3)　先掲の荘子 (2cBC) の渾沌の話では自由度を減らすと死に至る．

2.3　B：ミクロからみた整合性——多成分全体での統計則（ミクロ）　　*37*

参照).

　一方で，後に使う統計的理論では多くの場合ガウス分布が基本となっている．そこで，こうした理論を適用する際には，細胞状態をあらわす変数として成分の量（濃度）そのものではなく，その対数を用いるのが有効になる．これは分布だけの問題ではなく，次節でみるような環境変化に対する応答の場合でも対数濃度を用いるのが便利である．この場合も自分の量に比例して増えるという掛け算過程が基本なので，対数を使う解析が有効になる．

2.4　C：マクロ–ミクロ整合性

2.4.1　整合性の意義

　もちろん，マクロレベルの記述とミクロレベルの記述はうまくつながらなければならない．これをもたらすのが整合性原理である．たとえば，定常成長状態ではミクロ側の成分が同じ割合で増殖することがミクロ側の統計分布に拘束をあたえ，それとマクロ側の細胞成長とが整合しているために，今度はマクロ側の状態変化への拘束が現れる．このようにマクロ–ミクロの整合性を通して，両者の法則を探るのがここの研究モードである．

　統計力学の場合，このマクロ–ミクロ整合性がもっとも効力を発揮したのは，先に述べた揺動応答関係である．ここで，ゆらぎは原子分子レベルのミクロなランダムな運動由来であり，一方応答はマクロな状態の動きである．この両者のスケールが整合していることから Einstein はゆらぎと応答の一般的な関係を導いたのである [Einstein 1905, 1906]．本書においては細胞内の分子量のゆらぎと細胞の適応しやすさ，細胞数のゆらぎと個体の応答，細胞の状態（表現型）のゆらぎと進化しやすさの関係，といった形で，この揺動応答関係を生命現象へ拡張していく．ここで統計物理での揺動応答関係は，外力がないときのゆらぎと外力への応答度合いが比例するというものであったが，第8, 9章ではそれを敷衍して，遺伝的変化なしでのゆらぎと進化しやすさを結びつけていくのである．

38　　第2章　普遍生物学の方法論

2.4.2 増殖共通の帰結——μ 理論（ミクロ平均量とマクロ増殖）

すでに述べたように，熱力学では，平衡状態という，「ほうっておいたら到達する，マクロには動いていない」状態に話を限ることで成立した．もちろん，細胞は平衡状態というわけではない．成長して増殖しうるものである．そこで細胞が外界に適応して定常的に成長している状態を考えよう．つまり，平衡状態のかわりに，成長して分裂しても同じ組成を維持している，定常的に増殖する細胞の状態論を考えてみる [Kaneko *et al.* 2015; Kaneko and Furusawa 2018]．この際に，細胞が安定しているのであれば，分裂ごとに組成が大きく変化しないはずだから，細胞内のすべての成分量（たとえばタンパク質の量）がほぼ同じ割合で増加するという拘束条件が課される．つまり，M 種類成分があっても，各成分が分裂までにほぼ 2 倍になるという強い制限がかかる．いいかえると，成分 $1, 2, \cdots, M$ の増殖率が等しいという，$M - 1$ 個の拘束条件である．そこで，細胞の状態が M 個の成分の量であらわされていても，適応状態ではこの M 個の量は独立に変化できず，$M - 1$ 個の制限がかかっているので結局 1 つの自由度しか残らないと予想される．

以上の直感を数理的に表現してみよう．まず M 成分からなる細胞を考える．この細胞の状態は，各成分の濃度 $x_1, x_2, \cdots, x_M$ であらわせる．いいかえると，M 次元上の 1 点として表現される．この細胞は栄養をとりこみ，各成分は細胞内の反応により合成／分解される．いま，この M 成分は細胞に必要なもので環境条件を変えても存在している，つまり 0 にならないとしよう．反応によって各成分量が増加していけば細胞は成長する．ここで定常成長状態を考えよう．この場合，細胞は分裂するまでにそれぞれの成分の量はだいたいみな 2 倍になるはずである．もし 2 倍にならない成分があれば分裂ごとに希釈されて，遂にはなくなってしまうはずだからである．そこで M 成分それぞれの増加率 μ_i $(i = 1, 2, \cdots, M)$ はみな等しくなる．

さて，この細胞が全体として自身を再生産することを考えれば，細胞の体積 V は時間 t とともに $dV/dt = \mu V$ で成長するであろう．ここで μ は細胞の成長率であり，細胞集団でいえば，細胞の個数は $\exp(\mu t)$ で増加する．このとき，細胞が分裂してもその状態を維持しているためには，各成分の増加率 μ_i はすべて μ に等しいはずである．環境条件を変えれば，当然，μ は変化する

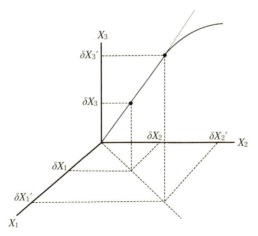

図 2.2 細胞状態変化の模式図：各成分の濃度 x_i (ないし, その対数 $X_i = \log x_i$) からなる状態空間を考える. ここで i は成分の全種類 M にわたるのでこの状態空間は非常に高次元である. 細胞の定常成長状態はこの濃度状態空間での 1 点で与えられる. 環境条件 (ストレス) を増していくと, その定常成長状態は変化していく. このとき, 各条件下での定常成長状態はそれぞれの成分量の増加率 μ_i が等しくなるので $\mu_1 = \mu_2 = \cdots = \mu_M$ という $M-1$ 個の条件をみたす. つまり, これをみたしながら変化できるのは M 次元中の 1 次元となる. この軌跡を描いた模式図.

けれど, 新しい環境に細胞が適応して, 定常成長状態になったあとでは, 再び $\mu_1 = \mu_2 = \cdots = \mu_M$ をみたすはずである. これが先述した $M-1$ 個の条件である. そこで, 環境を少しずつ変えていったときに, $x_1, x_2, \cdots, x_M$ が動きうる領域は, M 次元の状態空間すべてではなく, その中の 1 次元の線上に制限される (図 2.2). これによって, 各成分の変化には強い制限がかかる.

この制限は, 多少の近似を許せば, 簡単な形で定式化できる. 各成分の濃度の合成や分解は, (触媒) 化学反応一般の結果なので, 一般に, 各成分の変化はある関数 $f_i(x_1, x_2, \cdots, x_M)$ であらわせる. 一方で, この細胞は $(1/V)(dV/dt) = \mu$ の割合で成長しているので, その濃度 (=量/体積) は, この割合で薄められる. そこで, 濃度の変化は

$$\frac{dx_i}{dt} = f_i(\{x_j\}; E) - \mu x_i \tag{2.1}$$

をみたす. ここで, E はこの細胞のおかれた環境条件である. これは, 栄養成分の濃度でも, 温度でも, 他のストレス条件でもよい. 一般には $E_1, E_2, \cdots$ と

多くの環境条件が存在するけれども，まず，ある 1 つの環境条件（たとえばある外部成分の濃度でも温度でも）を変化させる場合を考えて，1 つのパラメタ E であらわせるとしよう．

さて，成分が指数関数的に変化することを考えて，各成分の対数 $X_i = \log x_i$ を導入し，また $f_i = x_i F_i$ という量 F_i を導入しよう．すると式 (2.1) は

$$\frac{dX_i}{dt} = F_i(\{X_j(E)\}; E) - \mu(E) \tag{2.2}$$

とあらわせる（ここで，どの成分も存在しているとしたので $x_i \neq 0$ で割ることは問題ない）．そこで定常（成長）状態の濃度 x_i^* の対数 $X_i^* = \log x_i^*$ は各 i について

$$F_i(\{X_j^*(E)\}; E) = \mu(E) \tag{2.3}$$

をみたす（いいかえると F_i が先述の μ_i を与える）．

つまり，各成分の濃度変化は細胞が各環境に適応したあとでは $\mu(E)$ という 1 つの量の変化でパラメタ化された線上を動いていく．ここで，最初の環境 E_0 から $E = E_0 + \delta E$ の変化を考えよう．この結果，各成分の（対数）濃度が X_i^* から $X_i^* + \delta X_i$ にかわり，増殖速度 μ が $\mu + \delta\mu$ にかわったとしよう[4]．ここで，これらの変化があまり大きくないとして線形化をする（つまり変化の 1 次の項だけとる）．すると，E_0 における $F_i(\{X_j^*(E)\})$ の X_j による偏微分を $J_{ij} = \frac{\partial F_i}{\partial X_j}$，また環境 E による偏微分を $\gamma_i = \frac{\partial F_i}{\partial E}$ として

$$\sum_j J_{ij}\delta X_j(E) + \gamma_i\delta E = \delta\mu(E) \tag{2.4}$$

となる．

いま，すべて δE に対して線形の範囲で考えたので $\delta\mu \propto \delta E$ となる．そこで $\delta\mu = \alpha\delta E$ とおけば

$$\sum_j J_{ij}\delta X_j(E) = \delta\mu(E)(1 - \gamma_i/\alpha) \tag{2.5}$$

が得られる．(2.5) 式を E と E' にあてはめると $\frac{\sum_j J_{ij}\delta X_j(E)}{\delta\mu(E)} = \frac{\sum_j J_{ij}\delta X_j(E')}{\delta\mu(E')}$ となるので

---

4) 図 2.2 のイメージが肝心であり，式はとばして，最終結果の式 (2.6) まで行ってもかまわない．やっているのは $\mu(E)$ での線を直線で近似するということだけである．

2.4 C：マクロ–ミクロ整合性 *41*

$$\frac{\delta X_j(E)}{\delta X_j(E')} = \frac{\delta \mu(E)}{\delta \mu(E')} \tag{2.6}$$

がすべての成分 j に対して成り立つ（図 2.2）[5].

つまり，環境条件を変えたときの発現量の（対数）変化の比率は各成分によらず共通で，この比は細胞の増殖速度 μ の変化量 $\frac{\delta\mu(E)}{\delta\mu(E')}$ であらわせる．いいかえると増殖速度というマクロ変数によって各成分の変化が規定されていることになる.

これは，全成分が定常的に増えること，増殖速度が全成分を希釈するというグローバル変数になっていること，それから変化が大きくないとして線形化したことの単純な帰結である．では，この単純な理論的帰結は実際の細胞でどのくらいあてはまっているであろうか．その検証のために，大腸菌をストレス環境において，その発現量変化を調べてみた．この実験では，細胞をある環境に置き，それが定常的に成長するまで培養をおこなう．そのあとで，多数の細胞から，各種類の mRNA の量を計測するトランスクリプトーム解析をおこなう．細胞内には多種類（たとえば大腸菌では 5000 種ほど）のタンパク質が存在するが，それらは対応する mRNA からつくられ，その mRNA は対応する遺伝子から発現している．このそれぞれの mRNA の量を相補鎖で結合させ，それが蛍光を発するようにして，その蛍光量から対応する mRNA の量を測るのが，このトランスクリプトーム解析である．これをまず，通常の大腸菌の環境条件で計測したものが上の $x_i(0)$ である．次にたとえば温度を上げ，その環境で計測したのが $x_i(E)$ である（E はもとの状態からの温度差）．すると上の $\delta X_i(E)$ は $\log x_i(E) - \log x_i(0)$，つまり（温度）ストレスによる対数発現量の変化として求められる．そこで異なる温度差での各 mRNA の対数変化量を縦軸，横軸にプロットしてみる．すると図 2.3 のように数千の発現量にわたってほぼ共通の比例関係がみいだされる．温度差の低，中，高のそれぞれでおこなってもやはり比例している．さらに温度ストレスだけでなく，栄養量を減らした飢餓ストレス，浸透圧を変えた物理的なストレスに対しても同じプロットをおこなうと，やはりほぼ比例関係が得られる.

さて，図 2.3 の傾きは，理論式 (2.6) によれば，その 2 つの状態での増殖率

---

5) これは直接式 (2.5) から確かめられる．また逆行列 $L = J^{-1}$ が存在する場合は $\delta X_j(E) = \delta\mu(E) \times \sum_i L_{ji}(1 - \gamma_i/\alpha)$ となり，$\sum_i L_{ji}(1 - \gamma_i/\alpha)$ は E に依存しないので，それからも導かれる.

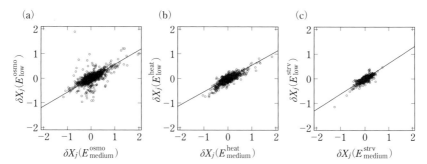

図 2.3 遺伝子発現の変化の関係：ある環境ストレスのタイプを a とし，その 2 つの強さを E^a, $E^{a'}$ としたときに $(\delta X_j(E^a), \delta X_j(E^{a'}))$ をすべての mRNA 種類 j に対してプロットしたもの．ここで，δX_j は遺伝子 j の発現量の対数がもと（ストレスなし）の状態から，その環境ストレス下でどれだけ変化したかをあらわす．ここでストレスのタイプは (a) では浸透圧 (osmotic pressure; osmo), (b) では熱（温度を上げる）(heat), (c) では飢餓 (starvation; strv)．縦軸はそれぞれのストレスをすこし与えた場合 (low), 横軸は中程度に与えた場合 (medium)（詳細は [Kaneko et al. 2015] 参照）．

変化の比 $\frac{\delta\mu(E)}{\delta\mu(E')}$ に合致するはずである．実際，それぞれの図の傾きはその精度の範囲内で増殖速度変化比に一致している（これだけでなくストレスをもっと強くした場合に対しても同じ図をつくり，そこから $\delta X_i(E)$ の傾きを求めるとこれも増殖速度変化比に一致している [Kaneko et al. 2015] 参照）．これでみられるように，理論の関係式 (2.6) は十分成り立っているようである．つまり，環境変化 δE に対して細胞状態を増殖率 μ と共通発現遺伝子変化量 X がどう変わるかという，$\delta\mu = C\delta X + \gamma\delta E$ といった，熱力学にも似た少数のマクロ状態量記述の可能性が示唆されている [Kaneko et al. 2015][6]．

なお，ここまでは定常成長を仮定し，同種のストレスでの応答を線形近似の範囲で比較して導かれた結果である．第 9 章でくわしく論じるように実験結果は理論の予想範囲をはるかに超えて成り立っている．まず「線形近似」[7]はもと

---

6) ここの議論は，形式的には，成分数がいくつでも成り立つようにみえる．しかし，実際には多成分で安定した細胞状態が形成されると上の線形近似が広い範囲でなりたつようになる．つまり，安定した状態がつくられると，そこで熱力学ポテンシャルに類するものが生成されてくるようである．この点については第 9 章で論じられる．

7) なお，小松左京の SF『継ぐのは誰か』での普遍生物学の記述では，「ここに抽出された生命の基本要素——代謝系，遺伝情報系，ホメオスタシス，…——の各系はある条件下できわめてうまくバランスをとって 1 個のまとまった有機生命体をつくりだす．これらの諸要素はそれぞれでは無

もと変化が小さい範囲で成り立つものである．しかし，実験によれば，細胞の成長率がもとの2割くらいにまで落ちても成り立っている．次に第9章でみるように，図2.2を異なるストレスへの応答（たとえば縦軸を飢餓ストレスに対する応答，横軸を浸透圧に対する応答）に対してプロットすると，やはり多くの遺伝子発現に対して（精度は落ちるものの）共通の比例関係を示す．つまりこれらの結果は定常成長条件だけで導かれるものではない．第8，9章では，これらが進化を通して頑健性を獲得した生物状態で成り立つ法則であると議論していく[8]．

この結果は，遺伝子発現量やゲノム配列といった膨大な自由度から抽出した変化量と増殖速度という細胞のマクロな量が結びつけられることを意味している．このように，細胞の多次元の状態変数とマクロ量とを関連づけて可塑性や頑健性を記述する状態論をめざすというのは以下，本書の1つの底流となっていく．第3章では状態量として成長速度，遺伝子発現だけでなく，栄養消費量（活性）も考慮し，これにより細胞の状態論を考え，それにより細胞の指数関数的成長状態，休眠状態，死，といった「相」の間の転移を議論する．また，こうした少数の量で，細胞がどのような状態を実現しやすいかが表現できれば，そこから細胞がどのような状態に変化しやすいかの可塑性の順序などもかけ，これは第4章以降の適応，分化の問題とも関連してくる．

2.4.3　強いホメオスタシス原理

ここまで細胞が定常に成長できる状態には，強い拘束が働いていることを述べた．細胞は非常にたくさんの成分を維持して成長し，それが細胞全体の増殖とつりあっていなければならない．複雑な反応過程を考えれば，そのようなことを可能にする状態は少ないであろう．

2.4.2項の議論では各成分の濃度を連続変数で扱ったけれども，細胞内には低濃度の成分もあり，またその体積もそう大きくはないので分子の数は時に数個とか数十個になってしまう．たとえばバクテリアでは体積は数 μm^3 程度であ

限に変化する幅をもちながら，…　バランスによって一定の幅の中におさまり，（…）．さて非常にあらっぽい話になるが，環境，細胞集合密度，総質量，各細胞の特殊化の可能性，遺伝情報の単位など，多くの外挿条件を変化させてやると，そのバランスしうる準位は次第に変わってくる．これをうまく整理させてやると，生命の基礎的進化のモデルが，近似的に線形モデルであらわせる」とある．

8)　この点に興味があれば，本章のあとにいきなり第8，9章に向かうことも可能である．

り，一方で細胞内の濃度が1nM程度の分子はよく登場する．この場合だとその分子数は60個程度になる．濃度がさらに2桁下がれば，（平均）分子数が1個以下になってしまう．つまり低濃度の成分は，その濃度（個数／体積）は平均値の周りで時間的にも細胞ごとでも大きくゆらぐ．場合によっては外界の少しの変化でも分子の個数が0におちいる．すると，複製するのにその成分を必要としていた成分があれば，それはつくられなくなって，また0になり，こうした連鎖によって，いくつかの成分が失われるかもしれない．そうなれば，すべての成分が同じ成長速度で増えていられるという，細胞全体の成長と個々の成分の増殖の整合性は失われてしまうであろう．そこで，多くの成分が失われずに整合性がなりたつ状態は，状態空間全体の中でそう広くはないと予想される．すると，環境変化後，できるだけ多くの成分が協調して増えられるよう互いの関係を保とうとすると考えられる．

そこで，環境の変化によって内部状態に生じた短期的変化を長期的には打ち消すような応答が生じることが予想される．実際，このような「適応過程」は細胞の応答でしばしばみられる．少数の成分の変化の間で起きることもあるが，一方で多くの成分，つまり，2.4.2項でみたような数千成分の遺伝子発現が時間とともにもとのレベルに向かうといった過程で生じることもある．この例は第5章の適応，そして第9章の進化でみていく．

2.5　D：時間スケール階層性と整合性

2.5.1　生命における多時間スケール

前節の最後で，速い状態変化が，その後，遅い変化に打ち消されることを議論したが，一般に生命現象では多くの異なる時間スケールが階層をなしている（図 2.4）．当然ながらミクロとマクロでは空間スケールも時間スケールも異なる．分子の変化の速いスケールから始まって，成分量の変化でも，外界からシグナルが伝わるスケールから，より遅い，遺伝子発現のスケールが存在する．生命システムは動的であることが宿命であるから，時間スケールの階層性が際立って重要になる．そこで，各章で時間スケールの階層性を意識してとりあげる．

まず，分子レベルだけでも桁違いに異なる時間スケールの反応が存在してい

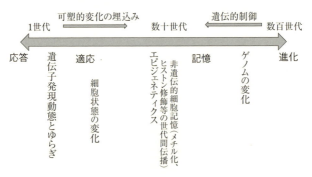

図 2.4 時間スケールの階層：表現型，エピジェネティクス，ゲノム変化

る．分子が生成されて分解されるまでのターン・オーヴァー時間をみると，代謝成分で 10 ms から 1 分程度に分布している．mRNA の半減期では 1 から 10 分程度，タンパク質では数時間程度であり，これらは分子種，細胞の状態や種類によっても桁レベルで変わる [Milo and Phillips 2015]．遺伝子発現は遺伝子から対応する mRNA，そしてタンパク質を合成する過程であるから上記のように mRNA の速い合成分解とタンパク質の遅い合成分解という異なる時間スケールが存在する．さらにそれらの総体として細胞の成長という時間スケールが 1 細胞世代内（細胞分裂まで）の表現型レベルに内在している．

このように異なる時間スケールの現象の集合体でありながら，細胞は安定した状態をつくる．さらにそのマクロな状態（表現型）の変化は分子レベルの変化よりも遅い時間スケールで起こる．細胞分裂の時間スケールはバクテリアで数十分，培養条件や細胞種によっては 1 桁以上遅いことも多く，分子の化学反応の時間スケールより何桁も上である．

細胞の状態（タンパク質の組成）が平均からずれたときに，細胞分裂をくりかえせば，そのずれは失われていき，次第にもとに戻ってくる．この時間スケールが非遺伝的なエピジェネティック（epigenetic；後成的）な変化の時間スケールである．ナイーブに考えて分裂に際して各成分が 2 細胞に確率的に振り分けられるとすれば，そのずれは分裂ごとに 1/2 になるだろう．そうであればずれの半減期は 1 世代（1 分裂時間）となるだろう．これに対して大腸菌や酵母などの原生動物では，しばしば 10 世代（10 回分裂）以上にわたるエピジェネティックな記憶がみいだされており，細胞分裂より 1 桁上の時間スケールの記憶が存在している．

一方で分裂に際しての遺伝子の変化は，通常ずっと少ない割合で生じていて，遺伝的変化の時間スケールは典型的には 100 世代以上の長さに及ぶ．進化は，何世代ものスケールで起こる遺伝的変異が集団に固定されていく過程であるので，典型的には数百世代はかかる，ずっと遅い時間スケールの現象である．物質的にいえば DNA が安定していて，変異があまり起きず，さらにそのエラーを修復する仕組みが進化しているからであり，数理的にいえば遺伝的変化は非常に遅いスケールのダイナミクスであるということである．

　先述したエピジェネティック過程とよばれる一群の現象は遅い遺伝的変化とずっと速い表現型変化の間に存在している．これはゲノム上の遺伝子配列自体は変化していないけれども，何世代かにわたって遺伝しうるさまざまな仕組みである．DNA にメチル化がかかる，あるいは真核細胞であればヒストンタンパク質が結合するなどの修飾がかかって，遺伝子の発現が固定化される，というのが多く議論されていることであるが，それ以外でも細胞膜を介して細胞状態が長期維持される，なども考えられる．

2.5.2　時間スケールの異なる現象間の干渉と制御

　状態の時間変化を追う数理的手法として標準的なものは力学系である（たとえば，[Hirsch *et al.* 2003; Strogatz 2001] などを参照されたい）．そこで，本書の理論ではしばしば力学系アプローチをとる．ここで前項の状況を考えると生物システムの理論では時間スケールが広く分布している力学系が必要になる．時間スケールが異なる過程がいくらあっても力学系であることに変わりはない．とはいえ，時間スケールが大きく異なる変数が混在する系には固有の問題があり，それに対応した方法論も必要になってくる．

　一般に速く変動する現象はさっと定常におちつくので，まず遅く変わる量（変数）をパラメタとして与えて，速い変数の力学系を解き，それをもとに，遅い変数の時間変化を追うことができる．このように，時間スケールが分離していれば，遅い側が速い側を制御する．細胞生物学の例でいえば遺伝子はゆっくりしか変化しないので，それが表現型を制御しているといった考え方である．

　このような遅く変化をする成分が速く変化する成分を制御するという構造は生物システムでしばしばみられる．たとえば DNA は複製に時間がかかりそれが変化するのにも時間がかかる．DNA に遺伝情報がコードされていて，遺伝子の変化は遅い側である．この遺伝子が生成も分解も速く進むタンパク質成分量

2.5　D：時間スケール階層性と整合性　　47

を制御する．そこで遺伝子の変化が表現型を制御するという形になる．これは進化というスケールでの現象であるが，遺伝子の発現による酵素量の変化が，より速い代謝系を制御するという場合ではタンパク質量変化が遅い制御側になる．

通常ミクロな変化は速く，マクロな変化は遅い．このように階層間で時間スケールが分離されていれば，マクロ側で与えられる条件にしたがってミクロ側の変化は制御される．その結果両者の整合性がとれて安定した状態になれば時間スケールの分離も保たれる．一方で，後にみるように，こうした時間スケールの分離が保たれないと，多くの変数が干渉し合って複雑な変化が生じ不安定な状態になり，マクロとミクロの整合性が壊れた非定常状態に陥る．このように異なる時間スケールの現象の間で整合性のとれた状態がいかに実現するか，そしてその破れが何をもたらすかを追うのも本書の視点である．

数理的な論点を簡単にまとめておくと，

(1) 速い変数が変わる時間スケールでは，遅い変数は変化しないので，一般に遅い変数は速い変数への「制御パラメタ」として働き，それが速い変数の時間変化を与える．

(2) 一方で，遅い変数の変化に際しては速い変数はすでに落ち着いているから，その値を用いて変化を決めればよい．たとえば速い変数 x の変化がおちついているという $dx/dt = 0$ の式を解き，これを用いて速い変数を遅い変数であらわす（断熱消去法）[Haken 1979]．

(3) ないし，速い変数が振動しているのであればその平均を用いて遅い変数の変化を決めればよい（平均化法）．

以上のように，変数の間の時間スケールが分離していれば，変化の仕方は簡単化される（時間スケール分離の原理）．一方でもし同程度の時間スケールでたくさんの変数が絡み合うと，制御されにくく，不安定で複雑な変化が生じるだろう．そこで安定したシステムの形成のためには，時間スケールが分離して少数の遅い変数がその他多数を制御していることが有効であろう．さらに，多くの要素が（ほぼ）独立した遅い変数によって制御されるグループに分かれれば安定したシステムがつくりやすいであろう．これは生命システムでしばしばみられる機能モジュールの形成につながる．

遅い変数での制御，ということ自体はもちろん生命固有というわけではない．しかし，生命システムの場合では，そのような時間スケール自体が固定されておらず，状況により変化するという特徴もある．たとえば，細胞成長による各成

48　第 2 章　普遍生物学の方法論

分の希釈は細胞内の成分の濃度変化に直接影響する．細胞成長速度は細胞の栄養状態で変化するので，各成分濃度の変化の時間スケールも細胞の状態によって変化する．

また，細胞内の多くの反応は酵素により触媒されて起こり，反応速度は酵素量によって調節される．酵素自体は順反応も逆反応も同じように加速するけれど，外部からのフローが存在する非平衡状態で反応が主に一方向に起こる場合では，結果として反応速度は酵素の存在により加速されるからである．実際，細胞内の反応は酵素によって，10^9 から 10^{15} 倍程度まで加速されうる．

ここで酵素自体が細胞内でつくられるものなので，その量は一定ではなく，細胞の状態によって自律的に変えられる．結果として，細胞内の反応時間スケールは細胞の状態で調節され大きく変化しうる．このような酵素量調節での時間制御については，適応に関する第5章，記憶に関する第6章でみることとなる．

この場合，成分ごとに時間スケールを変えられるので，遅いか／速いかの相対的関係も変わりうる．この結果，たとえば遅い変数と速い変数の分離がなりたたなくなれば，遅い変数が速い変数を制御するという関係も崩れ，両者が相互に影響し合い，その結果，複雑な変化が生じ，新たな状態の遷移をもたらす．

2.6　E：実験

2.6.1　整合性への実験アプローチ

マクロ−ミクロ整合性という視点で生物の普遍的性質を抽出するには，もちろん理論だけでは不十分で，実験が必要になる．ただし，この立場で実験をおこなうのは，ある機能をになう分子（遺伝子）を探索するという従来の方法論とは異なる実験の立場が必要になる．

マクロ−ミクロ整合性を意識した解析

（i）まず，マクロ側からの見方での実験は，ある意味，古典的な手法になる．細胞内の各分子を高度な技術で追うというよりも，細胞の成長速度，活性（たとえば栄養や ATP などの消費度合い），細胞集団の成長，といった量を測る，マクロからの現象論的解析である．ただし，ここでも，1細胞を長期計測観測

2.6　E：実験　　*49*

する技術（第3章参照）などによって，集団平均と1細胞での状態をきりわけてみることは有効になる．

(ii) ミクロ側では，先述した細胞内のトランスクリプトーム解析により，数千から1万種類にわたる遺伝子発現量をみることができるようになってきた．これも細胞集団での平均量の測定だけでなく，RNA-seq という手法を用いれば1細胞レベルで各遺伝子発現量を測定することが可能になっている．ただし，このような高次元データの取得が進んでいる割には，データの一部だけしか使われていないことも多い．本書の高次元全部をみる立場では，特定の遺伝子個別の発現を調べるよりも，むしろその全体としての統計分布やその変化をみることが必要になる．

(iii) 以上の (i), (ii) をふまえてミクロとマクロをつなぐ，つまり，ミクロ側の発現分布とマクロ側の状態を結ぶという視点をもった実験解析が必要になる．ここで，ミクロ側の測定では大自由度の情報をもっている．そこから情報を圧縮してマクロ量を抽出することが必要である．この抽出に際してはマクロとミクロが整合して動いている，という視点が重要である．

(iv) ミクロ側のもう1つの表現は，ゆらぎである．たとえば，タンパク質量の細胞ごとのゆらぎは分子的ノイズに起因しているものの，細胞全体のマクロな成長速度や外界への適応過程と関係している．後に述べるようにマクロ−ミクロ整合性から，このゆらぎとマクロ側での応答度合いが関連している．そこで，外界への適応とゆらぎの関係，進化速度とゆらぎの関係を実験的に調べることが重要になる．さらに，一段上の階層を考えるとミクロ側が細胞，マクロ側が個体（組織）となるので，その場合は細胞数のゆらぎと個体の適応の関係を追うことになる．

(v) 時間スケールの階層性を意識して，細胞内の発現量のダイナミクスと細胞数のダイナミクスといった，時間変化の階層性を求める．さらには，状態に応じて，タンパク質量の変化の時間スケールが変化するか，あるいは細胞の指数関数的成長相と非成長の定常相で内部状態の変化速度に違いが生じるか，さらにはより長い時間スケールの現象として記憶が生じるか，といった問題意識での実験も必要となる．

2.6.2 構成生物学

「生命本」では，つくることで理解する，という構成（的）生物学 [Kaneko

and Tsuda 1994; Kaneko 1998a] の立場を述べた．これは普遍生物学の重要な方法論となる．というのも，進化を経てできあがった現在の生物を調べるだけでは生物のみたすべき普遍的性質を同定するのは困難なので，こちら側から最低限の条件を設定して，そこから現れる性質を求めるのが必要になるからである．この際，ある階層（たとえば分子レベル）で構成をおこなっても，生物システムでは1階層の中だけでは閉じずに上の階層（たとえば細胞レベル）が関係してくる．構成生物学ではこのミクロ側とマクロ側の連関を注目する．要素を構成するけれど，その集団のふるまいとして，個々の要素レベルでは想定していなかった性質が現れるかを重視する．たとえば遺伝子をくみこんでタンパク質発現を導入するけれども，それと細胞全体の増殖の関係をみる，などである．

　ここで構成生物学 (constructive biology) と似た方向で，合成生物学 (synthetic biology) [Elowitz and Leibler 2000; Benner and Sismour 2005; Sprinzak and Elowitz 2005] とよばれる分野があり，現在，盛んにおこなわれている．そこで，その両者の相違点についてすこし述べておこう．

　合成生物学には，何らかの目標をもって，ある性質をデザインする工学的な志向性がある．電気回路やトランジスターでのデザインのように反応の回路を細胞内に埋め込む．ここで，設計図は遺伝子で与えられるとし，それにより反応をデザインしてシステムにある性質をもたせようとする．

　構成/合成生物学の比較を，細胞に新しい遺伝子制御ネットワークを導入した研究を例にとっておこなってみよう．たとえば，合成生物学の口火となった研究では，遺伝子 A が B の発現を抑制，B が C を抑制，C が A を抑制という遺伝子制御ネットワーク（回路）を大腸菌に導入する．すると，A が発現すると，その結果，B が抑えられ，C が発現するようになり，それで A が抑えられるので，A の発現量が多い状態から C が多い状態に移る[9]．同様にその次は C の発現量が減って B に，と順に移動していき，結果，A, C, B, A, … と循環する振動状態が実現する．実際に A，B，C のタンパク質が異なる色の蛍光をもつようにしておいて，順に色が変わっていくことが観察された [Elowitz and Leibler 2000]．このように少数の遺伝子で設計し，ある機能を細胞にもたせるのが合成生物学の立場である．

　一方で構成生物学は，こちらで条件をつくって，そこからいったいどのような

---

　9)　途中にかかる時間などのパラメタの条件は必要である．

生命の論理が引き出されるかをみるという発見的志向性をもっている．その意味では，こちら側でデザインした性質と違うふるまいがみいだされるほうが研究としては面白い方向が開かれる．たとえば，2つの安定状態をもつはずの遺伝子回路を埋め込んだにもかかわらず適応的な状態のほうのみが選ばれる [Kashiwagi *et al.* 2006] という実験結果を後に議論するが，それにより，シグナル伝達系がなくても適応する論理が抽出される（第4章参照）．

　では，なぜ，デザインされたふるまいと細胞でのふるまいに差異が生じるのだろうか．先述したように，これはミクロ–マクロの階層とその整合性の視点と密につながっている．遺伝子発現という分子レベルでのデザインをおこなったとき，このふるまいが遺伝子発現の階層だけにとどまっていれば，デザインした通りのふるまいが出る．これが1階層でデザインをおこなう合成生物学の立場である．しかし，分子レベルの遺伝子発現変化と細胞の成長という上の階層は互いに影響し合っている．そこで，上の階層（細胞成長）と整合性がとれるように，遺伝子発現が元来のデザインとは変わったものになりうる．このようにデザイン通りにいかないことから階層間の整合性ダイナミクスの性質を抽出するのが構成生物学の立場である．

　実際，合成生物学でも，デザインどおりに働かずに苦戦することがしばしばある．切り出した回路が部品として独立して働くという前提がうまくいかず，結局ミクロ–マクロの階層性に向き合わないといけなくなるからである．生命システムの本質を理解するには1階層では不十分で，ミクロな大自由度の中での構成をおこない，それにより生命の基本的性質がどう現れるかを探るのが必要となる．そうなると構成生物学の立場である．このように，多成分が絡んでいて階層をなしているということを意識するかどうかが合成生物学と構成生物学の根源的差異であり，また，この点がおそらく合成生物学が直面する困難の一因と思われる．

　そもそも多数の成分が互いに影響し合っているシステムの中でのデザインはどこまで可能なのだろうか．そのためには互いの影響を前もって把握していることが必要になるだろう．しかし，現実問題，その影響をすべて知っておくのは困難であろう．また，仮に知ったとしても，その中でよいデザインをみいだすのは計算論的に困難になることも予想される．実際，生物の場合は，この解決は根源的には進化に頼っていると考えられる[10]．そこで，進化の実験は生命

---

10) 逆に進化でできたものを振り返ると，できるだけ分離されたモジュールの組み合わせででき，互いの影響を制限しているという可能性もある．

システムの原理を探るのに欠かせなくなる．この場合でも，構成生物学の立場では，高機能をもつ分子や細胞を進化させるという工学的方向よりも，実験室内進化を通して，進化しやすさと可塑性の関係を明らかにする，といった進化の法則の探究に主眼がおかれている（第8，9章参照）．

2.7　Ｆ：整合性の破れと可塑性の回復

ここまで安定した状態ではマクロとミクロの整合性がなりたつことに着目して，生命の論理を議論した．一方で，苦しい環境に追い込まれると，安定したミクロ-マクロ関係が維持されなくなる．このような，整合性の破れも生物にとって意義がある．各章で，その破れの意義を議論するが，簡単にそのスケッチをおこなう．

(i) 増殖との整合性の破れ：栄養が十分あって指数関数的に細胞が成長できる場合は，先の2.4節の理論が可能である．しかし，一般に単細胞生物は条件が悪くなると指数関数的に成長できない相，静止期 (stationary phase) ないし休眠状態 (dormant phase) に陥る．つまり，成長と内部状態の整合性が破れる．では，この成長停止状態はどのように記述されるのであろうか．これは第3章で議論される．

(ii) タイプ間遷移 - アトラクター選択：環境の変化により，もとの細胞状態の小さな変化では，細胞が成長できなくなる，つまり増殖（マクロ）と各反応（ミクロ）の整合性が破れる．この場合，成長との整合性がとれていない状態は，ノイズによって維持されなくなり，結果，成長の速い別な状態へと遷移する．このようなアトラクター選択による一般的適応を第4章でみる．

(iii) 多細胞集団と1細胞状態の整合性の破れ：多細胞生物では，各細胞状態と細胞集団（組織）が相互に安定し，整合性をとりながら発生していく．しかし，変態する生物では，ある段階まで安定していた細胞タイプと分布が一度リセットされる．この動的機構はまだよくわかっていないが，発生のある段階で整合性がとれなくなったとみなすことができるかもしれない．

一方で，「病的状態」としての整合性の破れはガン化であろう．これは，組織の中でもともとあった他の細胞と安定した関係を築けない，「利己的な」細胞が増殖してきたものと考えられる．この点では整合性を破った状態と考えられる．

この描像については第7章で議論する.

(iv) 新規性の進化：環境変化による表現型変化と遺伝子変化によるそれが整合性を保ちながら安定した進化をしていくと述べた. もし，外部条件が厳しくなると，このような漸進的変化では対応できない段階がくるかもしれない. そのような場合には，整合性を維持できなくなり，状態のゆらぎが増し，そこから新たな方向への進化が生じると考えられる. これについては第8章でみていく.

こうした例では，苦しくなると，速いスケールと遅いスケールの分離が破れ，多くの自由度が互いに影響し合って，モジュール分けされた安定した状態が崩され，ゆらぎが増大する. これは一方では病的な状態を生むことにもなるけれども，それにより生き延び，新しい性質の獲得につながることもありうる.

2.8 まとめ

本章では，(A) マクロレベルの現象論，(B) ミクロレベルの大自由度系の法則，(C) マクロ–ミクロレベルの整合性，(D) 時間スケールの階層性，(E) 実験，(F) 整合性の破れについて，整合性原理の視点から本書の立場をざっと眺めた. これらを念頭に置きつつ，以下の章では複製，適応，記憶，分化，発生，進化の基本的な問題を眺めていく. 各章では，それぞれの節で (A)–(F) のどの項目を主に意識しているかを明確にするために，各節に A, B, C, D, E, F を付記した. これにより本書に通底する階層間整合性の問題意識をくみとっていただきたい.

3

細胞の複製
—— 熱力学, ゆらぎ, 整合性

3.1 多様な成分をもつ複製系に関する問い

　生きている状態, とくに細胞を念頭に置くと, その特性は, ある領域内に多様な成分が集まり, それを維持し, さらに成長して複製できることがあげられる. このような状態がいかにして可能か, その普遍的性質をいかに記述するか, が本章の問いである.

3.1.1 非平衡性

　まず, 最初に, このような生物システムをつくるには非平衡であることが本質的であると, しばしば, 当然のようにいわれる. たしかに完全に熱平衡状態で生命が維持されるかといえばそれはおそらく無理であろうし, また外部からフローがあって成長するといった生命の特性は熱力学での平衡系にはあてはまらない. 実際, 外部からのフローによる非平衡性の維持は, Schrödinger の『生命とは何か』[Schrödinger 1946] の後半部分の「生命は負のエントロピーを食べている」という有名なフレーズに収斂した. そして 1970 年代, そのフレーズから派生した Prigogine らを中心とした「非平衡として生命を理解しよう」, という流れがうちだされ, 自己組織化, 散逸構造 [Nicolis and Prigogine 1977] といった形で, 非平衡開放系で自発的に形成される空間的パタンや時間的リズムの研究, つまり「無秩序から秩序へ」の側の研究が進展していった.

　こうしたパタン形成研究の源流は, Turing [1952] に遡る. 化学反応と物質

の拡散からなる系を考えると，空間的に一様な状態の対称性が破れて，空間的な縞模様が形成され，これにより生物発生過程での形態形成が説明できる，としたものである（[Rashevsky 1940, 1960] も参照）．ただし，ここから始まった一連の研究は，パタン形成，リズム現象の物理，自己組織化の化学として大きな展開をみせたというものの，目標としていた生命科学のほうではあまり見向きをされず，むしろ各反応の詳細の解析とそれを司る遺伝子の解析が進展していった．そこでは自己組織化よりも，個々の縞の形成を 1 つの遺伝子が制御するという見方が主流となる [Gehring 1998]（ただし，1990 年代以降，生物科学のほうでも変化が生じる：これについては第 7 章でふたたびたちかえる）．

　さて，「負のエントロピー」を食べていかねばならないという Schrödinger のフレーズを振り返ってみよう．負のエントロピーを食するというには，生物が内と外を分け，その内外になんらかのフローがある，ということが前提になる．このとき，散逸構造の考え方では生体はこのフローにより，特別な非平衡状態を維持している，となる．外部に異なる平衡状態の系 A, B（たとえばある成分が多い熱浴（平衡系）とその成分が少ない熱浴（平衡系））があり，その中にシステムがおかれて，化学成分（ないし熱そのほか）のフローが維持されているという見方である．流体を下から高温で熱し上は低温におかれていると，対流が生じ，それがパタンをつくる．ある化学成分を一定の割合で流入させ別な成分を取り除き続けて非平衡状態を維持させて化学成分濃度の振動を維持するなどである．

　ただし，生命系の場合，外部の誰かが非平衡条件を課してくれるわけではない．外部に化学成分の勾配や温度勾配がなければ生命が存在できないわけではない．非平衡状態が維持される条件は自身がつくり，そして細胞成長と分裂を通して伝搬していかねばならない．はたして，そのような「非平衡状態」はいかにして可能なのであろうか？

　生命の起源を考えれば，もちろん，外部にある何らかのエネルギー流がまず必要だったのであろうが，それを維持するための内的な構造も形成されねばならない．これは「外からのフローが維持された非平衡開放系の中で構造がつくられる」という散逸構造 [Nicolis and Prigogine 1977] とは異なった，「非平衡条件がいかに維持され再生産されていくか」という新しい問いである．

　ここで，細胞の特徴を考えよう．まず，上で述べた，内部と外部を分けるための構造が存在する．分けるのは膜である．内部には，まず，遺伝情報を担う

分子が存在している．とはいえ，それだけでは生命は存在できない．第 2 章で
もふれたように，より重要なのは，生体内の反応を司る酵素である．これらは
多くの反応を進行させる触媒となるタンパク質である．通常，触媒 C は原料
(Resource) と生産物 (Product) の $R + C \leftrightarrow P + C$ の前向き後ろ向きの反応
どちらも加速させる．そこで R, P の濃度の平衡条件は触媒の存否や濃度には
よらず，触媒は平衡に落ちるための速度を加速させるだけ，といわれる．そうで
あればシステムの性質にはあまり関係ないようにもみえる．しかし問題は，こ
の加速の度合いである．第 2 章でもふれたように酵素による反応速度の加速は
10^9 から 10^{15} 倍にまで及ぶ．すると通常の時間スケールでは酵素がないと上の
反応は実質上起こらず，酵素を有するときのみ生じるとみなせるという状況が
十分考えられる．この場合，化学ポテンシャルを $\mu_R, \mu_P, \beta = 1/(kT)$ とする
と R と P の濃度比は，酵素のある細胞内では $[R]/[P] = \exp(-\beta(\mu_R - \mu_P))$
の平衡分布に向かい，その一方，細胞外では $[R]/[P]$ の比は任意になりうる．

　つまり，細胞は内と外を分け，内部には酵素があるので，外側では実質不可
能な反応が進むのである．逆説的な言い方をすれば，細胞は，外側にある「非
平衡性」を認識して，それを内部にとりこんで平衡化を進めているともみなせ
る．そして，この反応の結果，内外を分ける膜と内部の触媒が生産され，成長
する．成長は各成分を希釈し，また外部からの栄養成分の流入をもたらすので，
状態を平衡から離れさせる．つまり，このような，膜によって内外を分けて内
部に触媒を封入した「平衡化加速装置」がいかにして自己維持，成長，生産で
きるか？　これが問うべき課題である．

　ここで注意すべきは平衡化を加速するといっても細胞は平衡状態にはけっし
てなっていないという点である．平衡化加速装置自体が働くためには，栄養を
とりこみ触媒（酵素）をつくっていくという非平衡過程が必要なのである．完
全に平衡になってしまったらそれ自体うまく働かない．さらに，平衡に近いか
ということ自体，成分によって異なっている．たとえば Na^+，K^+ の比などは
外部のほうが平衡に近く，細胞内ではそこからよりはずれている．いずれにせ
よ，平衡に近いかどうかが，各成分でどの反応が可能か，どの時間スケールで
考えるかに依存していて相対的であるということを留意しないといけない．そ
れをふまえたうえで，非平衡で働く平衡化加速装置という視点をもつことは有
意義であろう．

　次に，細胞内では触媒反応の結果，こうした触媒がつくられ，その濃度に依

3.1　多様な成分をもつ複製系に関する問い　　57

存して平衡へ落ちる時間スケールが変化する．酵素濃度は外部からの栄養（基質）のフローで変化するので，熱力学的効率のフローに対する依存性はカルノー効率のように小さければ高いとは限らない．さらに，触媒反応の結果，細胞が成長するので体積が増加し，それは各成分の希釈をもたらす．このような，触媒（酵素）による平衡化，その時間スケールの触媒濃度依存性，自己触媒反応による複製そして成長による希釈は，細胞複製系に必ずみられる性質であり，そうした系がみたす性質を理解することは重要である．

そこで，問うべき問題としては以下のようなものが挙げられる．

(1) このような，閉じ込めた触媒により平衡化を加速しつつ増殖する非平衡系では，成長速度と効率にどのような関係があるだろうか．準静的過程が効率がよいというカルノー理論とは異なる描像があるだろうか？

(2) 成長することの意義はなんだろうか．非平衡ゆえに成長するのか，他方，成長するので非平衡性を維持できるのだろうか？

(3) 細胞は多数の成分をもつ．それらが定常的に成長増殖し続けていくためには全成分が同じように増えていかねばならない．第2章ではこうした状態がみたすべき，各成分の平均濃度の法則を述べたが各成分のゆらぎや成長速度を含めた統計的法則はあるのだろうか？　その状態を少数の変数で記述できるだろうか？

(4) 細胞は，栄養条件が悪くなると，成長がほぼ停止した状態に至る．だからといって死ぬというわけではなく，栄養条件を回復させれば細胞はしばらくすると成長を復活する．つまり，成長，死以外に「眠っている」状態を一般にもつ．これら異なる相の間の転移をいかに理解し，細胞の状態方程式の形で表現できるであろうか？

3.2　成長細胞のマクロ現象論 (A)

3.2.1　自己触媒による平衡化と成長

細胞の最低限の状況を考えるための試みは以前からおこなわれている．Ganti [1975] は代謝，自己複製系，膜からなる原始細胞（プロト細胞）モデルを考えた．また，栄養成分，触媒，膜からなる自己生産系もしばしば議論されてきた．

58　　第3章　細胞の複製——熱力学，ゆらぎ，整合性

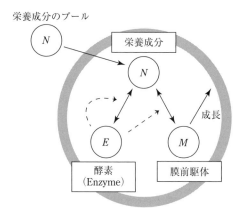

図 3.1 栄養, 酵素, 膜からなる自己触媒細胞モデルの模式図 ([Himeoka and Kaneko 2014] に基づく. 姫岡優介氏のご厚意による).

ここでは前節の考察をふまえて, 以下の 3 点を考慮した最低限の設定を考えてみよう. (1) 細胞内には酵素があり, これが触媒として働くことで, 外界ではほぼ起きない (つまり起きるまでの時間が非常に長い) 反応が十分速く起こる. 前節での例でいえば R と P の濃度比は外部では任意だったのに内部では平衡状態へと向かう, つまり酵素を膜で包むことにより細胞はむしろ平衡化促進装置として働く, (2) この酵素自体は細胞内の反応の結果としてつくられるので自分の存在が自分をつくる反応を加速させるという自己触媒反応の性質を有する, (3) 反応の結果, 生成物を包む膜が形成され, その結果, 体積成長による希釈が起こる, という 3 つの基本点である.

具体的には, 栄養成分 N や N' があり, それを他の成分に変換させるための酵素 E が存在し, そして内部と外部を分けるための膜を考える. ここで E と膜前駆体 M は栄養成分から酵素 E の触媒作用で合成されるとする. そのうえで, 成長は膜前駆体 M からの膜合成で生じるという, 少数成分理想細胞モデルである. 反応でかけば

$$N + E \leftrightarrow E + E$$
$$N' + E \leftrightarrow M + E$$
$$M \to 膜$$

となる. この反応で膜前駆体 M から膜がつくられ, それにより体積が成長し,

各成分の濃度は希釈される．ここで簡単のために N と N' を同一視してその濃度を 1 つの栄養パラメタとしよう[1]．そこで $\lambda \equiv \frac{1}{V}\frac{dV}{dt}$ を体積成長率として，$x,\, y$ を触媒と膜前駆体の濃度，s を栄養成分の濃度とすると，x, y の時間変化は

$$\frac{dx}{dt} = \kappa_x x(ks - x) - x\lambda,$$

$$\frac{dy}{dt} = \kappa_y x(ls - y) - \phi y - y\lambda \tag{3.1}$$

となる．ここで κ_x, κ_y は x, y それぞれの合成反応に対する触媒 E の触媒能，ϕy はこの前駆体が膜をつくるために消費される割合であり，λ を含む項は成長による希釈をあらわしている．いま，体積成長は膜の増加により起こるので，ϕy に比例して，$\lambda = \gamma \phi y$ となる[2]．なお，反応レート定数は $\mu_{\mathrm{nut}}, \mu_x\ \mu_y$ を栄養成分，触媒，膜前駆体の標準化学ポテンシャルとして $k = e^{-\beta(\mu_x - \mu_{\mathrm{nut}})}$，$l = e^{-\beta(\mu_y - \mu_{\mathrm{nut}})}$ とあらわせる（β は逆温度 $1/(k_\beta T)$，k_β はボルツマン定数）．

これを用いてエントロピー生成レート σ を求める．化学反応によるエントロピー生成 σ は各反応 i での物質の流れ J_i と化学アフィニティ[3] A_i の積を温度 T で割ったものであらわせるので

$$\sigma = \sum_i J_i \frac{A_i}{T}. \tag{3.2}$$

さて，この細胞の体積成長率が λ であったから，細胞は $\exp(\lambda t)$ の形で指数関数的に成長する．そこで細胞成長に際しどれだけエントロピーが生成されるかは，$\eta \equiv \sigma/\lambda$ とかける．大雑把にいえばこの η が小さいほど，細胞成長のための効率がよいことになる．

この η を栄養のフロー率（これと成長速度 λ は比例）の関数としてプロットしたものが図 3.2 である．この図のように，成長のためのロスは，流れがある有限の値で最小になる．つまり熱力学での準静過程のようにフローが無限小のときにロスが最小になるのではなく，適度なフローがあって，ある有限の速度で成長しているときに効率が最大になっている．

---

1) 別々にしても本質的に同様な結果が得られる．

2) ここでは棒状に成長するとして成分量もフローも体積 V に比例すると考えている．細胞が球状であれば栄養のフローは体積の 2/3 乗となるなど，補正が必要であるが，以下の結論は本質的に変わらない．

3) 反応の進行度 ξ に対して自由エネルギー G が変化する度合いによって $A_i = \partial G/\partial \xi$ と定義される（たとえば [Kondepudi and Prigogine 2014]）．

60　第 3 章　細胞の複製——熱力学，ゆらぎ，整合性

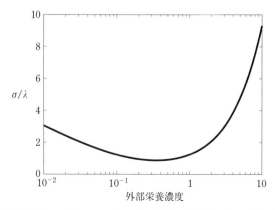

図 3.2 成長あたりに生じるエントロピー生成 η を栄養の流入速度（非平衡度合い）に対してプロットしたもの（[Himeoka and Kaneko 2014] に基づく．姫岡優介氏のご厚意による）．

このようにフローが 0 でない値で効率が上昇するのは酵素を自らつくることで平衡化が加速されることに起因している．まず，細胞外では触媒がないので栄養から他の成分への反応には膨大な時間を要する．そこで実質上，細胞外ではこれらの化学成分の濃度比は平衡からおおいに外れている．一方，細胞内に酵素が十分存在すれば，反応は十分速く進行し平衡に近づける．そして，それには栄養の流入速度が速いほうがよい．つまり，栄養流入，自己触媒性，触媒により原料と生産物の平衡化が加速するという相互関係が，フローが速い側で効率をよくさせる．実際，もし触媒を内部でつくるかわりに外部からその量が固定されているとすると，フローが少ないほうが効率はよくなる．酵素による平衡化とその酵素を自身でつくるという要請がフロー増加による効率上昇をもたらしている．

他方，フローが速くなっていくと，体積増加による希釈が大きくなり，それを補うだけの反応が進行する．これは，エントロピー生成 σ はフロー J とアフィニティ A の積でそのどちらが栄養フローに比例して増すのでその 2 乗で増加するのに比し，成長速度 λ は栄養フローに比例しているので，成長速度あたりでみた生成 σ/λ は，結果フローとともに増加するからである．フロー速度があるところまでは平衡化による減少がまさるけれども，あまり大きくなると，もともとの増加が勝つようになる．こうしてロスを最小にするフローが決まる．一方でもしフローがあっても膜ができずに体積が増加しないと，酵素反

応による平衡化が加速され，細胞内は平衡に向かう．その意味では成長による希釈により非平衡性が保たれているともいえる．

以上の性質は，触媒（酵素）による反応で外部の非平衡状態を内部で平衡化させ，一方，その酵素と膜を生成していく自己触媒系ではなりたつ．そこで，ある成長速度で効率を最大化する性質は，細胞では一般的になりたつと考えられる．

3.2.2 成長に関する法則

このようにある成長速度でロスが最小になるとみなせる実験結果も得られている．そのためにまず [Pirt 1965] による法則を説明しよう．まず栄養源単位質量当たりでつくられる細胞の質量を収率 (yield) Y と定義する（これは細胞の状態によって変化しうる）．次に細胞成長速度を μ（細胞/秒）とする．栄養源からつくられる質量はすべて細胞成長に振り分けられるわけではなく，細胞維持に使われる部分（maintenance）m がある（これは μ によらないとする）．仮想的に細胞成長が十分大きい（無限大の）状況を考え，そのときの収率の値を Y_∞ としよう（これは定数）．すると，その状況では維持の部分は無視できるので μ/Y_∞ の栄養源が成長に使われている．一方で $\mu \to 0$ の極限では栄養は維持のみに使われ $\mu/Y = m$ である．そこで成長と維持に用いられる栄養源が独立に足し合わせられるとすれば

$$\frac{\mu}{Y} = m + \frac{\mu}{Y_\infty} \tag{3.3}$$

とかける（ないし，$1/Y = m/\mu + 1/Y_\infty$）．そこで実験データを横軸を $1/\mu$，縦軸を $1/Y$ としてプロットすれば線形関係になり，その傾きが m を与え，Y 切片が $1/Y_\infty$ を与えるはずである．これを示したのが図 3.3 である．上の維持項が一定であるとした仮定はこの例ではそう悪くない．もし式 (3.3) がわかりにくく感じるのであれば，栄養の単位時間あたりの消費量を $q = \mu/Y$ として，$q = m + \mu/Y_\infty$ とかき，この q を成長速度 μ の関数として描き，Y 切片が維持のための項 m を与えるとしたほうがわかりやすいかもしれない[4]．

---

4) これは「定常成長系」での線形法則の嚆矢といえるかもしれない（他の基本法則としては，成長速度を栄養濃度の関数としてあらわすと濃度が低いところでは線形に増加するが高くなると飽和することを示す Monod の法則 [Monod 1949] がある）．また定常的に指数関数的に成長するという制限による線形法則は 2.4.2 項ですでにみた．最近では，自己触媒を担うリボソーマル・タンパク質（3.2.1 項の E に対応）の濃度の割合が条件とともに線形に変化する [Schaechter *et al.* 1958, Scott *et al.* 2010] が注目を集めている．その一般形が 2.4 節の理論とも考えられる．

62　　第 3 章　細胞の複製——熱力学，ゆらぎ，整合性

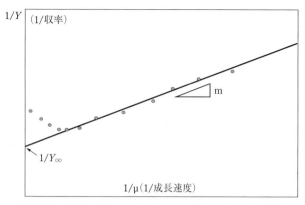

図 3.3 栄養消費と成長の関係：Pirt による法則．バクテリア細胞の収率の逆数と成長速度の逆数には比例関係が多くの場合なりたち [Pirt 1965]，これは基本的線形関係式を与える．ただし図の点で示したように，直線からずれて非単調なふるまいを示す場合もある [Russell and Baldwin 1979]．上記論文をもとにして作成した模式図．

なお，実験結果はつねにきれいな線形関係になるとは限らない．これは維持に必要な量は栄養フローと細胞成長率に依存してもよいからであろう．たとえば，図 3.3 の点で示したように $1/Y$ が有限の μ で最小，つまり収率が最大になり，最適なフロー率がある場合もある [Russell and Baldwin 1979]．なお，上記の定式化はすべて質量であらわされているので，この例は物質量としてのロスがフローのある値で極小になることを意味しているものであって，エントロピー生成としての熱力学的ロスではない．そこで 3.2.1 項の結果はそのまま適用できない．物質のフローは反応によって起こっているのでその両者は関係しているとも考えられるが，いまのところ，それらを結びつける一般的な法則が得られているわけではない．

3.2.3 成長と栄養消費とロスによる熱力学形式

栄養フローから細胞を成長させるロスに関する，Pirt の法則を考えるには 3.2.1 項の細胞モデルでは不十分である．というのはこのモデルでは栄養はすべて膜か細胞内の成分に変換されて，維持量が存在していないからである．

もちろん，実際の反応ではすべて細胞内構成物になるわけではなく，外部に排出されるから当然，物質的ロスがある．とくに，タンパク質のような高分子

ではその配列がすこし異なるだけで，しばしば，折れ畳みがうまくいかず触媒活性を失う．高分子の合成がつねに正しくできるわけではなく，間違った「ゴミ分子」がつくられてしまう．こうしたゴミ分子は他の分子にべたべたくっついたり，集まって (aggregate) 沈澱したりする．そこで細胞は，こうした「ゴミ高分子」を何らかの形で処理せざるをえない．

　また，細胞では，複雑な高分子を生成するのにエネルギーを登らなければならないので，外部栄養をいったん分解してエネルギーを取り出す，異化 (catabolism)という過程がある．これにより，ATP などのエネルギー通貨となる分子を生成し，それを，複雑な高分子をつくる同化 (anabolism) とよばれる過程で利用する．これらは非平衡過程なので，フローによりエントロピー生成も物質にも無駄が生じる．こうした無駄は，細胞が成長しなくてもある割合で存在するものであり，これらは維持のためのコストと考えられる．

　ではそもそも高分子を栄養として得られれば，そのまま使えて無駄をなくすことができるのではないだろうか．極論すれば，細胞が同種の細胞自体を食べれば最良の栄養になるのだろうか．しかし，実際は細胞の共食いはほとんどみられない．おそらく高分子をそのままとってきても，ゴミ高分子の割合が多く，結局いったん分解してから使うことにならざるをえないからではないだろうか．要するに，細胞は触媒活性をもった酵素という，まれな成分を膜の中に封入することでなりたっていて，一方で，その酵素の合成にはエラーがつきもので，その結果，ゴミ高分子がたまるのは避けられないと考えられる．結果，この，ゴミ成分を処理しその一部を排出するというコストを払わざるをえない．そこで3.2.1 項でのエントロピー的ロスだけでなく物質的ロスも生じる．かくして外からの栄養がすべて細胞の成分になるわけでなく，質量としてもロスが生じる．

　こうすると，細胞のマクロな安定状態の記述としては，

- 外部からの栄養流入＝活性をもつ高分子＋膜＋ゴミ

- 成長速度＝膜合成による体積増加

- 栄養変換効率 $\propto$ 活動性

という形式が必要であると考えられる．

　ここで，この成長速度 μ は，細胞内のどの成分をも希釈するので，マクロな状態変数としての役割を果たす．一方で，栄養流入により触媒がつくられ，それ

64　　第 3 章　細胞の複製——熱力学，ゆらぎ，整合性

が他の合成全般に関与する．この自己触媒をおこなう分子の量は細胞の活動性を担う基本的なマクロ状態量である．そこで，このような活動性 (activity, A) も 1 つのマクロ状態量であろう．活動性は，内部の反応レート，非平衡度合い，膜合成による細胞成長を決める状態量となる．つまり自由エネルギーとエネルギーの関係のように栄養流入＝成長速度 － 活動性 × ゴミ生成率といった形式が必要になる．この問題には第 9 章で再び立ち返る．一方ゴミ成分の蓄積による「相転移」については 3.4 節で成長の整合性が破れる状態として議論する．

3.3 触媒反応ネットワークからみえる分布則とマクロ状態論 (B, C)

前節では少数成分で複製細胞系を表現して，それを考察した．これに対し大自由度多種成分モデルを用いて，フローと成長効率の関係を調べてみよう．たとえば，栄養成分から触媒（酵素）をつくる確率的な化学反応のダイナミクスの集合体としての細胞モデルを用いて，「自分と同じものを複製し続けられる」場合，どのような性質をもつかを調べてみる．具体的には多数の触媒成分 x_i があり，それらの間で $x_i + x_j \rightarrow x_\ell + x_j$（$x_i$ は i 番目の種類の分子）といった形の触媒反応のネットワークが形成されているとする．触媒反応は複雑なネットワークをなすが，ここではネットワークはランダムに選んで適当に決める．いくつかの栄養成分が流入し，それらはこの反応ネットワークを通して触媒に順次変換されていく．この触媒反応ネットワークを決めれば，各分子の量がいかに変化するか与えられるので，この量の変化は確率的ゆらぎを加えた力学系であらわされる [Furusawa and Kaneko 2003a]．この細胞モデルは外部からの栄養流入が適度な値で最適な成長を示し，そこではゆらぎの中でほぼ同じ組成をもった細胞が再生産される．このモデルの結果については第 2 章で少しふれ，また［生命本］第 6 章でくわしく述べたので，ここでは簡単に結果をまとめておくにとどめる（また，このモデルを拡張したものは適応，進化に関する第 5, 8, 9 章で用いるのでそちらも参照されたい）[5]．

まず，細胞が十分速く成長し，ほぼ同じ組成の細胞をつくっていく場合には，

---

5)　なお，この触媒反応ネットワークにエネルギー（化学ポテンシャル）を導入したモデルも調べられている [Kondo and Kaneko 2011; Himeoka and Kaneko 2014]．3.2.1 項の結果はこの場合も成り立つ．

各成分の量に対して，特別な分布則が成立する．つまり，成分を量の多い順にならべると

$$量 \propto 順位^{-1}$$

というジップ則ともよばれる関係である．こうした，べき乗の関係は物理では，状態が転移する臨界点でしばしばみられる．

　もちろん，この状態ではほぼ同じ組成をもった細胞が再生産されるといっても，各反応はぴったり同じ量ができるわけではないから，結果として同じ遺伝子（同じ反応ネットワーク）をもった細胞でも，各成分量はゆらぐ．第2章で述べ，[生命本] で議論したように，各成分のゆらぎはガウス分布にはしたがわずに，基本的には成分の量（濃度）の対数の分布がガウス分布に近い．この分布の起源は触媒反応の乗法的性質に由来しているが，成長 – 希釈の結果でも生じる．この実験例については本章第5節で議論する．

3.4　細胞状態の転移——触媒枯渇による遅いダイナミクスと整合性の破れ (D, F)

　3.2節では栄養，自分の生成および他の成分の生成を触媒する成分，区画をつくり，成長条件を与える膜というミニマムの細胞モデルを考えてきた．これで一定の割合で成長する（指数関数的成長の）細胞は実現できた．しかし，バクテリアをはじめとした微生物では指数関数的成長以外の状態がある．実験では

- 栄養が少なくなると成長速度がほぼ0近くまで落ち込んだ，静止期（休眠状態）への相転移が起こる

- いったんそうした休眠状態に落ちると栄養を与えても成長し始めるのにラグタイム (lag time) とよばれる時間がかかる

- このラグタイムは栄養のない状態に置かれていた時間が長いほど長くなる

- こうした休眠状態とは別に，栄養を与えても成長が復活できない，死の状態がある

といったふるまいが，微生物一般に知られている．

　さて，3.2, 3.3節のモデルではこうした，休眠状態への転移は導かれない．と

いうのも成分（集団）が触媒として自身の複製を担うという自己触媒系ではその量 X は $dX/dt = \gamma \times X$ の形で成長し，指数関数的成長になる．これに対してこれらの成分が分解したり流出したりするとすれば，それによる減少も自身の量と比例するので $dX/dt = -d \times X$ となる．そこで $\gamma > d$ なら指数関数的成長で細胞複製に至り，$\gamma < d$ なら指数関数的減衰で死に至る．そこで，成長もせず死にもせず眠っている状態というのは，活性をもつ成分と膜成分からなるモデル（およびそれに還元されるモデル）では導かれない性質である．

さて，3.2 節の末尾でもふれたように，細胞は栄養成分をすべて成長に寄与する成分に変換できるわけではない．高分子複製はエラーを伴い，複製に寄与できない成分がしばしばつくられる（生命の起源の問題ではしばしば「寄生分子」ともいわれる）．ただ寄与しないだけではなくそれらが増えてくるとその成分と活性分子がくっつくことで結果，自己触媒過程を阻害することも起こる．積極的に抑制をするわけでなくても，こうした「ゴミ成分」の存在は結果として成長を阻害するとも考えられる．

そこで，こうした「ゴミ成分」を考えれば休眠状態への転移が理解できるかは考察に値する．そこで，複製のための自己触媒系にゴミを導入した簡単なモデルを考察しよう．具体的には，栄養（基質）S から触媒活性のあるタンパク質 P（例：ribosomal protein）がつくられる，ただその過程でゴミ W（waste ないし wrong；例：活性のないタンパク質）がつくられる，そしてゴミと活性タンパク質 P は複合体 C をつくるというモデルである．つまり，反応としては $S + P \to P + P$, $S + P \to W + P$, $W + P \leftrightarrow C$ を考える（図 3.4a）．それぞれの濃度変化を与えるレート方程式は（S, P, W, C をそれぞれの濃度の表記にも用いて），

$$\frac{dS}{dt} = -F_P(S)P - F_W(S)P + P(S_{\text{ext}} - S) - \mu S,$$

$$\frac{dP}{dt} = F_P(S)P - G(P, W, C) - \mu P,$$

$$\frac{dW}{dt} = F_W(S)P - G(P, W, C) - \mu W, \tag{3.4}$$

$$\frac{dC}{dt} = G(P, W, C) - \mu C$$

で与えられる．ここで $F_P(S)$ と $F_W(S)$ は基質 S から P と W のつくられる割合であり，$G(P, W, C)$ は複合体 C がつくられる割合でこれは P, W が合体

してつくられ，ある割合で P と W に分離するから，$W + P \rightarrow C$ のレートを k_p，$C \rightarrow W + P$ のレートを k_m として $k_p PW - k_m C$ で与えられる．S_{ext} は外部の栄養成分の濃度である．μ は成長速度で，活性タンパク質 P の触媒をもとに原料から膜がつくられるとして $\mu = F_P(S)P$ とすればよい（なお，以上の反応規則は多少変更しても結果は変わらない）．さらに，より長い時間スケールの現象を調べるには，P, C, W の各成分がある割合で分解することをとりいれればよい[6]．

基質から P, W のつくられる割合，$F_P(S)$ と $F_W(S)$ は W がゴミ成分であることを考えると，栄養濃度 S が少なくなると後者のほうが多くなると考えられる．ゴミ成分は P の合成に際して，必ず生じてしまうエラーでつくられているので細胞にはその割合を選択的に減らす過程が一般に存在している．たとえば，速度論的校正過程 kinetic proof reading (KPR) といわれる過程では多段階の触媒反応過程をおこなうことで，エラー高分子の比率を減らしている [Hopfield 1974]．もちろんこの構成は，平衡状態においた場合と比べて「正しい」成分 P をつくる割合を選択的に増やすのであるから，栄養を用いた非平衡のフローが必要である．実際，KPR のエラー消去過程はこのような栄養のコストを要する．そこで，栄養のフローが小さくなれば，W の生成の割合が増すと予想される．結果，$F_P(S)/F_W(S)$ の値は栄養 S が小さいと低く，S の増加とともに増えていき，ある値に漸近すると考えられる．このように $F_P(S)/F_W(S)$ を S の増加関数とした例での結果を以下では述べる[7]．

この設定でモデルの数値計算と理論解析をおこなって，以下の結果が得られている [Himeoka and Kaneko 2017]．

- 栄養が少なくなると，成長速度 μ がほぼ 0 に落ちる状態へと転移する．この状態ではゴミ分子と活性タンパク質 P の複合体が増加し，遊離した P の量は極端に減少する．そこで，栄養から内部の成分を合成する過程はほぼ停止する．この場合は，分解があっても，複合体が分解しにくいので細胞が縮小することはなかなか起こらない．こうして，成長もせず死にもしない状態が長期維持される（図 3.4(b–d)）．

---

6) 複合体が形成されている間はそれをまとめて分解することは起こりにくいであろうから C の分解レートは単体のものより低いとしてよいであろう．

7) この比が S によらないとしても以下の転移現象はみられる．ただし定量的な性質は異なる．

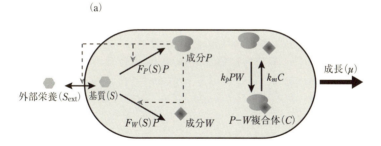

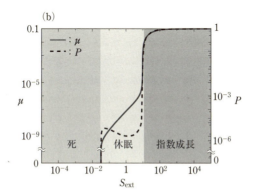

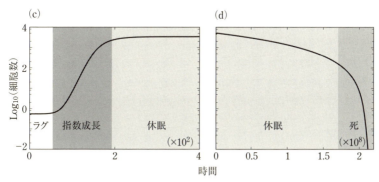

図 **3.4** (a) 非活性（ゴミ）成分を含むモデルの模式図．(b) モデルで得られた活性成分 P の栄養成分 S 依存性．(c), (d) モデルで得られた成長曲線．[Himeoka and Kaneko 2017] を改変，詳細は上記論文を参照（姫岡優介氏のご厚意による）．

3.4 細胞状態の転移——触媒枯渇による遅いダイナミクスと整合性の破れ (D, F)　　69

- 上の過程では P が 0 というわけではないので，ゆっくりであるけれどゴミ分子が増えていく．適切な近似のもとで W が時間 t とともに $\sqrt{t}$ で増加することが導かれる[8]．結果として，どのくらいの時間，飢餓におかれていたかの記憶が，この W のゆっくりとした変化の中に埋め込まれているといってもよい．

- 飢餓状態に置かれたあとでふたたび栄養条件を回復させると，すぐに成長は回復しない．これは蓄積された W が希釈されて減少し，P が十分働くのに時間がかかるからである．これがラグタイムである．モデルの解析結果によるとこのラグタイムは飢餓時間 T_{stv} のルートで増加する．これは，上の結果から理解できる．まず，飢餓の間には蓄積された W は $\sqrt{T_{\mathrm{stv}}}$ に比例して増加し，一方でラグタイムの間では W はおよそ一定の割合で減っていく[9]．そこで，この蓄積された W の量を減少させて指数成長に復帰するのにかかる時間は飢餓時間のルートで増加する（図 3.5）．

以上の結果は本節の冒頭に述べた，成長がほぼ止まっている静止期への転移そしてラグタイムの存在は実験事実とよく合致している．実際実験においてもラグタイムは飢餓時間が長くなると増加し，最近の実験 [Gefen *et al.* 2014] によれば，およそ飢餓時間のルートに比例して増加しているようである．

　ここで述べた，増殖速度 ~ 0 の状態への転移は整合性の破れとして理解できる．栄養が十分あれば，各成分と細胞成長が整合した状態が実現する．これに対して，栄養が減ってくると，ゴミ成分の増加により，そのような整合性が実現しなくなる．そこで漸近的に増殖速度が 0 に落ちていく状態への転移が生じる[10]．

　本章ではこの転移を栄養，活性タンパク質，ゴミ，複合体だけで表現した．成長をより明確にするうえではこれに 3.2 節のような膜成分を入れたモデル化

---

8)　$P + W \leftrightarrow C$ が定常になっているとすれば，およそ $PW \propto C \sim$ 一定．すると $dW/dt \propto P \propto 1/W$，つまり $dW^2/dt \propto$ 定数なので $W \propto \sqrt{t}$ となる．ただし，この時間依存性は $G(P, W, C)$ の形に依存しうる．

9)　$dW/dt \sim -\mu W \propto -PW \propto -$定数．ただし，$W$ の時間依存性が $G(P, W, C)$ の形に依存しうるので，ラグタイムが飢餓時間のべきで増加することまでは一般的と思われるが，そのべき指数はモデルに依存するかもしれない．

10)　全成分が活性をもち成長を担う，前節までのモデルを「理想気体」型モデルとすれば，本節のモデルは現実には必ず生じてしまうそれ以外の成分が成長を邪魔する効果をとりいれた，という意味で「ファンデルワールス」型のモデルと考えてもよい．実際，それゆえに，相転移が生じている．

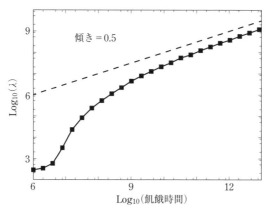

図 3.5　ラグタイムの飢餓時間依存性．[Himeoka and Kaneko 2017] に基づく（姫岡優介氏のご厚意による）．

が望ましいであろう．さらには，触媒分子もゴミも多種類あるので，触媒反応ネットワークモデル（3.3 節ないし [生命本] 第 5 章）にゴミを導入した大自由度モデルの考察が望まれる．これにより，外部からの栄養とりこみ＝成長＋排出されるゴミという形式が実現されると思われる．

3.5　実験——成長速度，世代時間，成分濃度のゆらぎの法則 (E)

3.5.1　（マクロ）成長速度とゆらぎの法則

さて，再び，細胞の定常的な指数関数的成長状態に戻って，実験でみいだされた性質を議論しよう．3.3 節でもふれたように，各成分量が整合して増殖する状態では，成分量の平均に関して，全成分にわたってべき乗則がなりたち，また，そのゆらぎがおよそ対数正規分布をなす．こうした，個々の成分の統計法則はすでに実験的にも検証されてきた [生命本；Spudich and Koshland 1976; Elowitz et al. 2002]．

一方で，われわれはマクロな細胞状態に興味がある．そこで，個々の成分ではなくマクロ状態量である成長速度のゆらぎはどのようなふるまいをして，それとタンパク質の濃度はどのように関係しているかを調べてみよう．

成長とタンパク質濃度の関係をみるために津留らは，図 3.6 のような遺伝子

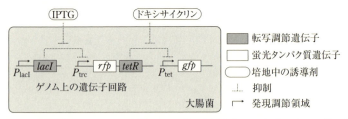

図 3.6 成長速度とタンパク質量のゆらぎの関係を調べる実験において用いた遺伝子回路．この遺伝子回路を大腸菌に埋め込んでいる．[Tsuru et al. 2009] に基づく（津留三良氏のご厚意による）．

制御ネットワークを大腸菌に埋め込み，そのタンパク質の濃度が細胞ごとにどのように分布しているかを調べた [Tsuru et al. 2009]．この実験の設定では，$tetR$ の発現が緑色蛍光タンパク質 (GFP) 発現を抑制している．さらにドキシサイクリンという発現阻害剤が導入され，それはこの抑制を抑制する．結果ドキシサイクリン濃度を高めると GFP の濃度が増加する．そこで，そのドキシサイクリン濃度を増していったときに GFP の平均濃度がどのように変化し，また細胞にわたるその濃度分布を計測した．その一方で，細胞成長－分裂過程を追跡してその体積変化（大腸菌はほぼ棒状で，幅は成長せずに長さが増していくので長さの変化）を求めることで成長とタンパク質濃度のゆらぎの関係を調べられる．その結果，

(1) タンパク質濃度のゆらぎは，ガウス分布にはほど遠く，大きい側にテイルを引く分布となっている．むしろ濃度の対数のほうがガウス分布に近い（図 3.7）[11]．

(2) 発現阻害剤ドキシサイクリンの濃度を変えることで平均発現量を変化させ，分布の変化を調べた．その結果，分散はおよそ平均の 2 乗に比例する．

(3) 1 細胞計測をおこなって，細胞の成長速度 μ の分布を求める．これはおよそガウス分布を示す（図 3.8）．そのゆらぎは比較的大きく，たとえば CV（＝標準偏差／平均）で 10% 以上にのぼる．

(4) 成長速度のゆらぎはおよそ 1 世代程度の相関をもっている．つまり，成長速度が高い細胞はだいたい分裂するまで高い状態を維持するが，分裂後にはその傾向は維持されない．これに比べてタンパク質濃度のゆらぎは数

---

11) タンパク質量のゆらぎの研究については [Elowitz et al. 2002; Kaern et al. 2005; Bar-Even 2006; Taniguchi et al. 2010] なども参照．

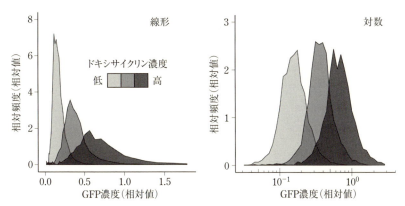

図 3.7 図 3.6 の回路を用いた実験で得られた GFP の濃度の分布．異なる線は異なるドキシサイクリンの量で得られた分布．左から右へとドキシサイクリンの量を減らしていったときの結果．[Tsuru et al. 2009] に基づく（津留三良氏のご厚意による）．

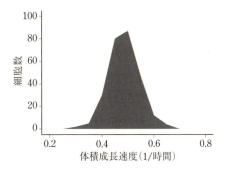

図 3.8 図 3.6, 3.7 の実験で得られた細胞成長速度の頻度分布．[Tsuru et al. 2009] に基づく（津留三良氏のご厚意による）．

世代程度の相関をもっている．

ここで，この遺伝子発現は上流からある割合 k でつくられ，一方で細胞成長により希釈されるので，そのタンパク質の濃度 x の時間変化はおよそ

$$\frac{dx}{dt} = k - \mu x + \eta(t) \tag{3.5}$$

であらわされる．ここでもし μ が一定であれば，上の式は $x = k/\mu$ が定常解となる．遺伝子発現がノイズでゆらぎ，上の $\eta(t)$ によって，濃度 x はそのまわりでガウス分布を示し，その分散は k に比例する．一方で，成長速度自体が

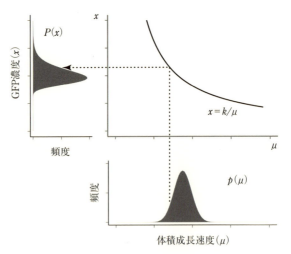

図 3.9 細胞成長速度の分布と濃度ゆらぎの関係．成長による希釈の結果，成長速度ゆらぎがタンパク質 (GFP) 濃度のゆらぎに変換される．[Tsuru et al. 2009] を改変（津留三良氏のご厚意による）．

分布するので，平均値 μ_0 の周りで $\mu = \mu_0 + \xi(t)$ となる．ここで成長速度はそのゆらぎがおよそ1世代程度の相関をもち，だいたいガウス分布であらわせることに注意すると，分散を σ^2 として $p(\mu) \propto \exp(-(\mu-\mu_0)^2/\sigma^2)$ となる．そこで x の分布 $P(x)$ はこのガウス分布 $p(\mu)$ から $x = k/\mu$ の変換をおこなえば求められる（図3.9）：

$$P(x) = p(\mu)\left|\frac{d\mu}{dx}\right| \propto \left(\frac{1}{x^2}\right)\exp\left(-\left(\frac{k}{x}-\mu_0\right)^2 \Big/ \sigma^2\right) \quad (3.6)$$

となる．この分布はガウス分布と異なって，x の大きいほうにテイルをひき，対数正規分布に近いものとなり，その分散はおよそ k^2，つまり平均の2乗に比例する．そして，実験でえられた GFP 濃度の分布は，上の式 (3.6) の x の分布とよく合致する．

もちろん，濃度のゆらぎは上の成長速度ゆらぎに由来するものと，発現ノイズによるゆらぎの両方からなるので，発現ノイズ由来の項も加わるはずである．いま，前者の成長速度由来のゆらぎの分散はおよそ平均の2乗，後者のほうは単に合成のゆらぎ，つまり上の式の k のゆらぎに由来するので，通常通り分散は平均に比例する．ここで，実験での依存性は2乗であるから，ゆらぎの主要部

分は成長速度に由来すると予想される．実際，くわしく解析すると，成長速度
ゆらぎ由来のほうが 10 倍以上の寄与を占めていることがわかる（[Tsuru *et al.*
2009] も参照）．

　ここで，成長速度ゆらぎは体積増加による希釈のゆらぎなので，すべての成
分に共通にかかるノイズを与えることに注意しよう．一方で，各遺伝子発現の
ゆらぎは化学反応が確率的であることに由来しているので，それぞれのタンパ
ク質量のノイズにはほぼ相関がない．これに対し，成長 – 希釈のゆらぎは共通
ノイズなのでこれとは大きく異なる．

　遺伝子発現のゆらぎを外因性 (extrinsic)，内因性 (intrinsic) のノイズとして
区別して測定することは Elowitz により始められた [Elowitz *et al.* 2002]．こ
こで前者は細胞全体にかかる環境ゆらぎなど各成分共通のノイズで後者は個々
の発現過程でのノイズである．上の実験結果によれば，成長による希釈が外因
性ノイズのもっとも大きな要因と考えられる．

　この成長速度ゆらぎの共通効果を典型的に示すのがゆらぎの相関である．上
の実験の遺伝子回路では上流の遺伝子が下流の遺伝子を抑制している．そして
上流の遺伝子発現は赤色蛍光タンパク質 (RFP)，下流の発現は GFP で定量さ
れる．そこで上流のタンパク質の発現が高いほうにゆらげば，下流のタンパク
質は抑制されてその発現量は減るはずである．そこで，2 つのタンパク質の発
現量の間には負の相関がみられるはずである．一方で，成長速度由来のゆらぎ
はどちらにも共通に働くので，成長希釈が大きければどちらの濃度も減る，と
いうように両者は正の相関をもつはずである．実験結果は図 3.10 にあるように
明瞭な正の相関を示す．このことからも成長速度ゆらぎに由来する部分がずっ
と大きいとわかる．

　以上のように，ゆらぎからみても成長速度が全成分に影響を与えるマクロな
状態量となっていることがわかる．その一方で成長自体，細胞内の多くの成分
の反応の総体としての結果である．つまりミクロな各反応の総合的結果の成長
速度はマクロ変数として全成分に共通の希釈効果を与える．こうしたマクロ –
ミクロ整合性は細胞の定常成長状態を形づくり，またゆらぎの性質も規定して
いる．

　ここまでは，成長速度が各成分へもたらす影響つまり，成長が速くなると濃
度が減る効果だけをみてきた．しかし，成分の合成の結果で成長が生まれるの
であれば，成分の合成速度と成長速度が比例して増加するという正の相関が生

3.5　実験——成長速度，世代時間，成分濃度のゆらぎの法則 (E)　　75

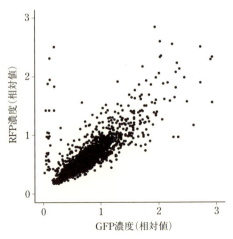

図 3.10　図 3.6–3.8 の実験で得られた大腸菌の GFP 濃度と RFP 濃度の相関.
[Tsuru et al. 2009] に基づく（津留三良氏のご厚意による）.

じることも考えられる．もし，後者の過程，合成の成長による増加がなければ，希釈効果により濃度は成長速度に逆比例するはずで，一方でもし後者が完全に働いて成長速度に比例し各成分が合成されるのであれば，希釈分につりあうだけ各成分の濃度がつくられるので，濃度は成長速度に依存しない．実験データをみてみると，この中間を示す成分が多いようである．つまり，ある程度は希釈分を補償するよう合成が増しているけれど，それは 100%ではない．さらには，その度合いは成分によっても異なりうる．このことは次章の適応の問題で再び議論する．

3.5.2　分裂時間の 1 細胞計測と分布法則

以上の実験では，細胞の成長‒複製過程での細胞ごとのゆらぎを追跡する上では，フローサイトメータ[12])を用いて，細胞サイズ，蛍光タンパク質によるタンパク質の量を求めた．これでは 1 つずつ個別の細胞での時間発展を追い続けるのは難しい．そこで細胞を成長させつつ顕微鏡下で，細胞成長，（蛍光）タンパク質の量，サイズなどを追う必要が生じる．しかし，これを続けていくと，

---

12) 細胞を液滴に閉じ込め，それを流していき，これにレーザーを照射してその回折光などを測って，細胞の大きさや蛍光量などを測定する装置．

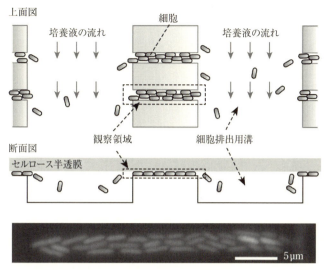

図 **3.11** 1 細胞計測をおこなうための Dynamics Cytometer の模式図およびそれで観測される大腸菌の例(若本祐一氏のご厚意による).

すぐに細胞数が増加して大きなコロニーを形成する.そうすると,栄養の不足,細胞間相互作用といった別な要因がききだしてくる(ついには細胞があまり増えられない静止期に至る).コロニーの中心にある細胞は成長しにくく,縁のものが成長するといった空間的配置にも依存するようになってくる.

そこで,増えていった細胞を取り除き,1 つないし数個レベルで細胞を長期計測する実験系の構築が必要になる.この要請に応えるべく,微細加工技術を用いた 1 細胞長期計測系が最近開発されている.Jun らによる Mother Machine [Wang *et al.* 2010],若本らによる Dynamics Cytometer [Hashimoto *et al.* 2016] などである.たとえば,後者では図 3.11 のように(バクテリア)細胞が 1 列に並べる溝をつくり,そこに細胞を封入する.上は栄養成分を流入できる半透膜でカバーされている.そこで,細胞は溝にそって成長分裂していき,両端に達すると,外へと流出する.この中心部での細胞の成長分裂過程を数百世代にわたって顕微鏡観測することで 1 細胞の成長や分裂時間のゆらぎが計測できる.細胞内に蛍光タンパク質を導入しておけば,そのタンパク質量の細胞ごとの分布や成長速度との相関も測定できる.

図 3.12 はこの装置を用いて,長期にわたって 1 細胞の成長分裂を計測した結

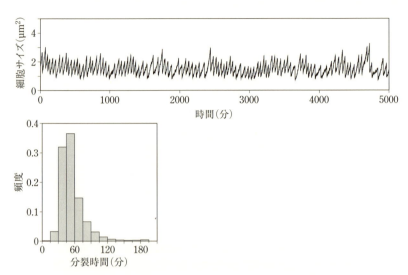

図 3.12 図 3.11 の Dynamics Cytometer を用いた大腸菌の大きさ（長さ）の長期計測．サイズが減るのは細胞分裂による．下の図はこの測定により得られた大腸菌の分裂時間の分布．[Hashimoto et al. 2016] に基づく（若本祐一氏のご厚意による）．

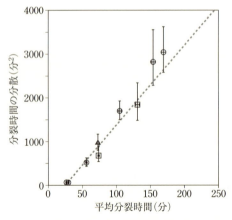

図 3.13 図 3.11, 3.12 の手法で得られた大腸菌の平均分裂時間と分散の図．各点は異なる培養条件（栄養条件）での結果．一方で異なる記号は異なる株での結果．[Hashimoto et al. 2016] に基づく（若本祐一氏のご厚意による）．

果である．こうした測定から，1 細胞レベルの分裂時間とその分布を求められる．たとえば，この長期計測から 1 細胞の分裂時間の平均と分散の間に図 3.13 のような興味深い関係がみいだされている [Hashimoto *et al.* 2016]．さまざまな環境条件で細胞の分裂時間の分布を求めると，その平均分裂時間と分散の間に線形関係が成り立つというものである．

　分散と平均の比例関係は，独立なランダム過程の足しあわせでその量があらわせるときには中心極限定理によりその分布がガウス分布になり，自然に導かれる．ただし，今の場合，分裂時間は長いほうにテイルをもつ，非ガウス分布になっているのでこの関係は自明ではない．たとえば，分裂に至るまでいくつかのステップがあり，それぞれのチェックポイントを経たあとで細胞が分裂する，そして各段階でノイズにより道を外したら戻るための余剰パスがあり，そのせいでステップを通る時間にステップ長に比例した分散が生じる，と仮定すれば導くことはできる．ただ，現時点ではその決定的証拠は得られておらず，この法則の基盤はまだ完全には明らかにはなっていない．

　ここで，もう 1 つ興味深いのは，この関係を外挿すると，ある分裂時間 $T_d \approx 25$ 分で分散が 0 になることである．分散は 0 以上であるから，この値は，可能な最小分裂時間を与えているとも考えられる．細胞がいっさい無駄なく成長し，反応が完全な機械のように進む極限がおそらく，この最小分裂時間（最大成長状態）を与える．実際に，大腸菌に関しては，この時間より速く分裂する状態は知られていない．その意味で，このゆらぎ 0 の「機械極限」と可能最高成長速度は対応しているのかもしれない．

　上で述べた余剰なパスの解釈をとれば，栄養条件をよくして分裂時間を短くすることは，このような余剰反応を減らして，無駄なパスをできるだけ減らすことに対応する．そうであれば，最小分裂時間リミットで余剰パスが 0 に漸近していくということで，分裂時間の分散が 0 に漸近することは理解できる．

3.6　構成的な細胞構築実験と普遍生物学の理論的問題

　現在の細胞は進化した後のものであるから，それを通してさまざまな性質を獲得している．その中にはたまたまそうなり固定化されたものもあり，生命システムが必然的にもつ性質なのか判然としがたい場合もある．一方で，普遍生

物学では，細胞ならば必ずみたすべき性質を理解しようとしている．その細胞の中には，宇宙でみいだされるものも，人工的に構築したものも含まれてよい．すると，複製できる，最低限の人工細胞を構築し，それのみたす性質を議論するのは普遍生物学の重要な方向である．これが細胞における「構成的アプローチ」をおこなうゆえんである．

現時点ではこうした複製細胞構築実験はそこから普遍生物学としての一般概念を導き出すというよりも，実験技術の問題の解消に向けて世界各地で激しい競争がおこなわれている段階である [Szostak *et al.* 2001; Luisi and Stano eds. 2010]．しかし，その困難さ自体にも普遍生物学として考えるべき理論的問題が存在している．安定した複製系はどの程度チューン・アップしないとつくられないのだろうか．針の穴を通すようなまれな現象か，かなり広い条件の設定で起こるのだろうか．適当な反応系から出発して，速い複製系を選んでいけばその状態に到達できるのか．反応系の可能な空間の中で，「生存」可能領域はどのような配置をしているのだろうか．

こうした「難しさ」の度合いの問題以外にも細胞構築については概念的問題がいくつか存在する．それについて簡単に議論しよう．

3.6.1　分子 – 細胞の相克的階層進化と遺伝の起源

分子からなる細胞が増殖分裂を続けるには，当然その中の分子が複製されなければならない．本章で議論してきたように，その複製は触媒を用いた反応の結果であり，一方でその触媒分子も複製されなければいけない．ここで分子の立場で考えてみると，分子自体複製に際して変異がはいるので，それ自体ダーウィン進化の対象となる．つまり，できるだけ子孫（コピー）を残す分子のほうが有利である．ところが分子が触媒として働いている間はその分子は複製されない．そこで分子にとっては，自身の触媒活性を維持するよりもそれを減らして，他の分子の触媒活性で増やしてもらう度合いを増やしたほうが有利であろう．ただし，全分子がそういう方向に変異していけばついには皆が利己的になって誰も他の複製を助けないので細胞として増えられなくなってしまう．これは「パラサイト」（寄生分子）問題として知られている．

この解決には細胞として生き残るべきという淘汰が働かなければならない．寄生分子にみたされた細胞は死んでしまい，まだ寄生分子に制覇されていな

80　　第 3 章　細胞の複製——熱力学，ゆらぎ，整合性

い細胞では互いに触媒して複製が続く．結果として寄生分子が充満しない細胞が残る，という意味でこの問題を防ぐことはできる [Eigen and Schuster 1979; Szathmary and Demeter 1987; Eigen 1992; Maynard-Smith 1979; Altmeyer and McCakskill 2001; Boerlijst and Hogeweg 1991; Hogeweg 1994]．ただし，細胞内の総分子数が大きいと，今度は細胞が分裂してその淘汰が働く以前に分子レベルの淘汰が進行し，結果，分子の都合が優先されるはずである．この両者の相克はいかに接地されるのだろうか．細胞が存続し，進化するために適切な細胞の大きさ（上限）があるのだろうか．

そのために竹内らは，酵素活性をもった分子が複製して，その結果合計分子数が N に到達したら細胞が 2 つに分裂するというモデルを考えた．ここで各分子には他の複製を助ける触媒活性が付与されているがその度合いは，複製に際して変異しうるとしよう．それが分子レベルの進化過程であり，一方で細胞集団は栄養をとりあっているので，分裂できる細胞が成長できない細胞を淘汰していく [Takeuchi *et al.* 2016]．このとき，分子としては酵素として働いている間は，他の酵素に助けてもらって複製できない．そこで酵素活性が高いのは分子の複製上は不利である．その結果，分子としては活性を失うような進化が起きる．しかし細胞内の分子が皆そうなれば複製が進まない．もし細胞分裂が起こるときの細胞内の分子数 N が小さいと，細胞増殖の淘汰が優先されて，触媒活性を維持した細胞が残って分裂が続く．一方で N が大きいと分子の都合が優先されることになり，細胞内の分子が活性を失い，ついには細胞は増えられなくなり絶滅する．

このとき，興味深いのは中間サイズの場合である．そのときは細胞内の分子が活性を失って死滅することは確かに起こるけれど，ある割合で，そこから少数の分子が活性を回復し，細胞分裂を維持して生き残る．サイズがそれほど大きくなければ，この回復が時間的にある頻度で生じるので，分子の活性は振動しながら細胞集団として生き延びていく．このように少数になった分子にはいる変異が活性維持に重要である．それにより，より大きな細胞構造がつくれるようになったとも考えられる．

遺伝の起源——少数性制御

こうした少数分子の遺伝としての役割は [生命本] 第 4 章で議論されている．現在の細胞複製系では遺伝を担う分子と触媒活性を担う成分が分かれている．

それを理解するために，相互に触媒する反応系を考えた．すると複製されるのが遅くて少数（1–2 個）しかない分子が細胞の性質を制御し，次世代に伝わるという意味で遺伝情報を担う側になること，それにより進化可能性を獲得することが示されている [Kaneko and Yomo 2002a; Matsuura *et al.* 2002]．実際，油の膜の中に Pure System とよばれる 144 成分の反応による複製系（3.6.3 項も参照）を導入した実験でも RNA 分子が少数のときに進化できることが示されている [Matsuura *et al.* 2011]．さらには油の膜に RNA 複製系を封入した人工細胞の進化実験も進展をみせている [Mizuuchi and Ichihashi 2018]．

対称性の破れとしてのセントラルドグマの起源

以上は，もともと分子の触媒機能の高低（ないし複製速度の高低）が十分異なるという前提のもとでの結果である．それでは触媒機能と遺伝情報との役割分業はどのように生じたのだろうか．そのために前述の分子–細胞の階層複製系を 2 種類の分子が相互に触媒して増えていくとして考える．すると合計分子数 N が増すと片方の分子が触媒活性を失い，こちらが次世代に情報を伝える側になり，他方の分子は触媒活性を維持するけれども次世代に情報を伝えなくなる．伝えないのでその分子は分子レベルの進化から解放されて活性を維持する．このように分子間の役割分業が対称性の自発的破れの結果として導かれる．つまり，少数の情報分子（現在の細胞では DNA）をもとにそれ自身と多数の触媒分子（現在ではタンパク質）がつくられ，それらの反応は後者の分子が触媒する．いいかえると分子生物学の「セントラルドグマ」は分子–細胞の階層をもち細胞内の分子数が十分多い複製系が普遍的にみたす必然的性質と考えられる（詳しくは [Takeuchi *et al.* 2017; Takeuchi and Kaneko 2019] 参照）．

3.6.2 少数性，混雑性，区画化

少数性の理論的問題

こうした少数個の分子による反応系は理論的にも新しい問題を投げかける [Mikhailov and Hess 1995]．すでにふれたように，細胞内の分子種類は多様であるけれど，それぞれの個数は多いとは限らない．一方で理論やシミュレーションでは反応レートに基づく濃度変化の微分方程式がしばしば用いられる．これは分子の個数が十分あってその平均としてのふるまいを記述している．そ

の平均値のまわりでのゆらぎは確率微分方程式という数学手法で議論される．しかし，さらに分子数が少なくなっていくと，その平均から大きくはずれた，定性的に異なるふるまいが起こりうる．

とくに分子数が0, 1, 2, … というレベルになると，濃度という連続量で記述できる世界からは大きくかけ離れたふるまいが起こりうる．分子数が0になればそれを利用した反応は止まってしまうし，n 量体をつくる反応は最低 n 分子必要である．こうした少数性（離散性）転移は近年，物理では広く研究されている [Togashi and Kaneko 2001, 2005; Awazu and Kaneko 2007; Biancalani *et al.* 2012; Saito *et al.* 2016]．このような離散性は反応を止めてしまうので細胞内の過程を滞りなく進める点ではマイナスにみえ，実際，人工細胞をつくる上での困難になる．しかし，一方で，このような少数性を利用して，異なる離散的状態をつくる，あるプロセスが終わってから次のプロセスをおこなうといった計算機プログラムのような過程も可能になる．

混雑性と区画化

細胞の中ではタンパク質にせよ核酸にせよ大きな高分子が合成されていく．そこで細胞の中で分子は満員電車の中のように混雑してしまう [Goodsell 1998]．ただし高分子は人間と違って変形できるので満員電車の中の人間とは異なり，細胞内を拡散していくことはできる．とはいえ，このような混雑性は分子間の強い相互作用や運動への制限をもたらすであろう．その中でいかに細胞複製に至る反応が可能かは重要な問題となる．

そこで，分子が相互に触媒し合って複製していき，それらの分子が混雑している系を考えてみよう．その際，一部の分子の複製が遅くて少数になっていることを考慮しよう．すると，前項でみたようにこの場合，少数分子が遺伝の役割を担うという性質がある．これと分子の混雑性をくみあわせるとある大きさをもった分子クラスターとその分裂が導かれる．この場合，その少数分子が複製するのがトリガーになってクラスター（細胞）の複製分裂過程が生じうる．

実際，上村らは，触媒複製反応 $X + Y \rightarrow 2X + Y$（レート γ_X），$Y + X \rightarrow 2Y + X$（レート γ_Y），分解 $X \rightarrow \phi$（レート d_X），$Y \rightarrow \phi$（レート d_Y）という簡単な反応系を考えた [Kamimura and Kaneko 2010]．ここで X, Y は高分子でまわりに高分子がいるという混雑状況の中でゆっくりと拡散していく．

ここで $\gamma_X \gg \gamma_Y$, $d_X \gg d_Y$ としよう．つまり片方の分子種が生成も分解

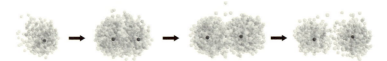

図 3.14 本文に述べた X と Y からなる相互複製モデルの時間発展．グレーの球が多数成分 X であり，中央にある黒い球が複製に時間のかかる成分 Y．Y の複製が契機となりクラスターの分裂が生じる．[Kamimura and Kaneko 2010] に基づく（上村淳氏のご厚意による）．

も遅いという状況である．当然，この条件では Y はなかなかつくられないので少数になる．はじめに Y が1分子しかない状況を考えよう．ここで X は Y により速くつくられてそこから拡散していく．そこで Y 分子のまわりから X ができていく．ただし X は分解するのでこの塊はどこまでも増えていくのではなく，結果 Y 分子を中心としたクラスターが生成される．さて時間はかかるけれどもまれには Y が複製し，2分子となる．それらは，ゆっくりとブラウン運動で拡散していく．するとそれぞれのまわりに X がつくられていくのでダンベル状の構造になる．時間とともに2つの Y 分子は離れていくのでついにはそれぞれの Y のまわりに X が集まったクラスターが分裂する（図3.14）．

先に述べたように，相互に触媒して増えていく系では合成が遅くて少数となる側の Y 分子が遺伝を担う．つまり細胞全体を制御し，よく保存され，そしてそれにより進化が可能になる [Kaneko and Yomo 2002a]．上の簡単な混雑系で示されたのはこうした少数 Y 分子の複製と細胞複製が同期して起こるという，あたかも DNA 分子の複製と細胞分裂が揃って生じるのと類似した形の複製系が，特別な仕組みがなくても生じるということである．本書のテーマの階層間整合性に関していえば，分子複製と細胞複製の整合性が実現しているといえる．

3.6.3　多様性，ゴミ処理，混雑性

多様性

現実の細胞では非常に多様な成分が存在している．これに対して現時点の人工複製系は多様成分という点で貧弱であり，おそらくそれゆえに，こちらで用意した環境で「手厚く保護」しない限り，自己維持と複製をおこなえない．多様な成分での安定した複製系が生命システムの基本にある以上，生命システム構

築までにはまだ大きなギャップがある．それに向けた試みとして，先にふれた Pure System という 144 成分の反応系がある．これは大腸菌細胞の抽出物から構築したシステムで数千反応が関与する複雑なシステムである．ただし細胞そのものを用いているわけではないので，そこに含まれている分子種は完全に把握できている．そして，この反応システムによって最低限の代謝，分子複製がまわっている．その点で自律的複製系の構成という点で重要なシステムとなっている [Shimizu *et al.* 2005]．この系を膜に封入し，その膜が複製されるとともに内容物も複製されていけば，人工細胞構築といえよう．残念ながらまだ完成はしていないけれども着実にその方向への道筋ができつつある [Ichihashi *et al.* 2010]．

　一方で，このような系よりももっと単純な複製系を考えればそのほうが速い速度で増えていけるであろう．つまり，単純化へのプレッシャーがあり，この中で多様性がいかに維持されるかは大きな問題である．そこで多様性が維持されるための可能性を第 1 章で議論し，とくに栄養フローの制限が多様性をうむことを示した [Kamimura and Kaneko 2015, 2016]．この条件の実験的確認，安定した複製系維持のための「最低限の多様性」の探索は今後必要となろう．理論的には，分子種がさらに多様化してしまうのはなぜか，どこかで多様性への転移がありそれが進むといったん多様化への正のフィードバックが進行するのか，どの程度まで多様化は進行するか，といった基本問題が解かれなければならない．

ゴミ処理

　単純な系でない以上，多様な成分の中には不要なものも生じてくる．実際，人工細胞構築でしばしば起こる問題には，活性のない分子が生成され，それが沈殿したり，複製反応の邪魔をすることがある．そして高分子では配列が異なると触媒活性を失うことはしばしば起こりうる．といってゴミ分子だけになったら細胞は維持，複製ができないのでゴミ処理は喫緊の課題になる．

　ゴミ問題への対処法の 1 つは細胞が成長して，それを許容する空間を用意することである．では，成長することでゴミ処理を続けられる「自転車操業」状態はどのような条件で存続できるのだろうか．ゴミ分解をおこなう過程の進化が必要だろうか．当然，この課題は 3.5 節で議論した，「成長，眠る，死」の転移と関係する [Himeoka and Kaneko 2017]．しかし，現時点では，人工複製

細胞実験では，増える系をつくるのに精一杯である．今後人工細胞でのゴミ処理を考慮することで栄養供給が止まってもすぐに分解するのでなく，「眠る」状態を維持できる人工細胞を構築するのが望まれる．

非平衡性の維持と再生産

ゴミ処理を続けていくにはどこかで一部の分子を選択的に減らさないといけない．また細胞成長を続けるには外部からの栄養成分のフローが必要になる．もちろん，平衡状態ではそれは不可能なので，結果フローが必要になる．では，この非平衡性はいかに維持され再生産されていくか．このためには内外を分ける膜が必要であるけれども，膜をつくる上では非平衡性が必要であり，結果，膜による区画構造と空間的非一様性をもった非平衡状態が相互に安定化している．このような系はいかにして可能か，またそのような系には寿命が必然的に生じてしまうのであろうか．これらも人工細胞複製系をつくることで答えるべき課題である．

反応系の渋滞問題，混雑性

細胞内の反応は触媒と原料（基質）に依存している．しかし原料は外部から無尽蔵に供給されるわけではないし，また触媒はそれをもとに触媒を用いてつくられるものであるから，しばしばそれは不足する状況になる．それにより，どれかの成分が律速になる．そこで，反応はあるパスの段階でつっかえて，反応ネットワークのどこかで渋滞する．そこで栄養成分を増しても成長速度は速くなると限らず，場合によっては渋滞を増すこともある．人工複製細胞が成長し続けるには渋滞を避けて反応が進むことが必要である．一方で，こうした渋滞の帰結として，細胞内の反応が一定速度で進まずにしばらく停滞してまた進み，というボトルネックを経由することも起こるであろう．これは細胞の成長が段階を経て起こる，といったプログラム的ふるまいとも関係しているかもしれない．

物理過程の内的な埋め込み

生命現象は，現在は進化によって用意された，初期，境界条件のもとで実現している物理化学現象である．生命の起源を考える上で，そのような現象を示す萌芽的状態が，ある環境で存在し，そのような自然に起こる（'generic' な）物

理的ふるまいが細胞内の反応，遺伝情報に埋め込まれていったとも考えられる（こういう考え方については [Newman and Comper 1990; Newman 1994] も参照）．もちろん初期にはゆらぎも大きく起きたり起きなかったりするルースなふるまいであったのだろうけれども，それが後に固められていったという考え方である（ルースからタイトへ）．

　たとえば，i) 触媒機能自体も，小さい穴の空いた物理空間 (porus media) でそこに閉じ込められたことによる反応レートの上昇を分子構造できちっと実現していたとも考えられる．ii) 非平衡性についても，熱水噴火口 (thermal vent) での熱対流によって供給されていた非平衡条件を細胞構造で埋め込んでいったとも考えられる．上で議論した，多様性，分子少数性による段階的ふるまいもある程度外部物理化学環境で実現しうることであり，それが後に固められていったとも考えられる．このような固定化過程の理論化も大きな課題である．

3.7　まとめ——本章で議論された普遍的な性質と法則

- 細胞は膜の内部に酵素を封入している．酵素による反応加速はきわめて大きいので外部環境でほぼ起きない反応が内部で起こる．そこで，細胞は非平衡環境を内部に取り込み触媒反応によって平衡に向かわせる装置とみなせる (D)．

- 上記の酵素反応と成長希釈の帰結として，細胞成長あたりのエントロピー生成率（ロス）は有限成長で最小になる (A, B)．

- 栄養取り込み＝細胞成長＋細胞維持とあらわしたときに，このそれぞれが環境条件に対してほぼ線形に変化する (E)．

- 各成分の平均量はべき乗分布則，各成分の細胞ごとのゆらぎはほぼ対数正規分布を示す (A, C, E)．

- 細胞成長速度はゆらぎ，それによる濃度希釈がゆらぐので，各成分濃度はその量に比例して変動させられる．これは濃度ゆらぎの主要部分を与え，その分布は対数正規分布に近いものとなる (E)．

- 栄養条件の低下とともに，指数成長から，ほぼ成長が停止した状態への転移が起こる．栄養を再び与えると成長を再開するがそれにはラグタイムを要する．このラグタイムは飢餓時間とともに増加する．これらは成長成分とゴミ（阻害）成分の相互作用を考慮することで説明される (E, F).

- いかに細胞複製と分子複製が整合して進行していけるかは複製系構築実験においても生命の起源でも基本課題であり，関連して，少数性分子と遺伝情報の関連，少数性分子複製と細胞分裂の同期，遺伝情報と触媒機能の分離と進化可能性の獲得などが，細胞複製系のみたすべき普遍的性質として議論されている．

4 細胞の環境への適応
——ゆらぎ，アトラクター選択，整合性

4.1 生物の適応の 2 つの側面

　本章と次章では適応について考える．生物の適応という場合に，2 つの面に興味がもたれている．1 つは，外界の変化に対して，そのもとでも生存し成長していくよう状態が変化するという「可塑性」の側面であり，他方は外界の変化に対して生物の内部状態がいったんは変わってもしばらくするとだいたいもとに戻ってくるという「ホメオスタシス」（恒常性）[Cannon 1932] ないし「ロバストネス」（頑健性）（[de Visser *et al.* 2003; Barkai and Leibler 1997; Alon *et al.* 1999a; Kaneko 2007; Wagner 2007] など）の側面である．可塑性は，変わることを述べ，頑健性は変わらない面を強調する．そこでこの両者は一見，背反的にもみえる．しかし，実際はこの二律背反する性質をうまく両立させているのが生命の特徴とも考えられる．

　1 つの分子（数理的には状態変数）だけではこの異なる性質を両立させがたいので，生物は異なる分子（状態変数），そして異なる時間スケールを使い分けることでこれを実現している．たとえば，外界を変えたとき，一部の分子は細胞が変化した環境の中でも生存できるようその濃度を変化させ，他の（多くの）分子はその濃度があまり変わらずにもとの状態を維持する，あるいは，いったんは変化したあとでもとに戻る，といった使い分けである．

　とはいえ，そうきれいにその役割が分子ごとに分業されているとも限らず，この「変わると変わらない」の相補性がいかに実現されているのかは生命を理解

する上の1つの鍵となってくる．しかし，いきなり両面を同時に理解するのも難しいであろうから，この章ではまず，環境変化に対して生物の状態が生存－成長できるよう変化するという側面を扱おう．

生物は外界の条件が変わると，積極的に内部の状態を変えて生き延びていく．一般に，環境を変えると細胞の内部の組成（各タンパク質の量）は変化する．それによって，その環境での生存に必要な成分の量が増え，そこで生き延びていく．通常，このような変化は環境の情報（たとえば外界の栄養濃度など）がシグナル伝達系を通して遺伝子発現系に伝わり，その結果，必要なタンパク質の合成をおこなうようになるためであると考えられている．

具体的には，細胞膜にあるレセプターからシグナル伝達系とよばれる化学反応の連鎖を通して，環境の情報が遺伝子発現系へと伝わる．その結果，合成するタンパク質の量が変化する．シグナル伝達系と遺伝子発現制御系が進化していれば，環境に応じて生存，成長しやすいように必要な分子がつくられるであろう．与えられた環境に適応するためのうまいシグナル伝達系は進化を通してできあがったと考えられ，実際，いくつかの環境条件に対してどのようなシグナル伝達系がいかに機能しているかはくわしく調べられている．

では，いろいろな環境変化すべてに対してこのような伝達系がそなわっているのだろうか．長い年月の進化があれば，ある環境に対するシグナル伝達ネットワークが獲得されてくるであろう．しかし，環境条件は多様であり，まためったに起こらない環境条件，あるいはこれまで遭遇したことのないような環境条件に出会うこともある．しかし，そうした多様な条件に対しても，生物は生き延びてきて現在に至っている．たとえばバクテリアを新たな環境条件，あるいは抗生物質を与えても一部の個体はなんとか適応して生き延びる．では，そうした多くの条件すべてに対して必要なタンパク質をつくるように，前もってシグナル伝達系を用意しておくのは可能なのだろうか．遭遇したことのない条件に対するシグナル伝達系を準備しているとは考えにくいであろう．

新環境に対して多少でも生き延びた個体がいれば，遺伝的変異でその成長を速めていくことができるだろうけども，もともと生き延びることができないのであればそもそも進化が働く余地がない．そこでシグナル伝達系なしでも生物が新しい条件に多少は適応できなかったら，さまざまな環境への変動の中をここまで生き延びてきたこと自体が不可思議になってしまう．すると，前もって準備されたネットワークなしでも，生物には，多少は外界へ適応できるという

90　　第4章 細胞の環境への適応——ゆらぎ，アトラクター選択，整合性

論理があるのではないだろうか.

バクテリアではパーシスタンス (persistence) という現象が知られている. これは, バクテリアに抗生物質を与えると, 多くの細胞が死んでも, 一部 (10^{-4} 程度) は生き延びる, ないし非常にゆっくりとしか死なないという現象である [Balaban *et al.* 2004; Wakamoto *et al.* 2013]. 生き延びたバクテリアは遺伝子が変化しているわけではなく, 同一遺伝子個体 (クローン) であり, 表現型のゆらぎの結果, 一部が生き延びていると, 現在確認されている. この場合, 表現型は, ある種のタンパク質の量で与えられる. ここで同じ遺伝子をもっていても, 細胞ごとにそのタンパク質の量は異なる. その量の違いで抗生物質への耐性が異なり, 生き延びやすさが異なる.

この場合, こうしたタンパク質量が細胞によって異なるのには受動的な場合と能動的な場合が考えられる. 前者は 1 つの細胞が積極的に変化して生き残るのではなく, ノイズによるゆらぎがあり, たまたま一部が生き残るという偶然の結果である. この場合, ゆらぎによりどの程度集団として生存しやすくなるかというのが問いとなる. これについては 4.5 節で議論する.

その前にまず以下の 3 節では, 後者の可能性, 1 細胞が前もって特別なネットワークを保持していなくても能動的に適応できること, を議論する. 細胞成長と分子合成の整合性とゆらぎがあれば, 進化的デザインがなくても, 成長しやすい状態が選択されるという理論を提示し, これをシミュレーションと実験両面で検証する.

4.2　活性とゆらぎによる一般的適応の現象論 (A)

細胞の状態を決める大きな要因は, その中の各成分の組成であろう. すでに述べたようにタンパク質 x_i の濃度の変化は, その合成や分解を与える式 f_i (これはいろいろな成分に依存する), そして細胞体積の増加 (その割合を $\mu_g(\{x_j\})$ とする) による希釈を考えると,

$$\frac{dx_i}{dt} = f_i(\{x_j\}) - \mu_g x_i \tag{4.1}$$

とあらわせる. ここで, 細胞が成長するにつれ, その希釈に見合うだけ合成も進むとすると, f_i も μ_g とともに増えると考えられる. 実際, 速く成長す

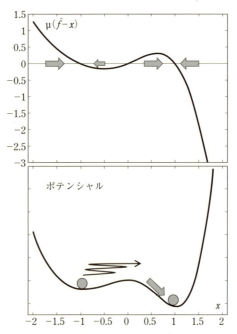

図 4.1 アトラクター選択の模式図：（上）$\mu_g(x)(\hat{f}(x) - x)$ を x の関数として描いたもの．（下）一方でこれは $-\int \mu_g(x)(\hat{f}(x) - x)dx$ のポテンシャルがありその地形でボールが低いところに転がることとして表現できる．

る状態ではそれぞれの成分が速く合成されているのは自然である．これが厳密に μ_g に比例するかどうかはわからないが，まず最初の近似とし，比例する場合を考えてみよう．そこで $f_i(\{x\}) = \mu_g \hat{f}_i(\{x\})$ とあらわせば，式 (4.1) は $dx_i/dt = \mu_g(\hat{f}_i(\{x\}) - x_i)$ となる．この場合，この定常状態は μ_g によらずに $\hat{f}_i(\{x\}) - x_i = 0$ で与えられる．この「力学系」を図 4.1 のように示したときの矢印の向きは $\hat{f} - x$ で決まり，定常状態（固定点アトラクター）はこれが 0 となるところで定まるので μ_g にはよらない．つまり，細胞の状態は成長速度によらない．別な言い方をすれば，このように合成が μ_g に比例していれば，各成分の濃度が成長条件によって「変わらない」という，適応のもう 1 つの性質（恒常性）を実現していることになる[1]．つまり，この簡単化のもとでは，

---

[1] もし合成が μ_g に完全に比例はしないけれども相関している，という場合では完全に状態が同じではないけれど，もとに近いようになる．これは次章での部分適応に対応している．

成長速度 μ_g はそのアトラクターへ落ちる速度を与えるだけでアトラクターの性質は変えない．そこで，この力学系にいくつか定常状態（アトラクター）があり，それぞれで成長速度 μ_g が異なっていても，その安定性は μ_g によらず，遅い成長状態から速い成長状態へ流れ出すということは起こらない．

　ここで，これまでにも議論してきたように，細胞の化学反応にはゆらぎがつきものであるということを思い起こそう．このゆらぎを考えると上の式の最後に $\eta_i(t)$ のノイズ項が加わって $dx_i/dt = \mu_g(\hat{f}_i(\{x\}) - x_i) + \eta_i(t)$ となる．ここで $\eta_i(t)$ は平均の濃度変化のまわりのゆらぎをあらわすノイズ項である（理論的に定式化するには確率微分方程式（化学反応ランジュヴァン方程式（chemical Langevin equation）を使えばよい[2]）．このノイズによって，成分組成は定常状態（アトラクター）からずらされるけれども，その前の合成－希釈項により x_i はもとへ戻ろうとする．

　さて μ_g が大きい状態では，その項が大きいので，あまりノイズには影響されず，すぐにもとのアトラクターに戻る．一方で μ_g が小さい状態では，もとに戻る項の大きさがノイズより小さくなって，結果ほとんどノイズだけで動かされるようになってしまう．その結果，成長速度が低い状態からはノイズでとびだして，高い状態に移ればそこにとどまると予想される（この仕組みを以下ではアトラクター選択とよぶ）．

　この議論が実際の細胞でなりたつのであれば，細胞にはゆらぎにより自発的に成長速度が高い状態を選ぶという，一般的な適応過程の存在が予想される．これがなりたつためには，

(i) 複数のアトラクター（定常状態）が存在する
(ii) 成長速度が速いと合成も増える
(iii) 適度な大きさのゆらぎがタンパク質発現変化のダイナミクスに内在する

の3点が必要である．(i) については遺伝子発現ダイナミクスが複雑であれば複数定常状態をもつ場合がしばしばあるということでひとまず認め，ここではまず，後者2つをもう少し考察してみよう．

　成長速度が異なる定常状態がある系を考えよう．成長するためには細胞内の

---

2) 本書ではその理論的な定式化にはたちいらない．ランジュヴァン方程式については [van Kampen 1992; 堀 1977] など，化学反応ランジュヴァン方程式については [Gillespie 2000; 金子他 2020] などを参照されたい．

4.2 活性とゆらぎによる一般的適応の現象論 (A)　　*93*

成分をつくっていく反応が必要である．そこで成長が速い状態のほうが，合成反応が速く進むのは自然であろう．必ずしも合成が μ_g に単純に比例するのでなくても，合成速度が活性 A で増加し，それを用いて合成項が $A(\mu_g)\hat{f}$ とかけるとし，この「活性」A が成長速度とともに増すとすれば，上の議論は成り立つ（もちろん，こうすると，状態変化はもとの $f-x$ とは異なるから，定常状態の性質は変わるかもしれない．それでも複数の定常状態が存在していれば上の議論はなりたつ）．

たとえば，第3章の議論では，細胞は栄養フロー，活性をもつ酵素の生成，細胞体積を決める膜成分の合成が整合性のとれた成長状態を実現させている．ここで，細胞内の反応はほぼ触媒反応であることを考えれば，フローが大きく成長が速い状態ではすべてが速く，遅ければすべて遅くなるのは納得できる．

次に，ノイズ項である．すでに述べたように反応のレートは平均値でそのまわりにゆらぎがあるのでこれが存在するのは当然である．問題はその大きさである．もしノイズが小さすぎれば，それぞれの定常状態（アトラクター）から遷移することは起きない．一方で大きすぎれば，遷移がずっと続いて上の適応的な状態にとどまることがないであろう．大雑把にいえば，定常状態まわりでの（平均的）濃度変化（つまり第1項の違い）がノイズ項よりは大きく，ただしノイズの効果が小さすぎて無視されうるほどでなければ活性（成長速度）の高い状態がノイズによって選択されるであろう（具体例は次節を参照）．逆にいえば2つの状態での活性の差（ΔA，もしこれが成長速度で与えられるなら $\Delta\mu_g$）がノイズに比べて小さければ，このアトラクター選択の仕組みには区別して選択するような精度はない．

細胞内の化学反応のレートがどの程度ゆらいでいるか，つまりノイズがどの程度の大きさかはそう明確に測定できているわけではない．ただし，細胞内のそれぞれの分子数がそれほど多くないので濃度変化は確率的であることは予想され，そしてこれまでの確率的遺伝子発現の研究で十分大きなゆらぎがあることが示されている．実際に第3章でみたように，各タンパク質の量の細胞ごとのゆらぎは大きい．その起因としては成長率ゆらぎがあるにせよ，各遺伝子発現のノイズによる部分も十分存在している [Elowitz *et al.* 2002; Bar-Even *et al.* 2006; Tsuru *et al.* 2009; Taniguchi *et al.* 2010]．その一方で，細胞状態は遺伝子制御ネットワークにより十分制御されてはいるので，安定状態がつくられないほどノイズが大きいということもない．その点から，状態遷移を起こすのに適度な大

94　　第4章　細胞の環境への適応——ゆらぎ，アトラクター選択，整合性

きさのノイズが実現していると期待される．そこで，アトラクター選択による適応はたとえばバクテリアなどの細胞で使われている可能性は十分あるだろう．

　もちろん，この適応過程は確率的に進むので，時間はかかる．もし，ある環境条件にしょっちゅう出会うのであれば，それに合わせたシグナル伝達系を進化させたほうが有利であろう．一方で，本節での適応の仕組みは生物がはじめて出会う環境に対してもなりたつ．必要とされる条件は「細胞は成長する」と「遺伝子発現過程にはゆらぎがつきまとう」という，いわば細胞ならば当然なりたつものだからである．その意味で，ここで議論した適応の仕組みは一般性の高いものである．

4.3 少数成分での例 (B, E)

　前節の具体例として，2つの遺伝子があり，互いの発現を抑制している遺伝子制御系 [Hasty *et al.* 2000] を考えよう．これはトグルスイッチとよばれるものである．遺伝子1が発現してつくられたタンパク質1が遺伝子2の発現を抑え，遺伝子2が発現してつくられたタンパク質2が1の発現を抑えている回路である．ここで遺伝子1から mRNA1 がつくられ，それから一定の割合でタンパク質1がつくられ，遺伝子2についても同様にその mRNA2 からタンパク質2がつくられる．この両タンパク質の濃度を x_1, x_2 であらわそう．それぞれの mRNA，したがって対応するタンパク質の合成レートは相手側のタンパク質の濃度が増すと0に向かって減少する．その合成率が $f_1 = S/(1+x_2^2)$, $f_2 = S/(1+x_1^2)$ であらわせるとする[3]．さらにそれぞれのタンパク質量は成長による希釈で薄められ，それに見合うだけ合成されるとして $S = \mu_g \alpha$ とすれば

$$\frac{dx_1}{dt} = f_1(x_1, x_2) = \mu_g \left(\frac{\alpha}{(1+x_2^2)} - x_1 \right) + \eta_1(t),$$

$$\frac{dx_2}{dt} = f_2(x_1, x_2) = \mu_g \left(\frac{\alpha}{(1+x_1^2)} - x_2 \right) + \eta_2(t) \tag{4.2}$$

---

3)　ここで，2乗で減っていくとしたのは，たとえばタンパク質が2つくっついて2量体をつくり，それが遺伝子のプロモータにくっついて mRNA の合成を阻害するというように，その量の2次式で抑制が起こる場合を考えたからである（ヒル係数が2次であるといってもよく，実際ヒル係数が2以上の場合は多くみられる）．ただし厳密にこの形である必要はなく，適当な減少関数であれば以下の議論はなりたつ．

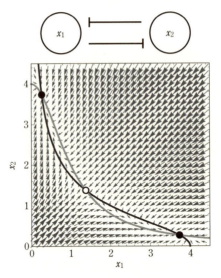

図 **4.2** トグルスイッチ (式 (4.2) (上の遺伝子制御ネットワーク)) での (x_1, x_2) の変化を状態空間でのフロー $(dx_1/dt, dx_2/dt)$ を矢印としてあらわしたもの ($\alpha = 4$). 初期条件が $x_1 > x_2$ ならば $x_1^* \gg x_2^*$ をみたす側の固定点, 初期条件が $x_2 > x_1$ ならば, この x_1 の値と x_2 の値をひっくり返した, $x_2^* \gg x_1^*$ をみたす側の固定点 (アトラクター) にひきこまれる. なお実線はヌルクラインとよばれる $dx_1/dt = 0, dx_2/dt = 0$ のラインであり, この交点が固定点となり, 黒丸がアトラクター (安定固定点) で白丸は不安定固定点である (山岸純平氏のご厚意による).

とした力学系が得られる[4]. このシステムは $\alpha > 2$ の場合, 2つの安定した固定点状態が図 4.2 のように現れる. これらは $f_1(x_1^*, x_2^*) - x_1^* = 0$, $f_2(x_1^*, x_2^*) - x_2^* = 0$ の解 (x_1^*, x_2^*) であらわされ, この 2 つは (a, b), (b, a) という互いに対称な位置にある. ここで $a \gg b$, つまり片方の濃度が他方よりずっと高い.

さて, この設定のもとで, アトラクターによって成長速度が異なる場合を考えよう [Kashiwagi et al. 2006]. それぞれがアトラクターであるということはその成長速度の関数 $\mu_g(x_1, x_2) > 0$ がどのような形をしていても変わらない. その際に, 成長速度の高い適応したアトラクターが選ばれるかが問いであり, それを 4.2 節にならって議論しよう. そこで, ある環境のもとで成長のた

---

4) 簡単のために, 2 つの遺伝子発現の反応のパラメタは同じとして, パラメタを適宜, 規格化した.

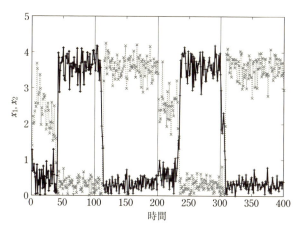

図 4.3 アトラクター選択の時系列. x_1 (+ つきの実線), x_2 (× つきの点線) の時系列をプロット. トグルスイッチのパラメタは $\alpha = 4$ を用い, 増殖速度 μ_g は $A = e_1 x_1 + e_2 x_2$ を用いて, $\mu_g = 0.1 A^4/(1+A^4)$ とし, 環境 1 では $e_1 = 1, e_2 = 0$, 環境 2 では $e_1 = 0, e_2 = 1$ としてある. つまり, 環境 1 では $x_1 \gg x_2$ のアトラクター, 環境 2 では $x_2 \gg x_1$ のアトラクターの成長速度が大きい (けれどその情報を伝えるシグナルは存在していない). このシミュレーションでは最初の 100 ステップまでは環境 1, そこで環境 2 にスイッチ, 200 ステップで環境 1 に, 300 ステップで環境 2 にスイッチさせている. 環境変化に応じて, 成長速度の高いアトラクターが選ばれている. ノイズの強さ η の標準偏差 σ は 0.08 としてある.

めにタンパク質 1 が必要だとしよう. すると x_1 が小さいアトラクターでは μ_g が小さくなる. しかし, この状態が遺伝子発現のダイナミクスとして不安定になったわけではない. しかし, 前節の議論に基づけば, 適度なノイズのもとでは, $x_1^* < x_2^*$ のアトラクターからノイズによりとばされて $x_2^* > x_1^*$ のアトラクターへの遷移が起こることが期待される.

実際, 上のモデルで η_1, η_2 のノイズの大きさを σ として数値計算する[5]と, ノイズの大きさが適度であれば, たしかに図 4.3 のように $x_1^* > x_2^*$ のアトラクターが選択される. さらに成長速度の高いアトラクターが選ばれた割合をノイズの強さに対してプロットすると図 4.4 に示されるように, ノイズがある範囲内ではほぼ 100% の割合で, 適応的アトラクターが選択される. また, 合成が

---

[5] 正確には η はガウス白色雑音で $<\eta_i(t_1)\eta_j(t_2)> = \sigma \delta_{i,j} \delta(t_1 - t_2)$ をみたすとした. ここで $\delta_{i,j}$ はクロネッカーデルタで $i = j$ のときに 1, 他のときは 0, $\delta(t_1 - t_2)$ はデルタ関数.

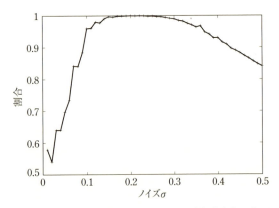

図 4.4 図 4.3 の例を用い，適応的アトラクター（成長速度の高いほうのアトラクター）が選ばれる割合をノイズの強さに対してプロットしたもの．異なる初期条件と異なる乱数で 100 回計算をしてその割合を求め，それをノイズの強さ σ の関数としてプロットした．

単純に μ_g に比例するのではなく，μ_g が大きくなると飽和して一定値に近づくような非線形関数を用いても，この結果は成り立つ．

これと対応して，柏木らは，大腸菌の中に，上記のトグルスイッチをもつ人工的な遺伝子制御ネットワークを組み込み，この人工遺伝子制御ネットワークが環境の変化に適応して発現状態を変えるかを実験的に調べている [Kashiwagi et al. 2006]（図 4.5 参照）．この系では上記のように，タンパク質 1 の濃度が高いアトラクターとタンパク質 2 の濃度が高いアトラクターが存在していて，どちらの状態も同様に実現している．

ここで，環境条件を 2 つ設定して，条件 1 ではタンパク質 1 を細胞自身が合成しないと成長できず，条件 2 ではタンパク質 2 が必要，とする．具体的にはタンパク質 1 はグルタミン合成酵素で，この大腸菌株では既存のグルタミン合成の遺伝子はノックアウトしてある．さらに環境条件 1 の培地にはグルコースが欠けていて，そこで，環境条件 1 ではこの細胞は遺伝子 1 を発現させないと成長ができない．2 についても同様に培地 2 ではタンパク質 2 が合成されないと成長できない条件になっている（詳細は原論文を参照されたい）．

今の遺伝子 1–2 の系は人工的に埋め込んだネットワークなので，既存のシグナル伝達系がつながっていない．にもかかわらず，実験結果では多くの細胞で，環境 1 ではタンパク質 1 を合成するほうの状態になり，環境 2 では 2 を合成す

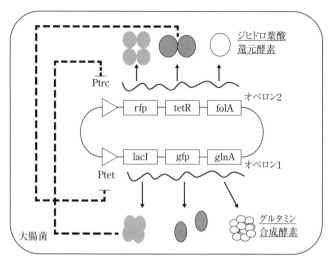

図 4.5 トグルスイッチの埋め込み実験．実験で（プラスミドに）導入した遺伝子制御ネットワークの模式図．[Kashiwagi *et al.* 2006] に基づく．

るほうが選ばれている．今の実験系では，遺伝子1の側に緑色の蛍光タンパク質，2の側に赤色の蛍光タンパク質を導入しておいたので，このことは細胞の蛍光を測定することで確認された．

　もちろん，自明な可能性の1つとして，$x_1^* < x_2^*$ の状態も $x_1^* > x_2^*$ の状態も同様に存在するが，後者のみが成長分裂をくりかえすので，前者の細胞の割合が減ってしまっただけだと考えられるかもしれない．このことは，緑に光る細胞の割合の増加が細胞分裂の時間スケール以前に起きていることを確認したので否定される．また，第2の可能性として，たまたま存在していたシグナルネットワークが環境条件を，この新しく埋め込んだ遺伝子発現系のプロモータ（各遺伝子の転写の開始をする部分）に伝えていたという可能性である．これはありそうもない可能性であるが，今の人工遺伝子制御ネットワークで遺伝子1のプロモータと2のプロモータを入れ替えることで，否定できている：もし，このような隠れたシグナルネットワークが存在していたために状態選択が起きていたのであれば，プロモータを入れ替えれば，今度は1を発現せよという情報が2の遺伝子側にいってしまい，$x_1^* > x_2^*$ の状態は選ばれないはずである．ところが，この実験をおこなうと，この場合も $x_1^* > x_2^*$ の細胞が選ばれてくる．そこで，この隠れたシグナル伝達系の仮定は排除される．

4.3　少数成分での例 (B, E)　　99

以上のことから，この実験結果は，理論で述べた，ノイズによる適応アトラクターの仕組みが働いていることを示唆している．

4.4　多成分のミクロモデルでの検証 (B, C)

　前節では2つの遺伝子からなる簡単な例でノイズによる適応的アトラクター選択を示した．それでは，この仕組みは，多数の成分からなる複雑な反応ネットワークをもつ細胞内過程でもなりたつだろうか．その確認のために，以下のような遺伝子発現 – 代謝系モデルを調べた [Furusawa and Kaneko 2008]．
　(1) 細胞内に，遺伝子制御ネットワークと代謝反応ネットワークが存在する．
　(2) ここで遺伝子制御ネットワークは 4.2 節のタンパク質発現の相互制御を
　　　一般化したものである．各遺伝子の発現は他の酵素（タンパク質）がその
　　　プロモータへ結合・解離することで制御され，それぞれの酵素の量はそれ
　　　に対応した遺伝子の発現量で与えられるので，結果として遺伝子発現はそ
　　　の量を互いに活性化あるいは抑制している．どの遺伝子 i が遺伝子 j の発
　　　現を活性化・抑制するかの関係は図 4.6 のようなネットワークで与えられ
　　　る（遺伝子制御ネットワークによる発現ダイナミクスのモデルは章末の付
　　　録も参照されたい）．相互の活性化 – 抑制関係で各遺伝子の発現（タンパク
　　　質濃度）の時間発展は与えられている．たとえば，2 遺伝子で相互抑制と
　　　したときの時間変化は式 (4.2) で与えられていたが，これを一般化して多
　　　くの遺伝子に対して活性化と抑制関係で組み合わせた発展式を考えればよ
　　　い．この時間発展の結果，ある発現パタンをもつアトラクターに至る．こ
　　　こでは多数の遺伝子をランダムにつないだネットワークで，自分の発現を
　　　促進する正のフィードバック，相互抑制を含むものを用いる．ここで多数
　　　のアトラクターをもつように，正のフィードバックを十分含むような遺伝
　　　子制御ネットワークを用いている．さらに各発現量はノイズでゆらぐ．
　(3) 代謝反応は栄養を他の代謝成分へと順次変換していく．この反応は代謝
　　　ネットワークをなし，制御ネットワークのそれぞれの遺伝子からつくられ
　　　るタンパク質が代謝パスの各反応を触媒する（図 4.6）．
　(4) 栄養成分は細胞膜を通じた拡散ではいってくる．一方で，その他の代謝
　　　成分は拡散によって細胞から出ていく．

100　　　第 4 章　細胞の環境への適応——ゆらぎ，アトラクター選択，整合性

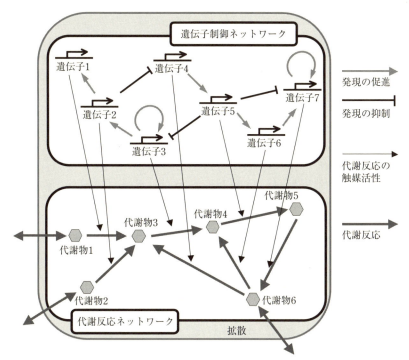

図 4.6 遺伝子制御ネットワークにより遺伝子（タンパク質）発現が制御され、そのタンパク質が代謝系を制御し、その結果細胞が成長するモデル．[Furusawa and Kaneko 2008] に基づく（古澤力氏のご厚意による）．

(5) 細胞の成長速度は，代謝反応ネットワークによって決まる．たとえば，成長に必要な代謝成分のうち，最小の濃度をもつものに成長速度は比例するとする．

(6) 遺伝子発現によるタンパク質合成は細胞の成長速度に比例し，また成長により希釈される．

　これを適当な初期条件からはじめる．より高い成長速度を実現するには必要な代謝成分をすべて多く有する必要があるのでそれはまれになっていく．そこで，適当に選んだ初期条件から始めると，まず増殖速度が小さいアトラクターに引き込まれることが多い．しかし，その状態はノイズの影響で動かされやすいので，初期は状態間を遷移し続ける．この遷移を経て，増殖速度が大きい状態に落ちると，そこではノイズの影響が小さくなる．これを繰り返して，ついには

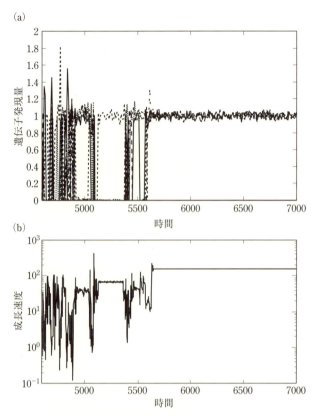

図 4.7 アトラクター選択の時系列．(a) はいくつかの遺伝子発現の時系列．(b) は成長速度の時系列．発現パタンが変化しながら，成長速度の高い状態に到達し，そこで安定化する．[Furusawa and Kaneko 2008] に基づく（古澤力氏のご厚意による）．

増殖速度が十分高いアトラクターに落ち，その状態に留まる．この例が図 4.7 に示されている．

このようなふるまいはノイズの強さが適切な領域であれば，必ず起きる．ノイズの強さへの依存性をみるために，さまざまな初期条件から出発して，最終的に落ちた状態の成長速度がノイズにどう依存するかの数値計算結果を図 4.8 に示した．ノイズが適度な大きさであれば，高い増殖速度をもつ細胞状態が選択される．

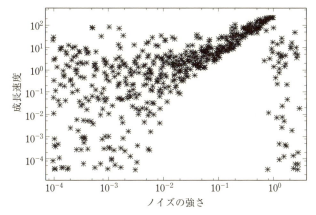

図 **4.8** 落ち着いた状態の成長速度をノイズの強さに対してプロット．それぞれのノイズの強さで 10 回シミュレーションをおこない，時間がたって落ち着いた最終状態の成長速度を表示．[Furusawa and Kaneko 2008] に基づく（古澤力氏のご厚意による）．

以上の結果を「整合性原理」の立場から見直してみよう．細胞内には多くの反応があり，それぞれの成分は自分の関与する反応で変化していて，必ずしも細胞全体の成長を最適化しようとはしていない．ただ，成長は各成分を希釈し，一方でそれを補償して合成が進むという大域的な影響を及ぼす．その結果，細胞全体の成長と個々の成分での反応が整合する状態が選ばれている．ここで，ノイズ自体はランダムに働き，方向性をもたないけれども，整合した状態ではノイズによる擾乱が相対的に弱くなり，結果として成長の高い状態が選ばれる．

アトラクター選択の意義，限界，拡張

くりかえすと，アトラクター選択による適応は，アトラクターへ引き込まれるスピードとノイズの大きさの大小関係にしたがって，前者がより大きいアトラクターが選ばれるというものであり，さらに成長速度（活性）とこのスピードが相関しているので結果として成長速度の高い（適応した）アトラクターが選ばれるというものである．ただし，このスピードの差がノイズの大きさに比べて小さければそれを見分ける精度は存在しない．また図 4.8 のようにノイズが小さい場合には，成長速度の低い状態から抜け出せずにトラップされてしまう．

さて，ここまでは，ノイズの大きさは成長速度に依存しないとしていた．それ

ゆえに成長速度が大きいと，そのアトラクターに落ちるスピードのほうが相対的に大きくなったのである．もしノイズの分散が成長速度に比例していたら[6]，アトラクターへ落ちるスピードとそこからノイズではじき出されるスピードとの相対関係は成長速度によらなくなるので，今の仕組みは働かない．実際，ノイズには，その大きさが成長速度とともに増加する部分もあるであろう．ただし，ここで重要なのは，成長速度が0へと減少していくときにノイズが0に向かうかどうかである．もしそうであれば，成長速度の低いアトラクターにはノイズがほとんど作用しなくなり，ノイズで飛び出すことは起きないであろう．しかし，一般に成長速度の減少とともに，ノイズが0に減っていくとは考えにくい．というのは成長速度が0となっても，細胞内には反応過程が進行していて，それとともに成分の濃度ゆらぎが発生するからである．そこで，ノイズには成長速度とともに減る部分があるとしても，成長速度に比例しない部分も残っている．

今のモデルでは簡単のためにノイズの強さは成長速度によらずに一定としたけれど，成長速度によらない部分が残ってさえいれば，それによって，成長しにくい状態からの遷移が実現するので，今の仕組みは機能する[7]．

4.5　細胞の適応におけるノイズの意義 (E)

では，ノイズは現実の細胞での適応に実際働いているのであろうか．ここでは前節の「能動的な」アトラクター選択を議論する前に，まずは受動的側面について議論したい．ゆらぎが存在するだけで細胞「集団」の増殖速度が1細胞のそれよりも大きくなるという側面である．その後で，ここまで述べてきたノ

---

6)　統計物理を知っていると，揺動散逸定理から，ノイズの分散が緩和速度に比例するのが自然と思われるかもしれない．しかし，平衡状態のまわりの理論をそのまま直接，定量レベルまであてはめようとするのは安直にすぎる．

7)　なお，このアトラクター選択は多少，simulated annealing（模擬焼きなまし）法 [Kirkpatrick et al. 1983] と似ているようにもみえる．その場合は，はじめはノイズの項を大きくしていて（つまり高温にして），さまざまな状態を遷移させ，時間とともにノイズを順次小さくしていき，エネルギーの低い（ないし目的とする適応度の高い）状態を選択させる．この方法は最適化手法として広く用いられている．今のアトラクター選択はこれと違ってノイズの大きさは一定で，そのかわりに，平均変化項が成長速度（適応度）とともに増していく．どちらも相対的にはノイズ効果が減っていくのであるが，どちらの項を変えるかという点だけが異なっている．この点から，このアトラクター選択を最適化に用いる研究もおこなわれている．なお，細胞生物学の場合はここまでみてきたように，ノイズの大きさが変化するよりも平均変化レートが変化する，アトラクター選択のほうが自然であろう．

イズによる適応状態のアトラクター選択という能動的な側面を実際の細胞に即して議論する.

4.5.1 細胞ゆらぎによる集団増殖率の増加

3.5 節で述べたように,細胞は各成分の濃度がゆらぐのみならず,その成長速度もゆらぎ,また分裂時間もゆらぐ.このようなゆらぎによって,細胞集団としての増殖速度が 1 細胞の平均増殖度よりも大きくなるということが一般的になりたつ.まず,指数関数的細胞成長を考える.つまり大きさが $\exp(at)$ で増えていくとしよう.もし,細胞の大きさが 2 倍になったら分裂するとすれば,細胞数が 2 倍になる時間 t は $\exp(at) = 2$ をみたし,$t = \log(2)/a$ で与えられる.これはどの細胞も $\exp(at)$ で増加する場合である.

ところが平均成長率が a で,その平均のまわりに各成長率がゆらいでいる場合は,集団が 2 倍になる時間はこれより速くなる.これは集団になれば,成長率が速いほうがより多く子孫をうんでいくから,集団としての増殖率は速くなるからである.例として,成長率が a_1 と a_2 の 2 つの値をとり,それぞれが半分ずつあり,成長率の平均が $a = (a_1 + a_2)/2$ となる場合を考える.すると,この場合の個数の増え方は $(\exp(a_1 t) + \exp(a_2 t))/2$ であり,図 4.9 でも明らかなように,これは $\exp((a_1 t + a_2 t)/2)$ より必ず大きい.一般に $f(x) = \exp(x)$ が下に凸な関数であるので $i = 1, \cdots, N$ に対して $f(x_i)$ の平均 $\sum_i f(x_i)/N$ は,x_i の平均 $\overline{x_i} = \sum_i x_i/N$ に対する $f(\overline{x_i})$ より大きい(図 4.9 では 2 つの値をとる場合で述べたけれども,これは凸関数一般の性質なので多くの x_i が複数あってもそれがどのように分布してもなりたつ).そこで,一般に成長率が細胞ごとに分布しているほうが同一である場合よりも集団としての細胞数増加は大きくなる[8].なお,この増加分を分裂時間の分布関数で与える精密な形式は,若本ら [Hashimoto et al. 2016] により与えられて,情報量を用いた定式化も与えられている.

さて,以前は 1 細胞の成長分裂を定常的成長を保ちつつ長期にわたり測定することは実験上困難であったが,第 3 章で述べたような実験手法が確立した今,上のゆらぎの効果は検証可能である.たとえば,第 3 章で述べた 1 細胞

---

8) たとえば増殖が t^2 などであってもこの結論は変わらない.逆に,もし上に凸,たとえば $\sqrt{t}$ で成長するのであればゆらぎは集団での増殖を不利にする.

4.5 細胞の適応におけるノイズの意義 (E)　　　*105*

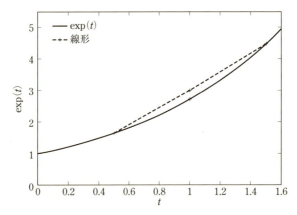

図 4.9 $\exp(at)$ は凸関数なので $(\exp(a_1 t) + \exp(a_2 t))/2$ は $\exp((a_1 t + a_2 t)/2)$ よりも大きい：$a = 1$ の成長率でゆらぎがなければ t 秒後の成長は $\exp(t)$ である．これに対して $a_1 = 0.5$ と $a_2 = 1.5$ の成長率を半分ずつもつ場合，その 1 細胞での平均成長率は同じであるが集団としての増え方 $(\exp(a_1 t) + \exp(a_2 t))/2$ は $\exp(t)$ を上回る．

長期計測系（図 3.11）を用いて測定した大腸菌の分裂時間の分布を求め，これから 1 細胞の平均分裂時間と集団での平均分裂時間の差を求めることができる．具体的には，分裂時間の分布から集団での分裂時間 T_d^{ensemble} を計算し，これと 1 細胞分裂時間との比，$T_d^{\mathrm{single}}/T_d^{\mathrm{ensemble}}$ を求める．それからゲイン Gain $= T_d^{\mathrm{single}}/T_d^{\mathrm{ensemble}} - 1$ を計算すれば集団での分裂速度の上昇分が得られる．これをさまざまな環境条件で求めて，ゆらぎの大きさに対してプロットしたものが図 4.10 である．ここで，横軸は分裂時間の CV，つまり標準偏差を平均で割ったもの，縦軸は成長率ゲイン (Gain) である．この図からはまず，ゆらぎは 20–40% に及び比較的大きく，そして集団での成長速度の増加は 5–10% に及んでいることがみてとれる．そこでゆらぎは十分に有意な効果を与えている．

この点から，細胞成長（分裂）のゆらぎは集団としての生き残りやすさに資しているといえる．では，成長速度のゆらぎが環境条件により変化することで，集団として生き残りやすくなるということはあるだろうか．このゆらぎの源は化学反応での分子衝突のランダムさに起因するので，その大きさはそう変化しないと思われるかもしれない．しかし，ノイズの結果状態がどれだけゆらぐかは，細胞内の反応ダイナミクスの性質による．反応ネットワークの負のフィードバックによってゆらぎが減らされたり，正のフィードバックで増幅されたり

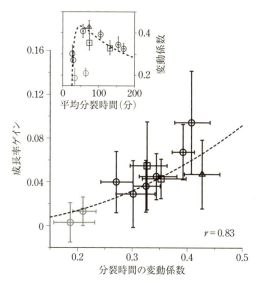

図 4.10 細胞分裂時間の分布から求めたゆらぎ（CV, 変動係数）と，集団での成長速度の増加分（ゲイン）．第3章で述べたダイナミクス-サイトメータを用いて大腸菌を1細胞長期計測をおこない，分裂時間分布を求めて，それからさまざまな環境条件でゲインを求めたもの．[Hashimoto et al. 2016] に基づく．上の挿入図は分裂時間の平均とそのゆらぎ (CV) の関係（若本祐一氏のご厚意による）．

する．結果，ゆらぎは細胞の種類，状態そして環境にも依存する．実際，図4.10にあるように分裂時間のゆらぎ (CV) は環境に大きく依存している．

そこで，状態変数 x のゆらぎと成長速度の関係を議論しよう．まず x の定常状態での平均値を 0 とし，そのまわりのゆらぎを考える．定常状態は安定であるとすれば，そこからずれてももとの状態に戻ってくる．このずれがあまり大きくないとすれば，定常状態に戻る強さはそのずれに比例すると近似できるだろう（ばねを伸ばしたり縮めたりして自然長に戻ることをイメージすればよい）．そこで，そのレートを k とし，ノイズ項を $\eta(t)$ とすれば，この変化は

$$\frac{dx}{dt} = -kx + \eta(t) \tag{4.3}$$

とあらわせる．（たとえば3.5節の例のような，タンパク質の一定レートでの生成と分解を考えればその濃度 y の変化は $dy/dt = a - dy$ となるが，$x = y - a/d$

とすれば上の形になる）．このとき，状態の定常分布はノイズの強さを D とすれば $\exp(-kx^2/(2D))$ となる．つまり x の分散 $<(\delta x)^2>=D/k$ はノイズに比例して増加し，定常状態に戻る強さに逆比例して減少する．

次に，この状態変数 x が成長に影響を与えるとしよう（こうしたケースは多いであろう．たとえばこの状態変数があるタンパク質の濃度でそのタンパク質が成長に影響するとすればよい）．つまり成長速度 μ は状態 x に依存して変わる．ここで x の 0 からの変化が小さいとすれば，成長速度の x による変化も線形で依存すると近似してよいであろう．そこで $\mu = ax + \mu_0$ とあらわされるとしよう．a が正であれば，x が大きい細胞のほうが子孫を増やしやすい．この成長効果によって x の分布がどう影響するかを調べてみる[9]．式 (4.3) から導かれる確率分布の変化（フォッカー–プランク方程式）に x に依存して増殖する効果を加えた定式化をおこなう [Sato and Kaneko 2006] と，x の分布は

$$P(x) = \exp\left(-\frac{k(x - \frac{Da}{k^2})^2}{2D}\right) \tag{4.4}$$

となり，x の平均値は $\Delta x = Da/k^2$ だけずれる．今 x の分散 $<(\delta x)^2>$ はその定常分布から D/k で与えられる．そこで D を消去すると，

$$\Delta x = \frac{a<(\delta x)^2>}{k} \tag{4.5}$$

となり，変位はゆらぎ（分散）に比例している．さらに，その結果での増殖速度の変化は

$$\Delta\mu = \frac{Da^2}{k^2} = \frac{<(\delta x)^2>a^2}{k} \tag{4.6}$$

となる．これは（a の符号によらずに）つねに正であり，集団としての成長速度は x の分散に比例して増加する．

たとえば環境条件が悪くなると，細胞内の反応過程が遅くなると予期される．すると状態の変化の時間スケールが遅くなる（k が小さくなる）ので，状態ゆらぎは大きくなる（たとえば，3.5 節の例のように，成長による希釈が x を減らす作用であれば $k = d =<\mu>$ となる（$<\mu>$ は成長速度の平均）．そこで

---

9) x の変化は子孫に伝わるわけではない．あくまで，単なるゆらぎであり，それは式 (4.3) で 0 の周りで変化し続けるだけである．

$<\mu>$ が小さくなれば式 (4.5) の値は大きくなる）．その結果，集団としての成長速度と 1 細胞の成長速度の差分 $\Delta\mu$ は大きくなる．この結果は環境が悪くなると，特別なメカニズムがなくても，ゆらぎが増して集団としての生存戦略が働くことを意味する．

実際，図 4.10 では環境条件を悪くして成長速度が落ちると，ゆらぎが大きくなり，その結果，1 細胞からの成長増加分は増加している．ゆらぎによる集団での成長増加は受動的ではあるけれど，苦しい環境になるほどその効果を増加させうる．

4.5.2 アトラクター選択の拡張と細胞実験での検証可能性

前節では，ゆらぎが集団としては適応度をあげるという結果を述べた．これに対して 4.2–4.4 節で論じたのは，ゆらぎにより状態が変化して，1 細胞レベルでも適応が生じるという，より能動的なゆらぎの利用といえる．ただ，この仕組みの完全な実験的検証はまだできていない．とくに（遺伝子を埋め込んでいない）自然にある細胞で起こっているかはまだ明らかではない．

ここで検討すべきは，まず，アトラクター選択で仮定した，「成長率が高ければ，合成などの反応も高まる」ことが妥当かである（4.2 節の条件 (ii)）．もし，成長速度の変化が合成にまったく影響を与えなければ，今の仕組みは成り立たない．この場合は成長による希釈項だけが変化するのでタンパク質濃度は成長率に単に逆比例して減少する．これは，まさに 3.5 節で議論したことである．実際，そこで示した実験結果によれば，成長速度が増すと濃度は希釈されている．つまり，タンパク質合成は成長による希釈を 100% は補償していない．

ところが，まったく補償されていないかというと，そういうわけでもない．濃度は成長速度に逆比例しては減らず，実験データによれば減少の割合はその半分程度であった．つまり，成長率の 50% 程度は補償されていた（3.5.1 項参照）．その意味で，成長増加とともに半分程度は合成も増加している．アトラクター選択の仕組みは合成項が完全に成長率を 100% 補償（比例係数 1 で増加）していることまでは要請していない．成長とともに合成がある程度増加すればよい．その意味でこの条件はみたされているといえる．

次に，もともと環境条件に対して適応できるアトラクターが前もって用意されている（4.2 節の (iii)）というのは強い要請にみえる．ただし，これについ

ては上記の100%補償しているかどうかの問題が関係している．4.2.3項ではこの100%補償に対応して，合成が成長に完全につりあっているという簡単化をおこなって，時間発展の方程式で成長速度 μ_g が前に括り出される形をとった．そこで μ_g は時間スケールを変えるだけで，状態の安定性も変えず新しい安定状態（アトラクター）がつくられることもなかった．

この条件を緩めれば前もって適応状態のアトラクターを用意しておかなくても環境条件の変化によって新しくそのようなアトラクターが生まれうる．実際，それに対応する実験もおこなわれている．このアトラクター生成とそれの選択を簡単に論じよう．

もっとも簡単なケースとしてもとの条件では細胞は1つしかアトラクター（安定状態）をもたない場合を考えよう．ここで悪い環境条件において成長速度が下がる場合を考える．もし，合成速度が成長速度と同じ割合で変化しないのであれば，その変化が希釈の変化を打ち消さないので，タンパク質の濃度をあらわす力学系の式は変化する．この変化によって新しいアトラクターが生じうる．たとえば，タンパク質濃度 x の合成（＋分解）のレートが $f(x)$ であらわされるとしよう．この $f(x)$ は，$x \sim 0$ では一定の値 x_0 をとり，x とともに増加して一定値に近づいていく（図4.11参照）．たとえば，$f(x) = x_0 + \frac{x^n}{x^n + K^n}$ といった表式である．一方で成長速度も x とともに増加して x が大きくなると一定に近づくとしよう．たとえば $\mu = \frac{\mu_0 x}{1+x}$ といった形である．ここで $f(x)$ と希釈 $\mu(x)x$ がつりあうところが定常状態になる．図4.11にあるように，成長速度 μ_0 が大きければ，x が小さいところに1つアトラクターが存在する．ここで μ_0 が小さくなると，図4.11のようにつりあいの点は3つでき，このうち2つが安定でアトラクターになる．ここで，成長率 μ が高い環境から低い環境へと遷移させられた場合，はじめはもとの x が小さいほうの定常状態に留まっているであろう．この状態はアトラクターなのでノイズがなければそこから動きはしない．そこで，ノイズの効果を考える．2つのアトラクターのうち，x の大きい側が合成も希釈も大きい値でつりあっていて，そこへ引き込まれるスピードが大きい[10]．そこで，アトラクター選択の考え方により，x の大きい，つまりその環境条件のもとで成長速度 $\mu(x)$ がより高い状態が選ばれる．まとめる

10）　正確には，$f'(x) - \mu < 0$ の絶対値が大きいほうがその状態への引き込みが大きい．適当な $f(x)$ をとればこれは実現する．

110　　第4章　細胞の環境への適応——ゆらぎ，アトラクター選択，整合性

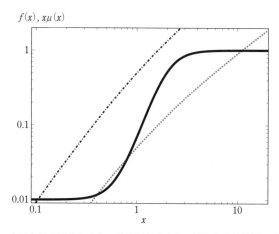

図 4.11 成長条件の変化により，希釈項が変わり，新たな安定状態が生まれ，そこへアトラクター選択により遷移する．図では $f(x) = 0.01 + x^4/(K^4 + x^4)$ $(K=4)$, $\mu(x) = \mu_0 x/(1+x)$ として, $f(x)$ (実線) および $x\mu(x)$ を $\mu_0 = 0.1$ (点線, 右), 1.0 (破線, 左) に対してプロットした. 図でみてとれるように $\mu_0 = 1$ では両者の交点は 1 つで, 実際 1 つの安定状態のみ存在する. 一方で $\mu_0 = 0.1$ ではもとの x の小さい交点以外に 2 つが生まれる. これら 3 つの交点のうち, 最大（x が 10 近くのもの）と最小のものが安定固定点である. ここで, μ_0 が 1 から 0.1 に下げられたときに, はじめは最小の固定点状態に落ちこむが, ノイズによるアトラクター選択によって x の大きい, より成長速度の高い状態に遷移する. これは必要な x が発現したためであるが, それを伝えるシグナル伝達系は不要で, 成長速度を上げるような状態がノイズで選ばれる．

と，もとの条件ではアトラクターが 1 つしかないけれども，条件を変えたときに，成長速度の異なる，2 つ目のアトラクターができ，その場合，成長速度の高いほうのアトラクターがノイズにより選ばれる．このような形でアトラクター選択の考えを拡張できる[11]．

実際，You らは，上のような単安定な遺伝子制御ネットワークを埋め込んで，条件を変えると双安定な発現状態が生じ，高い発現をもつ状態が形成されることをみいだしている [Tan et al. 2009]（[Tsuru et al. 2011] も参照）．これらは，遺伝子を埋め込んだ実験であるが，上のような遺伝子発現動態は通常みら

---

11) なお，前もってアトラクターを用意しなくても，エピジェネティック過程により新環境に適応した状態がつくられてノイズによりその状態に転移する可能性も議論されている．6.4 節参照 [Furusawa and Kaneko 2013; Himeoka and Kaneko 2020].

れる形なので，通常の細胞でもアトラクター選択が起きている可能性は十分考えられる．現時点で，この可能性を直接検証する実験はまだおこなわれていない．ただし大腸菌の代謝で，ゆらぎによって2つの表現型が存在し，そのうち成長できる状態が生き延びるという結果を Heinemann ら [Kotte *et al.* 2014] が得ている．また，シグナル伝達系によらない適応の存在は Braun [2015] により示唆されている．これは酵母を，シグナル伝達系がカバーできないようなさまざまな環境に置いた実験で，それにもかかわらず酵母が生存しうることを示したものである．これらの実験での適応の起因自体はまだ解明されていない．ただしシグナル伝達系なしでの自発的適応が存在し，おそらくそれにゆらぎが関連していると思われるので，本章のノイズによるアトラクター選択は有望な候補となろう．

とはいえ以上はアトラクター選択の検証としてはまだ間接的でしかない．従来の考えではシグナルによって遺伝子発現が変化して適応するのだからその2つが相関しているはずである．そこで，ここでの理論を検証するには，シグナルと遺伝子発現ではなくて，増殖速度と発現が相関していることを明確に示す実験が望まれる．

免疫系研究においては，多様な抗原に対する抗体が前もって用意されているという仮説が覆され，事後的に形成されることが後に証明され，大きなパラダイム・シフトとなった．適応についても，前もってシグナル伝達系がすべて用意されているという仮説が否定され，自発的適応の存在が証明されれば，大きな革新となろう．

もちろん，先にも述べたように，頻繁に出会う環境に対しては，ノイズによる選択といった時間のかかる確率的な仕組みよりも，その環境に向けたシグナル伝達系を進化によって獲得したほうが有利であろう．そこで，まず，自発的適応があり，それをチューン・アップする形で後にシグナル伝達系が進化したとも考えられる．このようにゆらぎで起こる現象を固定化して起こりやすくするという形で進化を考えていくことは重要であり，第8, 9章で議論する．要するに進化は確率的に起こりうる現象を起こりやすくして固めたり，チューン・アップするのは得意であるけれども無から有をつくり出すのは苦手なのである．その一方で，まずアトラクター選択による自然適応があって，頻繁に出会う環境に対してはそのあとでシグナル伝達系が進化してきたのだとすれば，今のネットワークや，その変異体の性質（進化地形）の中にもこうした進化の痕跡が残っ

112　第4章　細胞の環境への適応——ゆらぎ，アトラクター選択，整合性

ているかもしれない.

4.6 時間スケールの干渉による状態選択 (D)

一般に適応したアトラクターは合成も分解も速くなっているのであるから,結局のところ,アトラクター選択は,整合性を保った状態の中から,そこに戻る時間スケールが短い状態を選ぶ過程だと考えることもできる.

一般に細胞（生命）システムには多くの時間スケールをもつ過程が関与している. 代謝過程などは比較的速く, mRNA の合成や分解過程は速く, これに比して, それらを制御するタンパク質濃度は, もっとゆっくり変化している. 元来これら異なる時間スケールの過程は相互に影響し合っているのであるが, 片方側の時間スケールが他よりも遅いと制御する側とされる側とが分離して安定する. 遅い側の成分は他の速い成分を制御するパラメタとして働き, 速い側はそれによって動かされていく.

一般に環境が苦しくなると, それまで他よりも速く進行していた過程が栄養, 触媒などの活性を担う成分の不足のために遅くなるだろう. 結果として, 時間スケール自体が環境により変化しうる. そこで環境に適応していれば代謝などをあらわす変数 x の変化の時間スケールは, タンパク質発現などをあらわす y の時間スケールより十分速く, その一方で適応できなくなると x の変化が遅くなって y の時間スケールと同程度になるとしよう（ここで y の時間スケールは簡単のために変わらないとする）. 実際, 遺伝子制御ネットワークは酵素量の制御を通して, より速い代謝過程に影響を与える. この場合は代謝成分が x であり酵素の側 y である. ただし, この場合も相互作用は一方的ではなく当然, 代謝は酵素側にも影響を与えている.

すると適応した状態では x の変化は y に比べて十分速いので y の時間発展を考える上では x はその時間平均値で考えればよく, 結果 y は y だけを変数としたダイナミクスで決まるアトラクターに落ちている（そのアトラクター上で与えられた力学系のもとで x は変化する）.

ところが適応していない状態では x の時間スケールが遅くなり y と同程度になるので, これらの時間発展は x と y が絡み合った大自由度の力学系であらわされる. そこでもともとの y だけのダイナミクスで与えられていたアトラ

クターが不安定化されてそこから飛び出すことが起こりうる．その結果，状態が変化しているうちに，活性の高い状態に到達することがあるだろう．するとそこでは x は速く変化するようになるので再び，遅い y に制御され，一方で遅い変数 y は（平均化された x のもとでの）y だけの時間発展で決まるアトラクターに落ちてそこにとどまる．こうして，適応できていない間は状態は遷移し続け，適応したらとどまることが予想される．こう考えると，適応アトラクター選択はノイズに依拠しなくても，時間スケールの異なる大自由度の力学系でなりたつ性質とも期待される．いいかえると，異なる時間スケールでの整合性をもった状態が選ばれる，という形で適応アトラクター選択を考えることができる [Hoshino and Kaneko 2007; Kaneko 2014].

4.7　整合性の破れ——新規環境への適応過程 (F)

　本章の結果を振り返る：タンパク質組成の状態（表現型）は遺伝子発現ダイナミクスの結果決まるのであるが，これは細胞成長を決める一方で，細胞成長は希釈を通してタンパク質濃度に影響を与える．これにより成長と組成の整合性がとれた状態が実現する．もし整合性がとれた状態が複数ある場合は，ゆらぎの中でも整合性が保たれやすい状態が選ばれる．一方で環境の変動などでその整合性が破れると，状態は安定性を失い，時間的に変動し，大きくゆらぐ．しかしそれを通して，その環境でも整合性がとれた新しい状態を形成する．

　この点では整合性の破れは新環境への適応の前段階であるといえる．このような過渡的過程を実験的に追うことも重要であろう．

　前節でもみたように整合性のとれた状態は少数の自由度で記述できる状態になっている．一方で，それが破れた状態は多くの自由度が絡んだ動的な状態である．ではこの多くの自由度の変動による適応過程はどのような性質をもつのであろうか．これが次章のテーマである．

4.8　まとめ——本章で議論された普遍的な性質

- 適応では，環境変化に対してそれに適した（成長できる）状態へと変化

しうる可塑性と，内部の状態をあまり変えないという頑健性が両立している．

- 細胞成長による各成分の希釈とそれを補うように成分が合成されるという補償過程，そして反応過程でノイズがあるという細胞一般になりたつ性質を考えるだけで，特別なシグナル伝達回路をもたなくても，適応つまり成長速度の高い状態の選択が生じる (A, B, C, E)．

- このアトラクター選択は，前もって適応アトラクターが準備されていなくても起こりうる．たとえば，合成の補償が不完全である，代謝の時間スケールが変化する，などによって適応アトラクターが生じ，ノイズによってそのアトラクターが選択される (C, D)．

- 頻繁に起こる環境変化に対しては外部環境の情報をシグナル伝達系が遺伝子発現系へ伝えることで適応する仕組みが進化してきたと考えられる．その一方で細胞は滅多に出会わないさまざまな環境変化に対しても状態を変えて生き延びられる．直接的な実験検証はまだおこなわれていないが，ノイズによるアトラクター選択はこのような「自然適応」を説明する有力な候補である (E)．

- 以上は状態を大きく変える適応であるが，一般に細胞間のゆらぎがあるだけで，細胞集団の平均分裂時間は1細胞のそれよりも短くなる (E)．

4.9 付録——遺伝子制御ネットワークモデル

まず遺伝子 i から mRNA が転写され，それからつくられるタンパク質の発現量を x_i であらわす．ここで，x_i はその遺伝子が発現していなければ 0，完全に発現しているときに 1 をとるとする．各タンパク質濃度 p_i をおよそとりうる最大値 p_{max} で割ったものを $x_i = p_i/p_{max}$ としたと考えてもよい．一般にタンパク質は他の遺伝子のプロモータをマスクしたり，マスクしているタンパク質をマスクしうる．そこで，あるタンパク質は他（ないし自身）の遺伝子の発現を活性化したり抑制したりしうる．この相互作用は一般には複雑であり，しかも何種類かのタンパク質が共同して他に影響することもある．それを思い切っ

て単純化して，この影響を $J_{ij}x_j$ でかけるとしよう．ここで j が i を活性化するなら $J_{ij} > 0$，抑制するなら $J_{ij} < 0$，もし影響を与えなければ $J_{ij} = 0$ とする（通常は 0 の要素が多く，J_{ij} は疎な結合行列である）．さらに異なるタンパク質からの影響が加算的に働くと単純化して，遺伝子 i への入力は $\sum_j J_{ij}x_j$ とかけるとしよう．この J_{ij} の行列，とくにその正負，0 の組み合わせが相互活性化–抑制化のネットワークを表現する．これにより他の遺伝子からの入力に応じて，遺伝子 x_i は発現される．この入力があるしきい値 θ_i より大きければ遺伝子 i は発現されるとしよう．そのしきい値で急にオフからオンにスイッチするとすれば，i の発現は階段関数 $S(x)$（$x > 0$ で $S(x) = 1$，$x < 0$ で $S(x) = 0$）を用いて $S(\sum_j J_{ij}x_j - \theta_i)$ であらわされる．連続的に増加する場合であれば $x \sim 0$ で値が急に 0 から増加し x が大きくなると 1 に漸近する関数 $F(x)$ を用いて $F(\sum_j J_{ij}x_j - \theta_i)$ で合成が変化するとすればよい．多く用いられる形は $F(x) = 1/(\exp(-\beta x) + 1)$ であり，これは β が大きくなれば階段関数 $S(x)$ に近づき，β が小さくなるとゆっくり増加するようになる．

さらにある割合でタンパク質が分解することを考え，そして生成と分解の時定数を γ_i とすれば x_i の変化は

$$\frac{dx_i(t)}{dt} = \gamma_i\left(F\left(\sum_j J_{ij}x_j - \theta_i\right) - x_i\right) \tag{4.7}$$

で与えられる．これは単純化した遺伝子制御ネットワークのモデル式としてしばしば用いられている [Glass and Kauffman 1973; Mjolsness *et al.* 1991; Salazar-Ciudad *et al.* 2001a, b; Ishihara and Kaneko 2005; Kaneko 2007]（本書では第 5–8 章の一部でも用いられる）．なお，x_i を神経の活動度とし，正の J_{ij} は神経 j から i への活性化的結合，負は抑制的結合とすると，これは神経ネットワークのモデルとなる．

5 | 細胞のホメオスタシス

5.1 問題意識

前章では，生物システムのもつ，新しい環境に「適応」する能力のうち，変化するという側面を議論した．生物システムはその一方で，内部の状態はできるだけ保持し，いったん変化してももとの状態に戻るという傾向をもつ．つまり内部の状態をあらわす多くの変数（成分濃度）がもとに戻るという傾向がみられる．このような内部状態の維持は Cannon によりホメオスタシスとよばれている [Cannon 1932].

このように，環境変化後，それに適応すべく状態変化が起こった後にもとに戻るという性質は Koshland により，完全適応，部分適応と名づけられている [Koshland *et al.* 1982]. これは力学系としては次のように表現される．まずシステムの状態がいくつかの変数であらわされているとし，一方で環境は外部の成分の濃度など，このシステムに働く外部パラメタとして表現されている．環境が変わり，そのパラメタが変化したときに，まずそれに応答して状態が変わる．つまり内部の変数は変化する．外部パラメタはそのままにして時間がたったあと，一部の変数はもとの値から変化したままになっているが，残りの（多くの）変数はもとの値に戻る．これが適応となる．つまり，外部変化は一部の変数により吸収され，それにより残りはもとに戻る．その変数が完全にもとの値に戻る場合は完全適応，ある程度まで戻る場合は部分適応とよばれている．

このような完全適応のもっとも簡単な数学的な例として2つの変数からなる系を考えてみよう。この場合，1つの変数に変化を吸収させて他の変数はもとに戻る例を考えればよい。たとえば S を外部環境をあらわすパラメタとして，

$$\frac{du}{dt} = f(u, v; S); \quad \frac{dv}{dt} = g(u, v; S) \tag{5.1}$$

を考え，この定常状態（固定点状態），つまり $du/dt = dv/dt = 0$ をみたす (u^*, v^*) を考える。これは $f(u^*, v^*; S) = 0, g(u^*, v^*; S) = 0$ をみたす。この定常状態が安定していて，そして u が完全適応するとしよう。つまり u^* は S によらない：S の変化に対し，いったんは u は変化するけれども，そのあとで v の変化により u がもとに戻るという設定である。いくつかの例を挙げてみよう。

$$f = S - h(u, v); \quad g = \frac{(uv - v)}{\tau}. \tag{5.2}$$

この場合 $g(u, v) = 0$ を解くと $v \neq 0$ であれば，その定常解は $u^* = 1$ をみたし，これは S によらない。他方 $f(u, v) = 0$ の条件から v^* は $S = h(1, v^*)$ で与えられるので一般に S に依存する。ここで環境 S が S_0 で定常状態になったあとで S を変化させよう。$S = S_0$ に対しては $f = g = 0$ をみたしていたことに注意すると，S が変化し，$du/dt = f$ が 0 からはずれて $S - S_0 \neq 0$ となる。その結果 u も v も変化しはじめ，最終的に u は再び $u^* = 1$ に戻り，v は $S = h(1, v^*)$ をみたす値に落ちつく。たとえば $h = uv + u$ であれば $v^* = S - 1$ である。このように環境 S の変化は最終的に v に吸収され，u は一過的応答をした後に，もとに戻る[1]。

このほかの例を2つあげると，

$$f = S - (u + v); \quad g = \frac{(S - v)}{\tau}. \tag{5.3}$$

この場合 $S = u^* + v^*$, $v^* = S$ なので，$u^* = 0$ となり，これは S に依存しない。

$$f = S(1 - u) - uv; \quad g = \frac{(S - v)}{\tau}. \tag{5.4}$$

この場合，$S(1 - u^*) = u^* v^*$, $v^* = S$ なので，$u^* = 1/2$ は S に依存しない。

---

1) もちろん，この定常状態が安定であるかはチェックしなければいけない。その具体例については後にふれる。

118　第5章　細胞のホメオスタシス

これらは数学的に適当に思いついた例にもみえるが，それぞれ生命システム
で対応する例がすぐ考えられる．最初の例はたとえば上記の h の形であれば
S からの合成反応 $S \to U$，V による自己触媒反応 $U + V \to 2V$，分解反応
$U \to \phi$，$V \to \phi$ といった単純な反応の組み合わせである．ここで反応の時定
数の違いを利用して τ が大きければ，速い応答と遅い緩和，といった細胞シス
テムでしばしばみられる性質が現れる．

こうした適応系については，Koshland らによる先駆的研究がある [Koshland
et al. 1982]．なかでも徹底的に調べられているものは，大腸菌が，ある化学成
分の濃度の高い方向へ移動する走化性である．大腸菌の運動は，鞭毛を一方向
に回転させて 1 つの方向に進む，直進 (run) と，鞭毛の回転が一方向に行かず
に運動が止まり向きを変える，方向転換 (tumble) からなる．この転換の頻度
が外界の濃度に対して適応的ふるまいをみせる．つまり，外界の濃度が変わる
と，いったんその頻度は上がり，しかし時間とともにもとに戻る．この過渡的
な応答によって，濃度に対する走化性は生じる [Berg 1975]．朝倉と本多はこ
れを段階的リン酸化反応であらわし，適応の基本的モデルを提唱した [Asakura
and Honda 1984]．それを単純化した理論も広く調べられている [Barkai and
Leibler 1997]．

では，このような適応は，それを生む，特別な反応回路の特性なのであろうか．
その回路を担う少数の成分だけに帰着できるのであろうか．細胞内にある数千
の遺伝子のうちごく一部だけが適応的ふるまいをするのであろうか．多くの研究
者が数千成分にわたる遺伝子発現の過渡的応答を調べている．たとえば，Braun
らは，環境条件を変えたときに，各 mRNA 種 i の発現量（多くの mRNA の
量の多数の細胞での平均）がどのように時間変化するかを調べている [Stern
et al. 2007]．具体的には彼らは環境変化後の短い応答時間後の発現量 $x^R(i)$，
そして十分時間がたって定常状態になったあとの発現変化 $x^S(i)$ を求め，もと
の発現レベル $x^O(i)$ からの対数変化を $(\log(x^R(i)/x^O(i)), \log(x^S(i)/x^O(i)))$
の形でプロットした（図 5.1）．後者（y 軸の値）が 0 であれば，完全適応，傾
きが 1 であれば一方的に変化するだけとなり，そして 0 と 1 の間にあれば部分
適応をしていることになる．図でみると，多くの遺伝子が 0.7 程度の，ほぼ共
通した傾きのあたりで散在している．少数遺伝子だけが変化して適応を担うと
いうよりも，数千自由度の遺伝子が共同して部分適応をしているようにみえる．
つまり，特別な少数の成分だけが変化するのではなく，大自由度の成分全体で

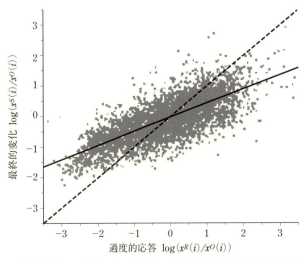

図 5.1 酵母を新しい環境においたときの過渡的応答と最終的変化の関係．酵母をガラクトース培地からグルコース培地へ置き換えたときに，各遺伝子発現がどれだけ変わったかを測定したもの．もとの発現から新培地で4時間たったときの変化の比 $x^R(i)/x^O(i)$ の対数を横軸，十分時間が経ったあとでの発現変化比 $x^S(i)/x^O(i)$ の対数を縦軸にプロット．各点は異なる mRNA．[Stern et al. 2007] より許可を得て掲載．

適応をしているようである．ここで環境変化は，ずっとはいり続けているので，適当に選んだ大自由度力学系ではこれだけ多くの成分が変化し，その後で（不完全とはいえ）もとの値のほうに戻るということは滅多に起こらないであろう．いいかえると，細胞にはできるだけもとの状態を保持する保守的傾向があるようにもみえる．これは，細胞が自己を維持して生存し続けられる状態はまれなので，いったんつくられた生存可能状態を保持する傾向があるからとも考えられる．そこで，本章ではこうした，「状態がもとに戻る一般的傾向」としての適応系を調べて，生物の普遍的性質の1つの理解を目指そう．

5.2 少数成分での適応モデル，現象論 (A)

まず，簡単な細胞内反応系でも完全適応が現れうることを確認しておこう [Inoue and Kaneko 2011]．外部の原料 S から X_0 がある割合でつくられ，この X_0 を原料として X_1 が X_1 自身の触媒で合成され，一方で X_0 と X_1 がある割合で分解される場合である．まとめると以下の反応系である．

$$S \to X_0, \quad X_0 + X_1 \to 2X_1, \quad X_0 \to \phi, \quad X_1 \to \phi$$

ここで S, X_0, X_1 の濃度をそれぞれ S, x_0, x_1 として，適度な変数のスケーリングをおこなえば，濃度のレート方程式は

$$\frac{dx_0}{dt} = S - x_0 x_1 - x_0, \quad \frac{dx_1}{dt} = \frac{x_0 x_1 - x_1}{\tau} \tag{5.5}$$

とあらわされる．この方程式は $S > 1$ で $x_0^* = 1, x_1^* = S - 1$ の安定固定点をもつ．つまり x_0^* は外部濃度 S によらない．ここで，外部の S の濃度が S_0 から S に増したとしよう．すると最初の定常状態は $(x_0^*, x_1^*) = (1, S_0 - 1)$ なのでその瞬間では $\frac{dx_0}{dt} = S - S_0$ となるから x_0 はいったん増し，そののちもとの濃度に戻る．そこで成分 X_0 は適応を示し，一方で外部濃度の変化は X_1 の濃度の増加で緩衝（バッファー）される．このモデルは栄養から X_0 を経由して自己触媒で X_1 をつくるというだけの簡単な反応であり，手の込んだことははいっていない．これ以外にも，この栄養の取り込みが X_1 を介して起こるとして式 (5.5) で S を Sx_1 に置き換えたもの，など多くの例が考えられる．

さらには，この反応が直列につながったケース $S \to X_0 \to X_1 \to \cdots \to X_{N-1}$ そして並列につながったケース $S \to X_0 \to X_1^1, X_1^2, X_1^3, \cdots X_1^k$，あるいは途中経路で並列になっている場合でも，$X_0$ が適応を示す．要するに適応的ふるまいは触媒反応系では容易に実現できる性質である．

ここで通常の適応の場合，応答は速く生じて，もとに戻る過程はゆっくりしている．そこで τ は十分大きいとしよう．この場合，上のような触媒反応系では一般に，適応が自然に生じるのみならず，外界の濃度変化の比率に対してほぼ同じ応答を示す．これは，今の場合でいうと，S を $S_0 \to pS_0$ $(p > 0)$ と変化させたときに x_0 がもとに戻るまでの応答のピーク値が p のみに依存して S_0

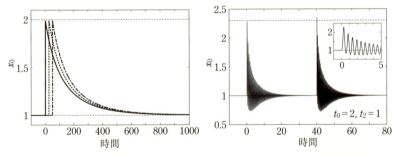

図 **5.2** (a) 式 (5.5) のモデルで, 外部栄養濃度 $t = 0$ で S_0 から $2S_0$ に変化させたときの x_0 の時間変化. $\tau = 200$. $S_0 = 100$ (実線), 200 (点線), 400 (一点鎖線) を重ね書きしている. (b) 3段階モデルで $t = 0$ で $S = 100 \to 200$ に, $t = 40$ で $S = 200 \to 400$ に変えたときの結果. $S \to X_0$ の時定数を τ_0, $X_0 \to X_1$ の時定数を τ_1, $X_1 \to X_2$ の時定数を τ_2 とした. $\tau_0 = 2$, $\tau_1 = 1$, $\tau_2 = 1$ (中に拡大図を挿入). [Inoue and Kaneko 2011] に基づく (井上雅世氏のご厚意による).

の絶対値によらない, という性質である. つまり X_0 は比率の変化を検出する. こうした応答はもともと心理学でみいだされウェーバー–フェヒナー法則として知られているものである. たとえばわれわれが明るさを感じるときは, 絶対値ではなくてもとの明るさとの比率で感じる：暗い部屋で明かりが点いたとき眩しいけれど, 明るい部屋で同じだけ加算的に明るくなってもさして感じない.

今のモデル (5.5) での, この応答の例を図 5.2(a) に示した. 理論的には, これは断熱極限 ($\tau \gg 1$) を考えると理解しやすい. この場合, x_0 が S の変化にさっと応答する間, x_1 は変化せずにもとの $S = S_0$ のときの値にとどまっている. そこで x_1 を固定したままで x_0 が変化しなくなる値を求める. $(dx_0/dt)_{x_0 = x_0^{\text{peak}}} = 0$ を $x_1 = S_0 - 1$ に固定したまま解けばよいので. ピークでの値は $x_0^{\text{peak}} = p$ となり, これは比率 p だけに依存して S_0 には依存しない. いいかえると, 応答は入力変化の対数でみるのが適している. 今の場合, これは, 触媒反応のように掛け算で生じる現象に由来しており, この点は第 2, 3 章で議論した遺伝子発現変化やゆらぎの対数正規分布と共通している.

なお, このモデルではもとに戻るまでの時間は τ で与えられていて S にはよらないのに対し, ピークが生じる時間のほうは $1/S$ に比例していて S とともに早くなる. これに対して, 応答時間を含め応答の時間コース自体も S の絶対値でなく S の変化の比率のみに依存するという, より強い比率検出が倍変化検

出 (fold change detection) として近年細胞の応答でみいだされ，そのモデル
も議論されている [Shoval *et al.* 2010]．この例については次節でふれよう．

なお，このウェーバー–フェヒナー法則の応答は，触媒反応を直列や並列につ
ないだ場合でも，τ が大きいなどの適度な条件下で成立する．この場合，振動し
ながら緩和する場合もある．たとえば上の例を 3 段階で，$S \rightarrow X_0$, $X_0 \rightarrow X_1$,
$X_1 \rightarrow X_2$ とつなぎ，X_2 がその反応を触媒しているとすると，S を増す（減ら
す）と，X_0 は増加（減少）の後，もとに戻る．この場合，反応のレート（時定
数）によっては減衰振動しながらもとに戻る場合もある．その場合でも，応答
のピークは比率のみに依存している（図 5.2(b)）．

5.3　適応のミクロ大自由度モデル (B)

5.3.1　触媒反応ネットワークモデルでの適応

先の章では少数成分からなる触媒反応系で比率を検出する形の適応が容易に
生じることをみた．それでは，多成分の触媒反応を通して成長する理想細胞モ
デルでも，このような応答は現れるだろうか．そのために，[生命本] そして本書
第 2 章で議論されてきた触媒反応ネットワークモデル [Furusawa and Kaneko
2003a] をすこし変更したものを用いる [Furusawa and Kaneko 2012b]．

簡単に振り返ると，すでに議論した触媒化学反応のダイナミクスの集合体とし
ての細胞モデルは以下の構成になっている．触媒成分の間で $x_i + x_j \rightarrow x_\ell + x_j$
（x_i は i 番目の種類の分子·）といった形の触媒反応のネットワークがあり，さ
らに外部環境には栄養成分が一定濃度で存在するとして，それらは膜を透過し
て，「細胞」内にはいってくるとする．この「細胞」は環境から栄養分子を取り
込み，それを細胞内の触媒反応ネットワークによって他の分子に変換していく
ので，この反応がうまく進行すれば，結果として細胞内の総分子数は増加して
いく．この総分子数が大きくなると不安定になって分裂し，およそ半分ずつの
娘細胞が形成される．第 2 章でふれたように，この「理想細胞モデル」は，栄
養流入速度のある値で細胞成長が最大になり，それ以上に流入速度を増すと細
胞成長は続かなくなる．流入速度が成長速度を最適にするあたりで，だいたい
同じ組成をもった「細胞」が定常的に複製される．そこでは各成分量を多い順

に並べてみると，成分量が順位の −1 乗で落ちていくという関係（ジップ則）が
みいだされた．こうした「べき乗」関係は統計物理では臨界状態（転移が起こる
ところ）でみられる．一方で，細胞内の多種類のタンパク質の量を多い順に並
べてみると，実際の細胞でもこの法則は成り立っている（[生命本] 第 6 章参照）．

　さて，この系では，栄養流入速度を適度な値に選ぶことで，成長を最適化し，
かつほぼ同じ組成の細胞がつくられていた．流入が速すぎると，各触媒をつく
るのに必要なそれぞれの触媒をつくるのが間に合わなくなり，成長ができなく
なるからである．一方，第 1–2 章で述べたように，生命システムの特徴はマク
ロとミクロの整合性のとれた状態を自律的に形成する点にある．そこで，最低
限の変更をこのモデルに加える．栄養成分の流入を単なる外部からの拡散では
なくて，能動的な輸送とする．実際，細胞は膜にあるチャネルを通しエネルギー
を使って，外から成分を取り込んでいる．これにはいくつかの成分が関係して
いるが，単純化して，栄養成分 i の取り込みはそれに対応する輸送体成分 $m(i)$
が担い，その取り込み速度はその濃度 $x(m(i))$ とともに増加するとしよう．具
体的には外部の栄養成分の濃度を S として，取り込み量を $x(m(i))^\alpha S$ とする
（たとえば $\alpha = 2$）．

　この簡単なモデルでは栄養取り込み速度 F_0 と細胞成長速度は比例する．そこ
で図 5.3 に F_0 が外部栄養濃度 S とともにどのように変化するかを示した．こ
れをみると S が小さいときは増加するけれど，ある程度以上になるとほぼ一定
の成長速度を保つ．一方で先述のように，栄養取り込みが単なる拡散の場合は，
S を増加させていくと，およそ，この最大成長速度に到達したあと，成長できな
くなっていた．つまり，輸送体の導入により，最適成長速度が維持されている．
これは，取り込みが輸送体によるので，栄養成分が過剰になることが防がれるか
らである．外部の S が多くなって取り込み量が多くなり，内部で栄養成分濃度
が高まると，相対的に輸送体の濃度が減少し，取り込み量が減少し，栄養成分の
濃度は減少する．結果として負のフィードバックが働き，栄養成分の濃度はある
レベルに保たれる．このレベルは，それ以上になると栄養成分が過剰になって
しまうところなので，ちょうど成分量と順位の関係がべき分布になる，臨界点の
あたりになる．すでに議論されたように，実際の細胞でも，各 mRNA の量はお
よそ順位の −1 乗のベキ分布にのっていて，この結果と合致している（図 5.4）．

　ここで，こうした各成分の定常状態に到達した後，外部の栄養濃度を変化（た
とえば上昇）させたとしよう．すると，細胞内の栄養成分はまず上昇し，その

124　　第 5 章　細胞のホメオスタシス

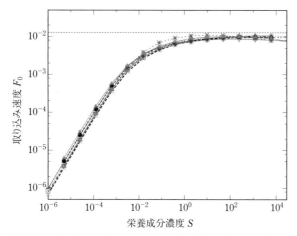

図 5.3 栄養取り込み量 F_0（今のモデルでは細胞成長速度に一致）を外部栄養の濃度の関数としてプロット．一方で，能動輸送でなく単に拡散で栄養がはいってくるこれまでのモデルで臨界状態になって成長から非成長へと転移するときの栄養流入量はこの図の F_0 が 1.1×10^{-2} のあたりであり，参考のためにその値を水平な点線でプロットした．外部栄養濃度によらずに，その手前あたりで流入量は保たれる．成分数は 10^4 で，各成分から 2.5%の割合の反応パスをもつ異なるネットワークの結果を重ね書き．$\alpha = 2$．[Furusawa and Kaneko 2012b] に基づく（古澤力氏のご厚意による）．

後，輸送体成分のフィードバックによりもとの濃度に戻る．そこで，成長速度と栄養濃度は，完全適応を示す．図5.5 に外部の栄養濃度を S_0 から S_0' に変えたときの成長速度の変化をプロットした．いったん増加したあと，もとに戻っている．

このとき，輸送体の濃度はもとの値から減少するので完全適応するわけではない．ただし，最初に大きく減少したあと，そこからは上昇するので部分適応を示す．ほかの成分がどう変わったかをみるために，最初 (O) の環境から新しい環境（外部栄養濃度）においたときに各成分の濃度 $x(i)$ が途中での応答濃度 (R) を経て最後の定常状態 (S) にどうなるかを求め，対数変化 $(\log(x^R(i)/x^O(i)), \log(x^S(i)/x^O(i)))$ を図5.1と同様にプロットした（図5.6）．これをみると，ほぼすべての成分が部分適応をし，しかもその度合いはほぼ共通（およそ 2/3 程度）である．興味深いことに，この結果は，細胞の遺伝子発現での結果の図5.1 とよく合致している．大自由度の共通した部分適応は，多くの

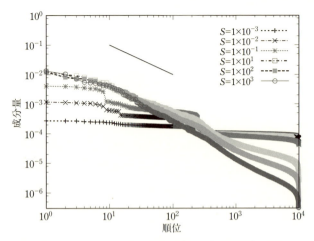

図 5.4 図5.3のシミュレーション結果に対応して各成分を多い順に並べ，順位と量を両対数プロットした．異なる外部栄養量 S (10^{-3} から 10^3 まで) の結果を重ね書き．S が多くて，臨界状態近くになるとおよそ量 $\propto$ 順位$^{-1}$ に漸近する．実線は -1 乗を参考のためにのせた．[Furusawa and Kaneko 2012b] に基づく（古澤力氏のご厚意による）．

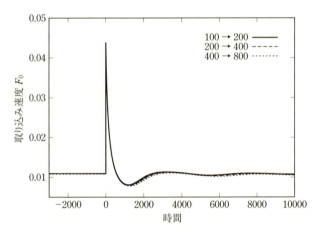

図 5.5 外部濃度を 100 から 200, 200 から 400, 400 から 800 というように2倍に変えたときの栄養取り込み量 F_0 の時間変化．いずれも同じ時間変化をたどる．[Furusawa and Kaneko 2012b] に基づく（古澤力氏のご厚意による）．

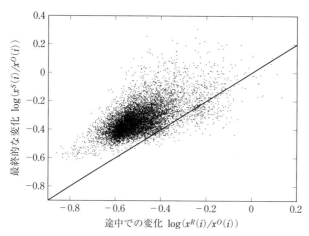

図 5.6 外部栄養を 100 から 200 に変えたときの各成分の短時間応答と最終的な変化．$((\log(x^R(i)/x^O(i)), \log(x^S(i)/x^O(i))))$ を全成分にわたってプロット．ここで $x^O(i)$ は栄養を変える以前の各成分 i の定常濃度，$x^R(i)$ は栄養を変えたあとの 1500 時間ユニット（図 5.5 参照）での濃度，$x^S(i)$ は栄養変化後十分時間がたって定常に戻ったあとの濃度．参考のために傾き 1 の線をのせた．シミュレーション結果の傾きは 0.7 程度である．[Furusawa and Kaneko 2012b] に基づく（古澤力氏のご厚意による）．

成分が互いに関係し合って定常的に成長できる系の普遍的性質とも考えられる．

ここでみたように，応答は対数比でみると共通の性質が現れてくる．これは，もともとは，触媒反応の掛け算的性質に由来するものである．すると，外部の濃度変化に対しても対数的性質，つまり倍変化検出型の応答がみられるだろうか．先の図 5.5 には，外部の栄養の初期濃度 S_0 を 100, 200, 400 のそれぞれに対して，$S_0' = 2S_0$ に変えたときの成長速度の変化を重ね書きしてある．それらが同じ時間変化を示している．倍率がもっと高ければ途中のピークはもっと高くなる．つまり，応答はもとの濃度には関係なく，外界の濃度を何倍に変えたかだけに依存（何倍かだけを判定）していることになる．このように，先に議論した倍数応答性がこの系でもなりたっている．

まとめると，この触媒反応ネットワーク＋能動的栄養取り込みの「理想細胞モデル」は，(1) 外部条件によらずに，成分量がべき分布をなす状態（物理でいう臨界状態）への適応を示す，(2) 成長速度は最適状態に向かって倍変化検出型の完全適応を示す，(3) 多くの成分にわたってほぼ共通の部分適応を示す），

(4) さらに分子数がそれほど多くないことを考慮して反応が確率的に起こるモデルを調べると成分ゆらぎはほぼ対数正規分布をみたす．以上は現在の細胞でも普遍的にみられる性質である．

このような多くの成分での適応から，前節でみたような少数自由度での記述を抽出できるだろうか．このようなマクロ自由度での記述は統計力学の基本テーマであり，その考えを生命システムに拡張することは普遍生物学の理論の重要課題である．それはここですぐ答えられるものではない．ただし，今のモデルに対しては統計力学の平均場近似を模倣した計算により，上記の性質をある程度導くことができる．ただ数理的に詳細な話であり，必ずしも本質的でないので本章末の付録で述べるにとどめる．

5.3.2 遺伝子制御ネットワークにおける適応

第4章では遺伝子発現変化をその制御ネットワークを導入して考えた．遺伝子発現過程をみても適応は生じており，実際このような遺伝子制御ネットワークのモデルでもそれを説明できる．まず，図5.7のような，正（活性化）のパスと負（抑制）の組み合わせからなる3遺伝子のネットワークを考えよう．ここで，遺伝子1から3へのパスと1から2, 2から3のパスという一方向の制御からなるネットワークに注目する．これは上流1から下流への一方向に情報が流れていくのでフィードフォワード・ネットワーク (feedforward network) とよばれる．制御パスは正（活性化）と負（抑制）があるので都合2^3の場合がある．ここで1から2を経由して3に至るパスが正と負からなれば1の影響は3には抑制（負の影響）として伝わり，もし正×正ないし負×負からなれば活性化（正の影響）として伝わる．一方で1から3の直接パスの影響にも正か負の場合がある．そこで直接パスと2を経由した間接パスの符号が同じ（コヒーレント）の場合（図5.7の左半分）と逆（インコヒーレント）の場合（右半分）がある．

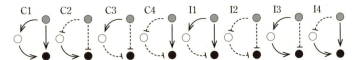

図 5.7 1入力と1出力をもつ3遺伝子フィードフォワード・ネットワーク．左4つは直接と間接のパスが同符号のコヒーレントなネットワーク，右4つは異符号のインコヒーレントなネットワーク．右は適応的ふるまいを示す．[Inoue and Kaneko 2013] に基づく（井上雅世氏のご厚意による）．

ここで，逆符号の場合を用いると上流の遺伝子1に入力が加わったときに，下流の出力遺伝子3の発現に適応的変化を生じさせられる．たとえば図のI1（ないしI4）をとりあげてみよう．各パスに同程度の時間がかかるとすれば最後の遺伝子の発現にかかる時間は右の直接的な正の応答では短く左の正－負の応答では長いであろう．すると，入力がはいるとまず正のパスで発現が上がり，その後，負のパスの影響がはいってきて，これを打ち消してもとに戻っていくであろう．この正負のパスの影響が最終的につりあえば（あるいは発現のためのしきい値を超えないようになれば），出力遺伝子の発現は完全に戻って完全適応を示し，一方でそれが不十分であれば部分適応となる．同様にしてI3（ないしI2）の場合では直接のパスが負の制御で，一方で2段階の側は正のパスである．この場合，いったん発現が下がって後にもとに戻るような発現過程になるだろう．こうした3遺伝子制御系は適応過程のネットワーク・モチーフとして，広く研究されている [Alon 2006; Li et $al.$ 2004]．

　なお，このフィードフォワード・ネットワークは5.1節の簡単な例と対応させて考えることもできる．最下流にある末端遺伝子の発現は直接パスによる過渡的変化を起こし，その後間接パスの影響でもとに戻る．この間接パスを担う中間の遺伝子発現は末端遺伝子の最初の変化をキャンセルし入力変化をバッファーする役割を担っている．

　では，実際の細胞の遺伝子発現は，このような少数の成分でのネットワーク・モチーフであらわされるのであろうか．図5.1でみたように，外界の環境条件を変えると，多くの成分が適応的応答を示す．1つのモチーフが1つの外界入力に対応しているというよりも，多くの成分が絡み合って集団として適応をしているようにみえる．一方で多数の遺伝子が互いに制御し合っている遺伝子ネットワーク系を適当につくったら，このように多数の遺伝子発現が適応するということは滅多に生じない．

　そこで出力遺伝子と入力遺伝子を定めて，多数の遺伝子からなる制御ネットワークモデルをこの1つの出力遺伝子が適応現象を示すように進化させてみた（[Inoue and Kaneko 2013] 参照）．具体的には N 個の遺伝子が互いに活性化，抑制をしているネットワークを考える．遺伝子 j から i への結合を J_{ij} としてそれが正なら活性化，負なら抑制，結合がなければ0とし，一方で一部の遺伝子には発現を活性化する外部入力がはいっているとする．このモデルでは各遺伝子の発現，つまり，対応するタンパク質の生成は，その相互制御の結果で起

こり，一方で，ある割合で分解される（遺伝子制御ネットワークモデルについては本章の付録を参照）．

この N 個の遺伝子から出力を与える遺伝子を決めておく．この遺伝子は最初は発現していない，つまりそのタンパク質はつくられていないとし，入力の結果でこの出力遺伝子の発現は変化するとしよう．そこで，この途中での発現レベルの最大値を M とし，最後に落ち着く値を $R(\geq 0)$ とする．この M が大きいほど途中で強く応答し，R が 0 に近いほど，応答後にもとに戻っている．そこで，遺伝子制御ネットワーク J_{ij} に変異を与えて，応答 $(M-R)$ が大きいネットワークを選んでいく．これにより応答が大きい遺伝子制御ネットワークが進化させられる．

この場合，入出力以外の遺伝子にはとくに制限を課していないので，図 5.7 のような 3 遺伝子でのネットワークによる適応過程が生じるのであれば，多くの遺伝子は適応的にふるまわず，単調変化か無変化でもよいはずである．ところが遺伝子数 N が多い場合，多くの遺伝子の発現レベルはいったん上がって下がる，ないしは下がって上がる．つまり過渡的な応答のあとでもとのレベルに戻る傾向がある（図 5.8）．つまり図 5.1 でみた実験結果のような傾向がみら

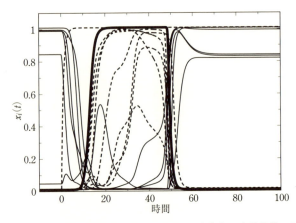

図 **5.8** 各遺伝子発現の時間変化．入力がはいったあと，定常状態になるまでの時系列．十分進化したあとのネットワークを用いているのでターゲット遺伝子は適応的ふるまいを示す（太線）．しかし，それ以外の多くの遺伝子も発現が上がって（下がって）もとに戻る傾向がある．[Inoue and Kaneko 2013] に基づく（井上雅世氏のご厚意による）．

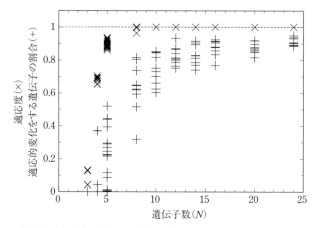

図 5.9 適応的変化をする遺伝子の割合(+)とターゲット遺伝子の適応度 ($M-R$) (×)．遺伝子数 N の関数としてプロット．$N \leq 5$ ではすべてのネットワークを調べあげて適応度の高いもののみを選びプロットした．$N \geq 8$ では，進化シミュレーションを 10 サンプルに対しておこない，十分 (30000 世代) たった後での値をプロットした．くわしくは [Inoue and Kaneko 2013] 参照 (井上雅世氏のご厚意による)．

れる．そこで，出力遺伝子の適応度 ($M - R$) が上昇したネットワークをとりあげて，応答した後に（完全でなくても）もとに戻る方向に向かう発現変化をする遺伝子の割合を調べてみた．この「適応的」ふるまいを示す割合をネットワークの遺伝子数 N に対してプロットしたものが図 5.9 である．これをみると，N が 5–10 で適応的ふるまいをする遺伝子の割合は増加していき，10 以上になるとほとんどの遺伝子が応答後，もとに戻る方向に変化する，部分適応のふるまいを示す．

次に，このとき，その中の 3 遺伝子の部分ネットワークをとりだし，そのフィードフォワード・ネットワークが図 5.7 のどのタイプのネットワーク・モチーフであるかを調べ，それぞれのモチーフの頻度を求めてみた (図 5.10)．ここで，もし 3 遺伝子で調べた簡単な適応の仕組みが採用されているのであれば，図 5.7 のうち符号が異なる形 (I 型)，とくに I1 と I3 の構造をもっているはずである．調べてみると，たしかに $N = 3$ ではその型が圧倒的であり，$N = 4$ でもまだそれらのモチーフは多く存在している．ところが，N が大きくなるとそのような + − 符号のネットワークは減って逆に同符号のネットワークの度合

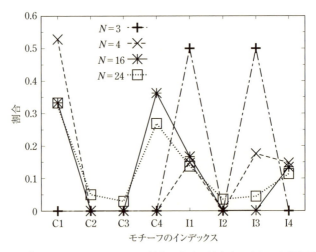

図 5.10　各ネットワークモチーフの割合．十分に適応度が上がった遺伝子制御ネットワークをとり，そのネットワーク中の3遺伝子のフィードフォワード・ネットワークモチーフをとりだし，それが図 5.7 のどのタイプに属するかを調べ，それぞれの割合を求めた．図 5.9 のように $(M-R)$ が高いネットワークのサンプルにわたって，それぞれのモチーフの頻度を求めた．$N = 3, 4, 16, 24$．[Inoue and Kaneko 2013] に基づく（井上雅世氏のご厚意による）．

い，図 5.7 の C1, C4 の割合が増していく．これらのネットワーク・モチーフでは上流から下流へどちらのパスでも正の影響が伝わるので，他の遺伝子の応答と同調したふるまいを示す．いいかえると，他の遺伝子が適応応答をするので自分も適応応答をするという，多くの遺伝子が協同した，集団と個々の遺伝子が互いに整合した応答を示す．みなが適応的ふるまいを示すので自分も適応的ふるまいを示し，それがまた他に影響するので他も適応的ふるまいを示すという，自己整合的なふるまいである．そして，これはまさに実験でみいだされた，多くの遺伝子の適応応答と対応している．

以上，本節では，触媒反応ネットワークと遺伝子制御ネットワークを用いて多数の成分による協同的な適応をみいだした．これらは，単純なネットワーク・モチーフで容易につくられる適応とは性質を異にしている．つまり大自由度（多数遺伝子）の系では，多数の成分が適応することで，集団としてマクロ−ミクロで整合した適応という，大自由度系固有の適応過程が実現している．

5.4 生物時計のホメオスタシス (D)

5.4.1 周期の頑健性（ロバストネス）

ここまでみてきた適応には，たくさんの変数が絡んでいるにせよ，広い意味でのフィードバック過程が存在していた．ここで外界変化の応答は直接的で速く進行し，それがシステム全体に影響してそこから戻ってくるので，フィードバックはより遅い過程である．このように速い応答と遅い適応という，異なる時間スケールが存在している．本節ではこの時間スケールと適応の関係を生物リズムに関して議論する．

第3章でも述べたように，生体内の化学反応は高い活性化エネルギーを要し，その反応の進行に酵素を必要とする．平衡状態自体は酵素によらないけれども，システムが平衡状態に落ちていない限り，反応の進行速度は酵素の濃度に依存して大きく変わる．ここで酵素量は細胞内で自律的に制御されるので，酵素量の調節により，生物内部の時間スケール，たとえば適応の時間スケールや生体リズムの周期を変更させることが可能になろう．そこで本節では，「時間」を陽に含む適応現象として生物の概日時計をとりあげよう．概日時計とは，生物が示すおよそ24時間程度の周期のリズムである．われわれの体内時計はその典型的な例であるが，それに限らず，たとえば微生物でもしばしば細胞内の遺伝子発現や活性が約24時間で振動する．光合成をおこなうシアノバクテリアもその例である．さらにはこのシアノバクテリアから抽出した，Kaiタンパク質A, B, C（およびATP）を試験管に入れると，このリン酸化レベルが約24時間の周期で振動することが近藤らによりみいだされた [Nakajima *et al.* 2005]．

ここで，驚くべきことに，この振動の周期は温度を変えてもほぼ一定であった．化学反応のスピードは，その活性化エネルギーを ΔE とすれば $\exp(-\Delta E/(k_B T))$ の形で温度 T とともに増加するはずなので，この「温度補償性」は謎である．実際，このように概日時計の周期が温度によらない，というのはあらゆる生物で一般的にみられ，複雑な遺伝子発現制御による精巧な仕組みが探究されてきた．しかし，この試験管内の実験では3種類のタンパク質（KaiBは補助的役割しかしていないので，実質は2種）とエネルギー源のATPしかはいっていないので，そのような精巧な仕組みなしでも温度補償性がなりたつ可

能性が示唆される.

　これに対して，畠山らは第 3 章でも議論した反応進行速度の酵素量依存性に着目して，酵素競合律速 (enzyme-limited competition) という時間スケール制御の一般的メカニズムをみいだし，生物時計の恒常性および細胞内の長期的な記憶を扱う原理を提唱している [Hatakeyama and Kaneko 2012]．具体的には，反応に必要な酵素を，多数の基質が取り合う状況を考える．このとき，酵素が基質と結合している間は，その酵素は他では使えない．すると遊離した酵素量が減らされる．このように基質の濃度に依存して遊離酵素量が変化するので，結果，生体内の時間スケールが自律的に調整される.

　この考え方の適用例として，Kai タンパク質のリン酸化レベルの概日振動をとりあげてみよう．ここで，KaiC タンパク質はサブユニット 6 個からなる 6 量体であり，それぞれにリン酸基があるので 6 段階のリン酸化過程[2]がある．今の概日リズムの場合，このリン酸化の度合い（の分子にわたる平均）が 24 時間振動をする．この実験をふまえて，KaiC タンパク質の反応特性を考慮したモデルが導入されている [van Zon *et al.* 2007]．このモデルでは KaiC タンパク質は 0 から 6 までのリン酸化レベルをもち，さらに活性，不活性の状態をもつ．活性化状態では，酵素 (KaiA) を用いてリン酸基がタンパク質に 1 つずつ付加されていき，リン酸化が進んでいく．6 段階までリン酸化されると，不活性型になり，順次（酵素の助けなしで）リン酸基が外れて脱リン酸化し，そしてリン酸化レベルが 0 になると，今度は活性化する．こうして図 5.11 のようにタンパク質の活性・不活性とリン酸化の状態が順々に変化していって 1 周する．この過程を力学系であらわし，そのシミュレーションをおこなうと，実験の通り，リン酸化レベルの振動が生じる.

　畠山らはこのモデルをふまえ，ただし各リン酸化のステップに酵素 KaiA が必要であることに注目した．ここで，この酵素が基質（KaiC の各サブユニット）と結合している間は，他のタンパク質とは結合できない．つまり複合体を形成している酵素の割合が増えると，そのぶん，遊離した，自由に使える酵素量は減る．この酵素の「とりあい効果」を考慮し，そのモデルのシミュレーションをおこなった.

---

　2)　生体内でもっともよく起こるタンパク質の翻訳後修飾の 1 つで，リン酸基が付加されることで，タンパク質の状態が変化する.

134　　第 5 章　細胞のホメオスタシス

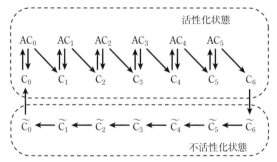

図 **5.11** Kai のリン酸化の模式図．[Hatakeyama and Kaneko 2012] に基づく（畠山哲央氏のご厚意による）．

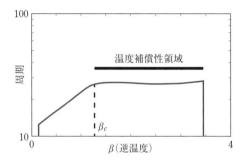

図 **5.12** 図 5.11 で示した Kai のリン酸化反応モデルが示すリン酸化レベルの周期的振動を示す．この周期の温度依存性をプロットした．$\beta = 1/(k_B T)$．[Hatakeyama and Kaneko 2012] に基づく（畠山哲央氏のご厚意による）．

温度依存性に注目するために，この系では，それぞれのステップの反応のレートは活性と不活性化状態のエネルギー差を ΔE として $\exp(-\Delta E/(kT))$ で与えられ，温度 T を高くすると基礎的な反応速度は上がることに留意しよう．ところが，シミュレーションの結果では，図 5.12 のグラフにあるように，リズムの周期はほぼ変化しない．周期の温度に対する頑健性が実現している．

では，この「温度補償性」はいかにして実現しているのであろうか．ここで重要になるのが，反応速度は基質と結合していない，「使用できる」酵素の量によるという点である．リン酸化を進めていくそれぞれの反応はみな同じ酵素を使っている．温度が高くなり，活性型のタンパク質の量が増すと，そのぶん，タンパク質に結合した酵素の割合が増える．そこで遊離した，自由に使える酵素の量が減ってしまう．さらにリン酸化の各段階で酵素との結合しやすさ（ア

フィニティ（化学親和力））は異なるのでリン酸化の段階に応じて利用できる酵素量は異なっていることに注意しよう.

ここで活性と不活性化状態のエネルギー差を ΔE とすると活性化状態の分子の割合（図5.11の C と $\tilde{C}$ の比）は $\exp(-\Delta E/(k_B T))$ で変化する. 活性化状態のタンパク質は酵素と結合するので，そのぶん遊離した酵素が減る. そこで温度を上げると，酵素と結合する活性化状態の分子の割合が $\exp(-\Delta E/(k_B T))$ で増加する. この結果，もし全酵素量が十二分に供給されていなければ，遊離した酵素量はほぼ $\exp(\Delta E/(k_B T))$ で減少する. 個々の反応レート自体が $\exp(-\Delta E/(k_B T))$ で増すことに注意すれば，遊離酵素量の減少がちょうど反応レートの増加を打ち消すことになる. この結果，周期が温度によらない振動が実現する（くわしい導出は [Hatakeyama and Kaneko 2012] 参照）.

結果をまとめると，温度が上がると反応の間での酵素のとりあいが激しくなり，その結果，遊離した酵素量が不足し，その減少が反応レートの増加を打ち消し，周期の頑健性が実現する.

今の場合，温度補償の仕組みが成り立つには，活性化状態と不活性化状態があり，その分子に数段階の修飾反応（今の場合はリン酸化）があり，その段階で結合のアフィニティ（化学親和力）が異なること，それらの反応が酵素を取り合うこと，そして全体の酵素量があまり多くないことが条件である. 実際，細胞内で重要なタンパク質はいくつかのユニットからなる多量体であることが多く，こうした分子はこの性質をみたす. さらに，酵素 KaiA の量が多くなりすぎると温度補償性が悪くなることが実験で示唆されていて，これは上記の酵素競合律速の描像と合っている.

また，この仕組みは，温度補償に限らず，外部の栄養濃度など反応速度に影響を与えるその他の環境の変化に対しても成り立つ. 実際 ATP 濃度を変える外部培地条件の変化に対しても周期が変わらないという栄養補償性が温度補償性と同一のメカニズムで実現されることが示されている [Hatakeyama and Kaneko 2014b].

一連の化学反応の各ステップで同じ酵素が用いられるのであれば，酵素競合律速は外部環境変化への頑健な適応をもたらす一般的メカニズムとなるだろう. この際，外部変化が生じると，まず，それにより直接的に反応速度の変化が生じる. これにより状態の過渡的変化が生じる. 反応活性性が増すような変化であれば，使える遊離酵素量が減るので，反応速度が下げられ，活動性が減少す

る（逆も同様）．結果として外部変化が補償される．このような，酵素量をバッファーとした時間スケール調節は生体機能の安定性の一般原理として働くと考えられる．

5.4.2 周期の頑健性と位相の可塑性の間の互恵関係

この場合，温度が上がるといったんは反応速度が速くなり，そのあとで遊離酵素量が減って速度はもとに戻る．つまり，外部条件を変えると，過渡的には振動速度が変化し，その後それを打ち消すべく遊離酵素量変化が生じる．前者は過渡的変化であり，後者の変化はその外部条件が保たれている限り持続する．つまり，遊離酵素量という変数が環境変化をバッファーすることで周期という別な変数がもとに戻る．これはまさに本章第 1, 2 節の適応である．このように，生体リズムの恒常性の背後には，「変化すること」が内在している．

ここで温度を上げると，いったんは振動速度が速くなるので，その段階で振動の位相はもとより速く進むことになる．そこで，周期の頑健性を実現するのと引き換えに位相は変化しやすく（可塑的に）なっていると予想される．そこで，今のモデルで外部の温度変化を 24 時間周期で変化させてみる．ここで，初期にはこの外部の温度振動と生物時計の示すリン酸化度の振動はその位相がずれていてよく，その差は時計側の初期条件ごとに任意である．ところがこの外部温度変化を続けていくと，時間が経つにつれ両者の位相は一致してきて外部リズムと内的時計の位相は一致する．この引き込みは，上記の理論モデルでも実際の実験 [Yoshida *et al.* 2009] でも生じる（われわれの体内時計の例でいえば，海外に行って数日経てば時差ボケが解消することに対応している）．

つまり，外部温度変化に対して周期 T は恒常性をもつのに対して[3]，位相 ϕ のほうは変化しやすい．この周期の恒常性と位相の可塑性の関係をさまざまな生物時計のモデルで調べてみた [Hatakeyama and Kaneko 2015]．

そのために，周期の頑健性が完全とは限らず，外部で温度変化を与えたときに周期が ΔT だけずれる場合を考える．ここで上の例のように補償性が完全であれば $\Delta T = 0$ である．ただし上記のモデルでもパラメタの値によっては，補償は完全でなくなる．たとえば活性化エネルギー ΔE を小さくする，全酵素量を多くするなどのパラメタ変化によって温度補償性は完全でなくなり，温度を

---

3) 本項では T は温度でなく周期をあらわすことに注意されたい．

変えたときの周期の変化 ΔT は増加する．その一方，外部で温度変化を与えたときの，概日リズムの位相の変化度合いを $\Delta\phi$ としよう[4]．するとモデルのパラメタを変えていくと ΔT と $\Delta\phi$ の間に

$$a\frac{\Delta T}{T} + \Delta\phi = \text{定数} \tag{5.6}$$

の関係がみいだされた（図 5.13）（ここで a は正の定数）．つまり温度補償性がよりよくなる（ΔT が 0 に近づく）と位相変化 $\Delta\phi$ は大きくなり，補償性が悪くなると位相変化の度合いは小さくなる．この周期の頑健性と位相の可塑性の互恵関係は概日時計の他のモデルでも成り立つことが確認されている（詳細は [Hatakeyama and Kaneko 2015] 参照）．

この互恵関係は 5.3 節で議論したフィードフォワード・ネットワークによる適応として理解できる（図 5.14(a)）．変化のバッファーとなる遊離酵素量が大きく変化すれば，周期の変化は打ち消される．その変化の間には振動の位相は大きく変動する．そこで，振動周期の適応と引き換えに位相は変化しやすくなる．周期の頑健性と位相の可塑性の互恵関係である．

この関係を理解するために，バッファー濃度を横軸に，それ以外の環境変化に依存しない分子の濃度を縦軸にとって考えてみよう．もとの振動の軌道は図 5.14(b) のようにその 2 次元の中の閉軌道として描かれる．一般に環境が変化すると軌道は変化する．ここで，環境を変えても周期が変化しない場合，変化はバッファー成分に吸収されているので，バッファー成分の変化は大きく，それゆえ振動の振幅も変化する．このときの変化を Δx^* としよう．一方で周期の頑健性が十分でなければ，その軌道はもとの軌道と上記の完全適応軌道の中間に存在しているであろう．この場合のもとの軌道とのズレを Δx としよう．すると周期の変化量は Δx が Δx^* に近づけばより小さくなり，一致したところで 0 になるはずである．変化がそれほど大きくないとして線形近似[5]をすれば，周期の変化は $\Delta x^* - \Delta x$ に比例する．

一方で，もとの軌道からのずれが生じれば，それに応じて位相も変化させら

---

4) 大雑把にいえば外部から温度を周期的に変動させたときに，それにより時計の位相がどれだけ変化するかの度合いであり，精密には位相応答曲線から定義される [Hatakeyama and Kaneko 2015]．

5) 式 (5.6) でもみられるように線形関係はかなりよくなりたっている．第 2 章や第 9 章にみられるように進化により頑健性を獲得した生命システムでは線形関係がなりたつ領域が広がっている．上記の結果もそれと関連しているかもしれない．

138 第 5 章 細胞のホメオスタシス

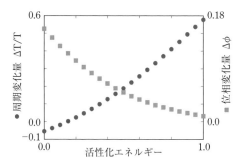

図 5.13 周期の頑健性と位相の可塑性の間の互恵性．5.4.1 項の Kai リン酸化振動モデルで周期が温度とともにどれだけ変わるか，そして位相の可塑性を活性化エネルギー ΔE の関数としてプロット．計算手法の詳細は [Hatakeyama and Kaneko 2015] 参照（畠山哲央氏のご厚意による）．

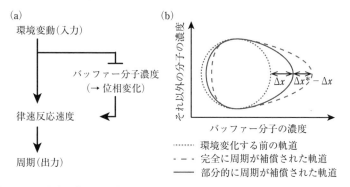

図 5.14 環境変化による振動軌道の変化とバッファー分子濃度の変化，それに基づく周期の頑健性と位相の可塑性の関係の説明（畠山哲央氏のご厚意による）．

れる．ここでふたたび線形近似をすれば位相の変化は Δx に比例するとしてよいだろう．この Δx はシステムの頑健性の度合いをあらわすパラメタに依存する[6]．そこで上の 2 つの比例関係から Δx を消去すれば $a(\Delta T/T) + \Delta\phi$ が Δx^* だけであらわせる．x^* は完全な補償性をなりたたせた状態の変数（濃度）なので，Δx^* は外部パラメタに依存はしない．そこで式 (5.6) の互恵関係が得られる．また，この考察から周期の頑健性と位相の可塑性の間の関係式 (5.6)

---

[6] 先の KaiC タンパク質のモデルではその活性化エネルギー ΔE が小さくなってくると周期の温度補償性は悪くなってくるので，この活性化エネルギーがそのパラメタに対応している．

は振動や適応の具体的なメカニズムによらずに，適応メカニズムを含むリズム（リミットサイクル）では普遍的になりたつと予想される．実際，異なるモデルでもこの関係は確認されている [Hatakeyama and Kaneko 2015, 2017]．

ここで注目すべきは，生物において重要な頑健性と可塑性という，一方は変わりにくさ，他方は変わりやすさ，という一見相反する関係が，周期と位相という異なる変数にそれぞれに割り振られたことで，頑健性が増すほど可塑性が増すという互恵的関係が得られた点である．こうした変わりやすさと変わりにくさの両立は幹細胞の変わりやすさと細胞集団の安定性（第 7 章），進化での変わりやすい形質と適応度の安定性（第 9 章）といった形で階層をつなぐ性質としてもみられる．

なお，Kai タンパク質のモデルで，各タンパク質分子がリン酸化レベルの時間振動を示しているときに，その分子集団がマクロな生物時計を示すにはそれぞれの振動が引き込んでいることが要請される．それぞれの位相がばらばらであったら平均すると振動が消えてしまうからである．ミクロな各時計が引き込めば，そろったマクロな振動が生じる．つまり，位相が引き込みやすいことは集団として機能できる，頑健な生物時計をつくるのに必要である．この観点からは周期の頑健性は時計が集団的引き込みやすさをもつことの帰結，いいかえれば，時計のマクロ−ミクロ整合性の帰結とも考えられる．

5.5 整合性の破れと適応の適応 (F)

適応はもとの状態がミクロ−マクロ，異なる時間スケールで整合している要請から生じていると考えられる．では適応が破れるのはどういうケースであろうか．新しい状態に慣れすぎてもとの状態の整合性が失われ，もとに戻らなくなる場合と考えられる．逆にいえば，細胞の適応過程自体が適応してしまい働かくなり，結果新しい環境条件をデフォルトの条件として記憶しなおされたと考えられる．このように考えると，記憶は，「適応過程が適応して戻らなくなった状態」という見方もできる．その見方での理論構築は今後の問題であるが，いずれにせよ記憶と時間の問題は重要なので次章で議論しよう．

5.6 まとめ——本章で議論された普遍的な性質と法則

- 環境変化に対し，多くの状態変数（たとえば遺伝子発現レベル）は応答した後，もとへと戻る傾向がある（完全に戻れば完全適応，不完全の場合は部分適応とよばれる）．少数自由度の系ではこれは一部の変数が外部変化をバッファーすることで可能である (A, E)．

- 栄養成分を輸送体で能動輸送し，これを相互触媒で変換していく大自由度理想細胞モデルで各成分の量と順位が逆比例する関係がみられ，これは実際の細胞でもなりたつ．この関係は環境を変えても保持され，モデルの結果では環境変化で生じた応答を輸送体成分がバッファーすることで生じる (B, C, E)．

- 多くの状態変数が関与している細胞システムでも上記理想細胞モデルでも多くの成分が部分適応を示し，応答変化と最終的に残る変化の比率は全成分にわたってほぼ共通している (B, C, E)．

- 上記理想細胞モデルでも実際の細胞でも環境に対する応答変化は，環境変化の比率のみに依存する「倍変化検出型の応答」を示す (A, E)．

- 遺伝子制御ネットワークモデルにおいて，成分が多くなると，多くの遺伝子発現が他の成分が部分適応することで自分も部分適応する，協同的適応がみられる．遺伝子発現のこのような集団的応答は実験でもみいだされている (B, E)．

- 生物の概日時計では，温度ないしその他の環境変化に対して周期がほぼ変わらない（温度補償性）(E)．

- 周期変化に関与するいくつかの反応が共通の酵素を用いるときに，この酵素のとりあいで酵素競合律速が生まれ，これにより周期の温度補償性が説明できる．これは温度による反応速度の変化を使える酵素量変化が打ち消すことで起こる (D)．

- 適応環境変化に対して適応できる生物時計では周期 T が変わりにくい

ほど振動位相 ϕ は変化しやすい，定量的には温度などの変化に対する周期の変化 ΔT と位相変化 $\Delta\phi$ の間に $a(\Delta T/T) + \Delta\phi =$ 定数という，頑健性 – 可塑性互恵関係が成り立つ (D).

5.7 付録[7]

栄養成分から，順次つくられる化学成分の階層を栄養成分 L_0 から $L_0 \to L_1 \to L_2 \to \cdots \to L_k$ とし，全触媒の種類数を N とする．各 L_i 階層での平均濃度を m_i とし，それぞれの生成のための触媒濃度をならしてしまって平均をとるとその量は $(1 - m_0)/N$ となる．すると各階層の濃度変化は

$$\frac{dm_0}{dt} = Sm_k^{\alpha} - \frac{M}{N}(1 - m_0)m_0 - Sm_k^{\alpha}m_0, \tag{5.7}$$

$$\frac{dm_j}{dt} = \frac{M}{N}((1 - m_0)m_{j-1} - (1 - m_0)m_j) - Sm_k^{\alpha}m_j \tag{5.8}$$

となる．ここで $j = 1, \cdots, k$ で，$\rho = M/N$ は各成分からの平均反応パス数である．上の式の最後の項は細胞体積成長による希釈である（このモデルでは途中の分解や流出を考えていないので成長は栄養成分が流入しただけ起こる）．栄養成分の定常濃度は $dm_0/dt = 0$ とおいて

$$F_0 = Sm_k^{\alpha} = \rho m_0 \tag{5.9}$$

となり一方，各階層での濃度は $dm_j/dt = 0$ より $m_j = m_{j-1}(1 - m_0)$ となる．そこで

$$m_k = m_0(1 - m_0)^k. \tag{5.10}$$

これらの式から F_0, m_k, m_0 が外部栄養濃度 S の関数として求められる．とくに S が大きければ $m_k \propto (1 - m_0)^k$，そして $F_0 \sim \rho$ となって，それは S にはよらない．また，各階層での成分の種類がべき乗で増えていくことに注目すると，S が大きいときに，成分濃度のその順位の間の -1 乗則も導かれる．

---

7) 本付録は専門的過ぎるのでとくに興味をもった理論物理（力学系，統計力学）の専門家以外は飛ばしていただきたい．

142　　第 5 章　細胞のホメオスタシス

最後に，倍数応答性もおよそ導くことができる．簡単のために，2 階層 $k = 2$ での応答をみよう．まず，S が大きい近似のもとで定常解（m_0, m_1, m_2（ただし $\sum_{j=0}^{2} m_j = 1$））を求める（具体的には $m_0 \approx 1 - (\rho/S)^{\frac{1}{2\alpha}}$, $m_2 \approx (\rho/S)^{\frac{1}{\alpha}}(1 - \rho/\alpha(\rho/S)^{\frac{1}{2\alpha}})$ となる）．ここで m_0, m_1 の定常解への緩和をみるために，この固定点まわりでのヤコビ行列の固有値を求めると $-\alpha\rho(1 \pm \frac{1}{2}\sqrt{1 - 8/\alpha})$ となり，これは S によらない．一方で S が S_0 から S_0' へ変化したときの栄養成分の変化をみると，t が小さく S が大きいときは $1/F_0(t) - (S_0/S_0')/F_0(0) = t$ となり，これは S_0'/S_0 にのみ依存して，S_0 だけによる部分はない．こうして時間発展は S 変化の倍数比のみに依存している．

6 | 細胞の記憶

6.1 静的記憶と動的記憶

ここまで各章で異なる時間スケールの現象の整合性についてふれてきた．生物内にある遅い時間スケール現象の最たるものは，広い意味での記憶である．そして，脳神経系による高次機能をもちださなくても，一般に細胞は過去の履歴を「記憶」する．

まず，古典的な例をあげよう．ゾウリムシをある温度でずっと培養をし，そのあとで温度勾配のある環境におく．すると元来培養されていた温度の位置に向かう [Jennings 1906; Nakaoka *et al.* 1982]．この運動に際しては，細胞内では前章で議論したような適応過程が生じている．温度が異なるところに移動すると細胞の内部状態はいったん変化し，そのあとでもとに戻るという過程が生じている．この過渡的な状態変化で向きを変える頻度が変わり，もとの温度に向かう運動が形成される．この段階では，培養された温度をゾウリムシが記憶しているといえる．ただし，こうした，もとの温度の「記憶」はある時間範囲しか続かない．新しい温度に長時間おくとその温度のほうが戻るべき温度として記憶されるようになる [大沢 2001]．いいかえると適応過程でもとに戻るという過程自体が適応して，結果適応できなくなって，新しい温度を記憶したともみなせられる．

また，遺伝子が変化していなくても，細胞の状態が記憶されているという結果が近年，続々と得られている．まず多細胞生物では分化した細胞の状態が維

持される．この過程はしばしばエピジェネティクスといわれているが，もちろんそういう特別な名前をつけたからといって理解できたわけではない[1]．次章でも議論するように，分化した状態は，まずタンパク質発現の組成が異なり，その状態はさらに DNA 分子にメチル基がつくといったメチル化や DNA に結合するタンパク質によるヒストン修飾などが生じて，その結果，発現がしやすくなったりしにくくなったりして発現度合いを固める変化が起きるとされる．とはいえ DNA 分子の修飾で記憶を維持するといっても，しょせん，これは分子の変化であり，その時間スケールはそれほど長くはないとも想定される．そこで，分子がいかにして長期記憶を保持できるのかを理解しないと細胞の記憶がわかったことにはならない．

　その一方で単細胞生物でも，こうした細胞の（遺伝子によらない）記憶は報告されている．単細胞生物では細胞分裂に際して，細胞質は半分に分けられて子孫の細胞になるので，タンパク質などの組成は直接娘細胞に伝わる．そこで，あるタンパク質の量が多かったり少なかったりすれば，分裂後もある程度その傾向は残るはずである．そこで細胞状態が記憶できるようにもみえる．しかし，初期にあるタンパク質量が多い細胞が分裂時にもそれを維持するにはそのタンパク質を平均より多く合成しなければならない．それにはそのタンパク質の量が多いとさらに生産するという，タンパク質の量を記憶して余分につくる特別な仕組みを想定しないといけない．そうでなければ，第 2 章でもふれたようにそうした濃度の違いは，1 回分裂すればおよそ 1/2 になる．つまり半減期は 1 細胞分裂である，10 回分裂すればその差は $2^{-10} \sim 10^{-3}$ 程度になり，ほぼ消えてしまう．そこで 10 世代以上残る細胞状態の記憶があるのであれば，なにか別な理由が必要である．

　実際のところ，遺伝子（DNA 配列）の変化がないまま，環境変化で生じた表現型の変化（タンパク質量変化など）が数世代ないし数十世代残る例が知られている．古典的には，Sonneborn らがゾウリムシの膜に生えている繊毛の向きを逆にするとそれは分裂後も維持されていることを示している [Beisson and Sonneborn 1965]．一方で Siegal らは酵母で成長速度の異なる状態が 40 世代程度伝わることを示している [Levy *et al.* 2012]．このような遺伝子によらな

---

1) エピジェネティクスという言葉は，[Waddington 1957] に由来するが，彼は，必ずしも分子の修飾に帰着するような思考をしていたわけではない．次章以降を参照されたい．

146　　第 6 章　細胞の記憶

い遺伝の例はこのほかにもみいだされつつある．まだ完全な解明がされておら
ず今後の検証が必要であるけれども，古澤らは大腸菌の環境適応実験で数十世
代以上，遺伝子の変化なしで表現型の変化が伝わっている可能性を示している
[古澤 私信]．また，多細胞生物の例では，Soen らが，ショウジョウバエの薬剤
への耐性が次世代へ記憶されていることを報告している [Stern *et al.* 2012]．

　さらに，このような世代をまたいだエピジェネティック変化ではなくても，長
時間にわたって細胞がある状態を維持している現象は第 3 章でみたような，細
胞の休眠状態，あるいは胞子，タネといったものにもみられ，これらも広い意
味での細胞記憶とも考えられる．以上のような，細胞の長期「記憶」は，それが
どのような分子的メカニズムによるかまだよくわかっていないものも多く，実
験的に今後精査が必要なものも多い．しかし，理論的にはそもそも，化学反応
の組み合わせの中から，個々の反応よりも何桁も大きい時間スケールにわたっ
て細胞の状態変化が維持されうるのかを問うことは普遍生物学の本質的課題で
あり，生命の理論を考える上で重要な問題であろう．

　以上では細胞というシステムレベルで状態が記憶されている可能性をみてき
たが，これらは当然ミクロな分子状態の長期変化とも関係している．DNA 分
子の修飾はその例であるが，このような変化は脳神経系での記憶にもみられる．
脳の記憶はもちろん神経ネットワークの中に埋め込まれているものであるが，
要素としては神経間のシナプスの状態に埋め込まれていると考えられている．で
は，記憶を担うシナプスの中でどのように長期記憶が維持されているのであろう
か．これはシナプスの長期増強 (Long Term Potentiation; LTP) によるとさ
れている．そしてこの長期増強は初期には（タンパク質合成を伴わない形で）カ
ルモジュリンキナーゼ (Ca2+/calmodulin-dependent kinase II ; CaMKII)
やプロテインキナーゼ C (protein kinase C) といった分子の状態変化，後期には
タンパク質合成を伴う cAMP-responsive element-binding protein (CREB)
などのタンパク質の状態変化に埋め込まれていると考えられている [Lisman
et al. 2002; Silva *et al.* 1998]．

　このような記憶に関する従来の考え方として多重安定性というものがある．
よく知られた例をあげると，磁性体で磁化が上を向いているか下を向いている
かの 2 つの安定状態があり，この上向き，下向き 2 つの状態を用いてそれを維
持することで記憶をさせる．この場合は記憶の埋め込みや消去は外部から磁場
をかけることでおこなわれ，これは計算機のメモリーの原型となっている．一

6.1　静的記憶と動的記憶　　*147*

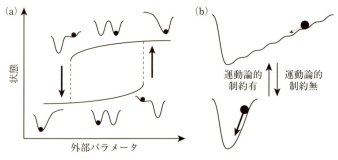

図 6.1 記憶に関する2つの考え方：(a) 多重安定性およびその記憶の消去，(b) 動的記憶（畠山哲央氏のご厚意による）．

方で，こうした双安定状態は遺伝子発現制御でつくることもできる．たとえば，第4章で議論したように，2つの遺伝子（から転写・翻訳されたタンパク質）が互いの発現を抑制しているトグルスイッチではどちらのタンパク質が発現しているかで2つの状態が存在している．さらにその章でみたように多くの遺伝子からなるより複雑な遺伝子制御ネットワークでは多数のアトラクターが存在しうる．このような多重安定状態は互いにその発火を活性化，抑制する神経ネットワークでも盛んに調べられている．これらは2つあるいはそれ以上の離散的な状態を用いた記憶なのでデジタル記憶ともいえる．

ただし，ここまで議論してきた細胞記憶が従来の多重安定性で説明できるかについてはいくつか疑問がある．まず，培養温度の記憶の場合，36.5度，36.7度，37度，…といったように温度ごとの多重安定状態を有しているというのは考えにくいし，むしろ適当な誤差の範囲でかつての温度の履歴が連続的に残っていると考えるほうが自然であろう．つまり，デジタルでなくアナログ記憶といってもよい．

次に，こうした記憶がある程度時間がたつと失われていくのは，1つの安定状態に記憶がおかれているという描像に合致するのかやや疑問に思える．多重安定状態であれば，その記憶をリセットするには外部からもとの状態を不安定化させるような大きな入力が必要だからである．多重安定性をポテンシャルの谷であらわす描像でいえば，谷を底上げしてそこから流れ出すようにする操作である（図6.1参照）（磁気メモリーであれば大きな外部磁場をかけるといった操作に対応する）．一方で過去の状態の履歴が失われていくのはこうしたリセット操作で失われているというよりも時間とともに徐々に失われていくという可

148 　第6章　細胞の記憶

能性が高いようにも思われる.

　ほかの数〜数十世代にわたる細胞記憶の場合でも，特別に記憶をリセットするための操作がある段階ではいったというよりも徐々に消えていくようにみえる．つまり，ここでの記憶は別な安定状態に引き込まれたというよりも，もともとの化学反応の時間スケールと比較して非常に長い時間維持される過渡的状態が形成され，なかなかその状態から緩和しにくいことで形成されているように思われる．その意味では多重安定性というよりも，動的記憶 (kinetic memory) とでもいうべきものである．

　このような動的記憶は多重安定性ほど安定でないので長期的な（期限なしの）記憶としては不適切であると考えられるかもしれない．一方で，動的であるがゆえに，記憶の書き込みや消去は容易であり，コストがあまりかからないとも考えられる．生命システムでの記憶は，多くが当座の記憶であり，その時間スケールも状況に依存するので短期記憶と長期記憶と明確に分けられるものではない．そのかわり，記憶の書き込みや読み出しが動的におこなわれやすい，というのが重要である．そこで多重安定性と異なる，動的な記憶過程の一般的論理の提案は大きな意義があるだろう．

　この問題を考える上で参考になるのはガラスの物理である．多くの実験結果から，われわれが目にするガラスは完全に熱平衡状態ではなく，観測する時間スケールでふるまいが変わることが知られている [Debenedetti and Stillinger 2001; Berthier and Biroli 2011; Cavagna 2009]．この数十年にわたって，このガラスを統計力学として理解する研究がおこなわれ，その理解は深まってきているものの，いまだ完全な解決には至っていない．その中で発展してきたのが構造的な (structural) 多重安定性と運動論的制約 (kinetic constraint) という考え方である．

　前者は，スピングラスとよばれる，磁性体に端を発する研究で進められた [Mezard *et al.* 1987; 西森 1999]．強磁性体であればスピン（ミクロな磁石）の向きを揃えるような相互作用で全体が揃ってマクロな磁石をつくるのに対し，不純物のある物質では向きを揃えるのと逆向きにするという異なる相互作用がランダムに混合している．そこでそれを抽象化して，上向きと下向きの状態（スピン）があり，その2つのスピンを揃える，ないし逆向きにするという相互作用のあるシステムを考える．もし揃うほうのエネルギーが下がるという相互作用（＋とする）だけであれば全部のスピンが同じ向きになる強磁性体の状態が

6.1　静的記憶と動的記憶　　*149*

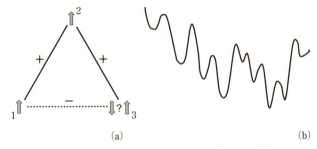

図 6.2 ガラスに関する模式図．(a) 3つのスピンの間の相互作用が ＋, ＋, － だとフラストレーションが生じてすべてのスピン間の相互作用エネルギーを低くする配置は存在できない．(b) エネルギーのでこぼこ地形．高さがエネルギーで横軸はスピンの配置を少しずつ変えていった配置空間の軸．

低温では実現する．これに，逆向きのほうのエネルギーが下がる相互作用（－とする）を混ぜていくと，どのスピンの向きの配置でエネルギーを低くできるかは複雑な問題になってくる．まず簡単な場合として3つのスピンを考えて1と2, 2と3の相互作用が＋で3と1の相互作用が－だとしてみる．すると全部同じ向きにすると3と1の相互作用がエネルギーを低くできず，では3を逆向きにすると今度は2と3の相互作用がエネルギーを低くできない（図6.2(a)）．そこで，↑↑↓, ↑↑↑, ↓↓↑, ↓↓↓ の4つのスピン配置がすべて同じ「最小」エネルギーをもつ．すべて揃っているのがエネルギーが低いという強磁性相互作用の場合の2倍の場合がある．さらにスピンの数を増やしていくと，もっと多くのさまざまなスピン配置が同程度のエネルギーをもつようになり，さらに多くの準安定状態が存在する．ここで準安定状態とは完全にエネルギーが最小ではないけれども，その状態のまわりでスピンの向きを1つずつ個別に変えてもエネルギーが下がらないという状態である．これが多数あるので，それを模式的にあらわすと図 6.2(b) のようなエネルギーのでこぼこ地形 (rugged landscape) の状況になる．このケースでは，最低のエネルギー状態をみいだすのには非常に長い時間がかかり，一方でそれぞれの準安定状態には熱雑音がはいってスピンの向きを変えても非常に長くとどまることになる．そこで，この多くの準安定状態を記憶として使うことが可能になる．

　実際，脳神経系を単純化した神経ネットワークでは多くの記憶状態を，このスピングラスモデルを用いて議論することがおこなわれている [Hopfield 1982; Mezard *et al.* 1987]．これはまさに多重安定状態としての記憶である．なお，

第4, 5章で議論した遺伝子制御ネットワークも各遺伝子が発現している状態としていない状態があり，それが相互作用しているので，同じように多くのアトラクターが安定状態をつくり，条件によってはこのスピングラスと似た性質をもつ．

一方で，ガラスのもう1つの描像では，準安定状態を多くもつエネルギー地形を要請せず，むしろ運動論的な制限により緩和が遅くなると考える [Ritort and Sollich 2003]．たとえばエネルギー最低の状態は十分低く，また準安定状態も他に存在しないのであるが，そこへの緩和がしにくくなっているという考え方である．たとえば，スピンモデルでいえばスピン間相互作用が単にすべて＋であって，全部同じ向きになるのが最低エネルギーである場合を考える．ここで普通の緩和では，あるスピンとそれが相互作用しているスピンの間のエネルギーを計算し，もし向きが変わってそのエネルギーが下がれば向きを変えるという運動論がしばしば用いられる．これを用いれば初期にスピンの向きがバラバラでも順次揃っていく．これに対し，向きを変えるにはこの2つのスピンの向きだけでなく，第3, 第4のスピンがある向きでなければならないとする（つまり変化の触媒を他のスピンが担うとする）．このとき，初期のスピンの向きがバラバラであると，第3, 第4のスピンの条件をみたすのが難しくなり，エネルギーが低い状態への緩和は遅くなる．この場合，あるスピン配置状態の周りでしばらく留まり，そのあとエネルギーはゆっくりと落ちていく．このとき，平衡状態への緩和は，通常みられるような平衡状態からの差が時間 t に対して指数関数 $(\exp(-t/\tau))$ で減るものではなく，むしろ対数 $(-\log t)$ でゆっくり減ることが多い（現実のガラスは先の多重安定性と運動論的制約の両者をつないだ状態とも考えられる）．

さて，冒頭で議論してきた，記憶に関する2つの見方を理論化する上で，ガラスの研究で展開されてきた2つの理論は参考になる．実際，遺伝子制御ネットワークでの多重安定性はカウフマン [Kauffmann 1969] がブーリアン・ネットワークモデルで示し，その後，デリダら [Derrida and Pomeau 1986] によりこのモデルはスピングラスの統計力学と結びつけて解析された．また，神経ネットワーク（神経回路網）でもマカロフ-ピッツ [McCulloh and Pitts 1943]，甘利 [1978] らの研究とスピングラスモデルとの対応が後に明らかにされた [Hopfield 1982; Mezard *et al.* 1987]．図 6.2(b) のような，多くの極小点をもつ地形はでこぼこ地形として生物の文脈でもしばしば議論されている．

これに対して，運動論的制約による遅い緩和現象と生命現象の関係はあまり

6.1 静的記憶と動的記憶　*151*

議論されていない．しかし細胞内の化学反応の多くは酵素による．このような触媒反応系では成分 A と B の間の変化が触媒 C に左右されているのでその触媒量が少なければ反応速度は抑えられる（5.4 節も参照）ので，上で述べたような運動論的制約は自然に生じる．さらに分子の修飾やタンパク質の反応では，一般に多くの段階を踏むので，その結果，遅い緩和が生まれることもある．以下ではこうした例を議論しつつ，それが動的記憶の理論的枠組みを与えうることをみていこう．

6.2 　酵素競合律速による動的記憶理論 (B, D)

　5.4 節のように，多数の修飾部位をもつ分子の段階的修飾反応を考えよう．これはタンパク質の高分子にリン酸などの小分子がついて高分子の性質をすこしかえるものである．ここでそれぞれの修飾反応は酵素により進められる．この修飾された状態からもとに戻るための化学反応が「酵素競合律速」によって，非常に遅くなり，動的記憶が生じることを本節では示す [Hatakeyama and Kaneko 2014a]．

　そのために多量体のタンパク質でリン酸化やメチル化などの修飾反応が段階的に生じる場合を考える（図 6.3 参照）．この例では $N(= 6)$ 量体のタンパク質があり，完全に修飾（たとえばリン酸化）された状態から，順次 $N \rightarrow N-1 \rightarrow \cdots \rightarrow 0$ と修飾がはずれていく反応が存在する．この反応は共通の酵素により触媒されている．ここで，修飾によってタンパク質は性質が変わるので $m \rightarrow m-1$ の反応での酵素との親和性は m に依存する．というのは，リン酸基やメチル基がつけばそのタンパク質は形が変化しそれにより酵素との結合しやすさは変化するからである．

　このモデルでいったん完全に修飾させた初期状態から修飾を失う緩和過程を調べよう．まず，酵素が十分存在する場合は，修飾された分子の割合は指数関数的に減衰していく．その減衰時間は反応の時定数で与えられる．これは一定の割合で修飾がはずれるのであるから自然である．

　一方，この修飾を変える反応を担う酵素の量が少なくなり基質（修飾されているタンパク質）の量よりも少ない場合は，図 6.4 のように緩和はなかなか進まなくなる．このとき，修飾された分子の割合は指数関数的に落ちるのではな

152　　第 6 章　細胞の記憶

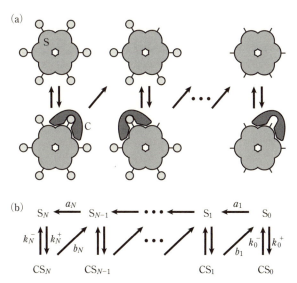

図 6.3　チェイン修飾モデルの反応模式図 (a) とモデル (b)．基質に N 個の修飾部位があり，そこにリン酸基（ないしメチル基など）がついていく．修飾はレート a_i で進み，その修飾をはずす過程は触媒によってレート b_i で進む．[Hatakeyama and Kaneko 2014a] に基づく（畠山哲央氏のご厚意による）．

く，時間に対しておよそ対数で落ちていく，ゆっくりしたものとなる．対数関数型の緩和なので，何桁もの時間がかかるゆっくりとしたものとなり，緩和時間は非常に長くなる．図 6.5 に緩和時間（ここでは修飾度合いが十分 0 に近づくまでの時間）を，酵素量の関数としてプロットした．この図から明らかなように，酵素量が基質の量より少なくなったところで急速に緩和時間が上がっていくのがわかる．つまりリン酸化などの修飾状態が個々の反応スケールに比べて非常に長く維持されている．

この場合，緩和の仕方も酵素の量が多い場合とは性質を異にする．順次落ちていくというより，むしろ修飾が少ない状態がいったん増加して先に緩和し，N 段階修飾された状態はなかなかその量が減らない．図 6.6 でみるような緩和の形になる．これは第 5 章でみたような酵素律速として理解される．まず修飾度合いが少ない状態のほうがアフィニティ（化学親和力）が高いので，そちらが酵素に結合しやすいことに注意しよう．いま，基質より酵素の量が少ないので，修飾度合いが高い状態の分子は結合できる酵素があまり存在しなくなる．そこ

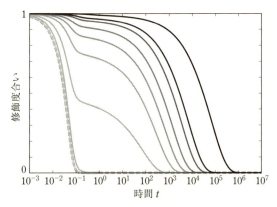

図 6.4 チェイン修飾モデルでの遅い，対数緩和．初期にすべてが修飾された状態 $[S_N] = [S]_{\text{total}}$，そして $i \neq N$ では $[S_i] = 0$ とし，修飾度合いの緩和をプロット．$N = 6$，各修飾レベル i の分子の解離定数（はずれやすさ，つまり化学親和力の逆数）K_i は $K_0\gamma^i$，$K_0 = 0.1 \times \gamma^{-6}$，$\gamma = 5$ とする．修飾度合いの時間変化を酵素量 10.0, 1.0, 0.5, 0.2, 0.1, 0.05, 0.02, 0.01, 0.001（右から順に対応）に対してプロット（この順に緩和が遅くなっていく）．$S = 1$．触媒量が基質量より多ければ指数関数的にすばやく緩和する．それより少なくなると緩和は急速に遅くなる．[Hatakeyama and Kaneko 2014a] に基づく（畠山哲央氏のご厚意による）．

で修飾度合いの高い分子はなかなか修飾がはずれにくくなり，その状態が長時間にわたり保たれる．つまり酵素競合律速によって，リン酸化やメチル化の状態が長期維持される．

図 6.4, 6.5 でみられるように，この酵素競合律速は酵素が基質より少なくなる点で現れる．この点で緩和時間は桁違いに増大し，転移を起こす．そこで，このまわりで酵素量を少し変化させるだけで，記憶が長時間保持される状態とそれを短期で消去する状態の間を簡単に移り変わるべく制御できる．

対数関数型の緩和を説明するには細かい議論が必要であるが，大雑把には次のようになる．k 段階目の修飾状態の緩和が $\exp(-t/\tau_k)$ とあらわされ，その緩和時間 τ_k がボルツマン定数 k_B と温度 T を用いて $\exp(E_k/(k_BT))$ とかけることと，そのアフィニティ E_k が分布していることに注意して，それぞれの k での緩和の和をとることで，この遅い緩和は近似的に導かれる．

この節での遅い緩和が生じるためには，
(1) 複数修飾部位があるタンパク質が存在し，

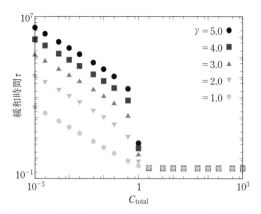

図 **6.5** 緩和時間 τ の酵素量 ($[C]_{\text{total}}$) 依存性. 図 6.4 の初期条件から出発して S_i が十分最終状態 $[S_i]^*$ に近づくまでの時間（具体的には $|[S_i]-[S_i]^*| < 10^{-8}$ になるまでの時間）を求めた. γ は, 図 6.4 同様, 解離定数 K が修飾レベル i にどれだけ依存するかの度合いをあらわす. $\gamma = 1$ の場合は依存せず, γ が大きくなるとその i 依存性が大きくなる. 具体的には図 6.4 のときと同様にアフィニティが i に対して $K = 0.1 \times \gamma^{i-6}$ とし, $\gamma = 1.0, 2.0, 3.0, 4.0, 5.0$ の結果をプロットした. [Hatakeyama and Kaneko 2014a] に基づく（畠山哲央氏のご厚意による）.

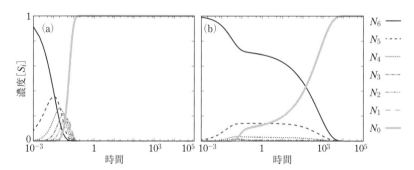

図 **6.6** 段階 i まで修飾されたタンパク質の濃度 $[S_i]$ の時間変化. 完全に修飾された状態からはじめ, 各 $[S_i]$ の時間変化をプロット. (a) 酵素量が多い場合 ($[C]_{\text{total}} = 2.0$): $[S_i]$ は i の大きいものから順に緩和する. (b) 酵素量が少ない場合 ($[C]_{\text{total}} = 0.1$): 修飾度合いの低い（小さい i の）タンパク質の濃度 $[S_i]$ が先に増加して緩和する. 図 6.4 のパラメタを用いた. [Hatakeyama and Kaneko 2014a] に基づく（畠山哲央氏のご厚意による）.

(2) その修飾を変えていく反応が酵素により進められ，

(3) その酵素反応は修飾ごとで異なるアフィニティをもち，そして，

(4) 酵素量が基質に比べて少なく，結果として酵素競合律速を生む

の条件が必要である．なお，この機構の説明の詳細は，章末に付録として，式を交えて与えてある．

6.3　化学反応ネットワークにおけるガラス的ふるまい (C, D)

前節では，酵素量が不足すると緩和が急激に遅くなり，動的（kinetic な）記憶が生じることをみた．ここで，細胞内のシステムとしては酵素の量は，細胞内反応の帰結である．たとえば，修飾された分子が多いと，酵素の生成を阻害するというフィードバック過程が存在していれば，いったん修飾状態が形成されるとそれは長期的に記憶として固定化されると予想される．そうなれば，反応のネットワークを通して，システムとして記憶が維持されることになる．

そこで，触媒量が反応ネットワークの結果，変化するシステムを考える必要がある．ここではまず，現実との対応はとりあえずおいて，第 3, 5 章で議論した触媒反応ネットワークを用い，この系で緩和が遅くなり，物理でいうガラスの性質をもつことを示す．それにより反応ネットワークシステムでの遅い緩和と記憶の原型を与えたい．

本節では物理でのガラスの問題との比較を明確にするために，外部からの物質の流れはなく，一定の温度の熱浴にさらされた系を用いる．つまり，閉じた系なので，いつかは平衡状態に落ちていくことが保証されている．その意味では，細胞にはあまり即していないとも思われるがここでは統計物理との比較対応を考えてこの簡単化された設定を用いる．

とはいえ，物質やエネルギーのフローのない閉じた系での状態維持という問題は生命系でも意義があると思われる．植物のタネなどは外界との物質交換の流れはあまりないけれど長期にわたって平衡に落ちないとも考えられる．あるいは第 3 章で議論したようにバクテリアなどでの休眠状態が長期存続することを考えると，そもそも外部からのエネルギーや物質の流れが（あまり）ない閉じた系でも，平衡状態からはずれた状態が長期維持されているとみなせる．これをガラスのように容易に平衡状態に落ちない物理系と関連させて，複雑な化学

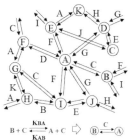

図 **6.7** 触媒反応ネットワークモデル．[Awazu and Kaneko 2009] に基づく．

反応の集合系でそのような非平衡状態の維持が可能かを本節では議論していく．
そこで第 2, 5 章で用いた触媒反応ネットワークモデルを用いる（図 6.7）．
M 種類の触媒（酵素）$X_i(i = 1, \cdots, M)$ が互いに触媒し合って反応するモデルである [Awazu and Kaneko 2009]．つまり X_i と X_j の変化が $X_c(i, j)$ によって触媒されるモデル

$$X_i + X_c \underset{k_{j,i}}{\overset{k_{i,j}}{\rightleftharpoons}} X_j + X_c \tag{6.1}$$

である．ここで $c(i, j)$ は $(i \text{ と } j \text{ を除く}) i \leftrightarrow j$ の反応の触媒であり，前もって 1 から M までの成分の中から選んで決めておく．ここで，この反応ネットワークにはそのほかの原料成分はあり，それらはある濃度に保たれているとし[2]，その原料部分の多様性により，1 つの成分から複数の成分への反応が起こる．ただし，その反応のパスは 1 つの成分から数本程度とする[3]．以前のモデルとの違いは一方向の反応で順方向と逆方向をとりいれて平衡化平衡への緩和を保証することである．そのためには各分子に化学ポテンシャル（エネルギー）E_i が与えられていて，順方向と逆方向の反応レートが局所つりあい

$$\frac{k_{i,j}}{k_{j,i}} = \exp(-\beta(E_j - E_i)) \tag{6.2}$$

をみたすとすればよい．ここで β は逆温度 $1/(k_B T)$ である．このようにとれば平衡状態での各成分の濃度はボルツマン分布にしたがうので $x_i^{eq} \propto \exp(-\beta E_i)$ となる．

---

2) その部分は粒子浴につかっていると考えてよい．
3) パスがほぼ全成分に変化できるといった密なネットワークでなくて，疎でありさえすれば結果は変わらない．

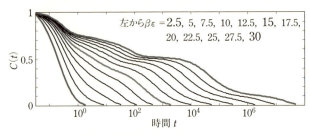

図 **6.8** 平衡からのずれの時間発展の例．平衡状態からのずれ度合い $C(t)$ の時間変化．ランダムに図 6.7 のネットワークをつくり，式 (6.3) の時間発展を求め，$C(t)$ を異なる β の値に対してプロット．[Awazu and Kaneko 2009] に基づく．

式 (6.1) の反応による各成分の濃度変化はレート方程式によって，

$$\dot{x}_i = \sum_{j,c} Con(i,j;c) x_c (k_{j,i} x_j - k_{i,j} x_i), \tag{6.3}$$

でかける．ここで $Con(i,j;c) = Con(j,i;c)$ は i,j の間に反応パスがあれば 1，なければ 0 であり，反応レート $k_{i,j}$ は式 (6.2) をみたすようにとる[4]．このレート方程式を時間発展させれば，最終的には平衡状態 x_i^{eq} に落ちる．ここで，エネルギー E_i は 0 から ε の間で分布しているとしよう．このモデルでの反応レートで出てくるのはすべて βE_i の組であるので，$\beta\varepsilon$ がモデルの性質を決める基本的パラメタである．

ここで，平衡から外れた初期条件から出発し，平衡状態への緩和をみてみよう．具体的には全成分が同じ濃度の初期条件（いいかえれば温度が高いところ）から出発して，どう緩和するかを調べる．平衡からどれだけずれているかの度合い $(C(t) = \{\sum_i (x_i(t) - x_i^{eq})(x_i(0) - x_i^{eq})\}/\{\sum_i (x_i(0) - x_i^{eq})^2\})$ がどのように 0 に向かっていくかの時間変化をプロットしたのが図 6.8 である．

図でわかるように，もし $\beta\varepsilon$ が 1 より十分小さい場合（つまりエネルギー分布の幅が小さいか温度が高いとき）は，通常通りすばやく指数関数的に緩和する．ところが $\beta\varepsilon$ が 1 より大きいと，緩和はずっと遅くなる．ここで 2 つの性質に注目しよう．

(1) 全体的に緩和は指数関数でなく対数関数 $(-\log(t))$ でゆっくりと進む

---

4) たとえば $k_{i,j} = \min\{1, \exp(-\beta(E_j - E_i))\}$ とすればよい．

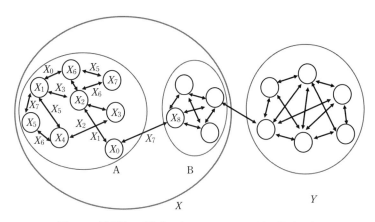

図 6.9 局所的に平衡化したクラスターの形成（模式図）．

(2) 緩和の途中でいくつかのプラトーが存在する．

このプラトーと $\log(t)$ の緩和はガラスの研究でしばしばみいだされている．まず (1) の $\log(t)$ の緩和は前節と同様に導かれる．緩和時間が各分子のエネルギーに応じて $\tau(E) \sim \exp(\beta E)$ のように分布しているので緩和はこれらの $\exp(-t/\tau(E))$ の重ね合わせになり，そこから対数関数型の緩和が生じる[5]．

より興味深いのは (2) のプラトーの由来である．各プラトーでは，全成分はいくつかのクラスターに分かれ，それぞれの中ではほぼ平衡に近い状態が実現している（図 6.9 参照）．ここで異なる「局所平衡クラスター」をつなぐ反応が存在しないわけではない．その間である反応が存在し，それにより平衡に向かってはいる[6]．ところが，その反応を担う触媒成分（図では X_7）が不足して，反応がなかなか進まなくなっている．たとえば模式図 6.9 で局所平衡クラスター A, B はそれぞれの中ではほぼ平衡分布を形成しているけれども A 内の成分と B 内の成分を比較して A 内の成分は平衡の場合より相対的に量が少なくなっているとしよう．ここで，反応ダイナミクスの結果，B のメンバー X_8 と A のメンバー X_0 をつなぐ触媒 X_7 の量が負の相関を示している．すると B の成分が多いと触媒 X_7 が少ないので，B の成分を減らして平衡に近づける反応が起きにくくなる．このように，**酵素律速そして酵素量と基質の負の相関**に

---

5) そこで $\exp(-t\exp(-\beta E))$ の項を E で積分する形になり，ここから $z = t\exp(-\beta E)$ の変数変換をおこなうと $\log(t)$ の依存性が現れる．くわしくは [Awazu and Kaneko 2009] 参照．
6) つまりエルゴード性をみたす．

6.3 化学反応ネットワークにおけるガラス的ふるまい (C, D)　　*159*

よって反応の進行が抑制され、プラトーが形成される。もちろん十分時間が経てば、AとBの量比は平衡化し、AとBがひとまとまりの平衡クラスターを形成する。これが全体を覆えば、そこで平衡状態が実現する。もし、まだ全体を覆えていなければ、このAとBが合体した（その内部では平衡化した）クラスターXと別のクラスターYの間で、同じように酵素律速＋酵素量負相関によって平衡化が抑制され、次のプラトーが形成される。数値計算でみいだされた緩和プラトーはこの仕組みで説明できる。

以上のようなプラトー形成は、成分数が大きくかつ反応パスが密でない触媒反応ネットワークでは、$\beta\varepsilon$ が大きい場合、必ずどこかで生じる。$\beta\varepsilon$ が大きければ、各成分量には大きな開きがあり、量が少ない酵素成分が存在する。反応パスが（全成分が直接反応しあうというほど）密でなければ、成分間の反応が少数量の酵素で触媒される箇所が存在し、そしてその中には基質の量と負の相関をもつものもある。かくして、プラトーの存在と遅い緩和は普遍的にみられる。以上は成分が多ければガラス的緩和が広く存在するという推定であるが、このようなガラス的緩和を示すネットワークは成分の数自体が数種類でも容易に構築できる。

実際5成分からなる簡単な例でも、プラトーと局所平衡クラスター形成が存在する。図6.10にあげた5成分からなる触媒反応ネットワークで、エネルギーは順に $E_0 < E_1 < \cdots < E_4$ として初期条件は全成分が同じだけあるとしよう。そこで初期には X_0, X_1 は平衡状態よりも濃度が少なく、逆に X_3, X_4 が多い。この場合緩和をみると、図のように2段階のプラトーがみられる。ここで X_1 は平衡状態より少ないとはいえ、量は多いのでそれに触媒されている反応は速く進行し、まず、成分 0, 2, 4 からなる局所平衡クラスターができる。ついで X_2 に触媒されている反応が進行してこのクラスターに成分3が加わり、最後に成分1が加わる。こうして2段階のプラトーが形成される。注意すべきは、こうしたプラトー形成は初期条件に依存することである。たとえば、この例で X_4 が初期に潤沢にあれば X_1 は先に他の成分と平衡に達することができる。

このとき、どのようなクラスターができてそれがどのように融合していくかは初期条件に依存して、さまざまなパタンがありうる。初期の励起のさせ方によって、プラトーの配置を変えることができるからである[7]。緩和が遅くなる

---

7) ゆらぎによって緩和パスが分かれることもある。これは 6.2 節を確率的に扱うモデルで最近調べられている [Hatakeyama and Kaneko 2020]。

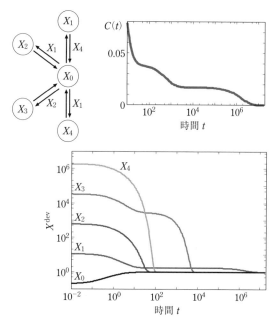

図 **6.10** 図に示した簡単な触媒反応ネットワーク（左上）でみられる遅い緩和（右上）．平衡からのずれを時間に対してプロット．下の図は各成分 X_i が平衡の値 X_i^{eq} からどれだけずれているか，$X^{\mathrm{dev}} = X_i(t)/X_i^{eq}$ を対数スケールでプロットしたもの．局所的に平衡化したクラスターが 2 段階で形成されている．[Awazu and Kaneko 2009] に基づく．

のは多くの初期条件でみられるけれども，それぞれでいろいろな緩和パスをもちうるのである．その多様性がこのネットワークのもちうる「動的記憶」の容量であるとも考えられる [Hatakeyama and Kaneko 2019].

本節ではある成分の量とそれを緩和させるための触媒の量の間に負の相関があることと酵素律速により，非平衡状態が長期維持されることをみた．第3章で議論したように，生命はなんらかの意味では非平衡状態であり，それが維持，再生産されていかねばならない．ここでみたような「熱平衡に落ちにくい」状態ができ，それが平衡状態に落ちる以前に再生産できれば「秩序から秩序」への「自転車操業」につながる．これは生命がいかに可能になったかを理解する一助にもなると思われる．

6.4 遅い時間スケールへの固定化 (C, D)

ここまで，生化学反応の中で遅い時間スケールの現象が生成されることをみてきた．生命現象では実際，遺伝子発現レベル，つまりタンパク質量の変化のスケール，DNA分子の修飾などによる，より遅いエピジェネティック変化，そして遺伝子の変異というさらに遅い（よりまれな）現象というように異なる階層が存在している（図 2.4 も参照）．記憶はこの階層の中で速い現象を遅い過程に埋め込んでいく過程と考えられる．前節までみた動的記憶は速い化学反応過程を遅く変化する過程に埋め込むものであった．

脳神経系の場合は，速い現象として神経発火があり，より遅いダイナミクスとしては神経をつなぐシナプスの変化がある．神経ネットワークでは，神経発火をシナプスに埋め込む機構として発火の相関に応じてシナプスの強さを変えていくヘブ (Hebb) 則が提唱された [Hebb 1949]．その後，さまざまな拡張や修正版が提案されているけれども，その基本思想は受け継がれている．それでは，細胞のエピジェネティックな記憶という場合，速い時間スケールでの遺伝子発現変化は，DNA のメチル化やヒストン修飾といった，より遅い過程にいかにして埋め込まれていくのだろうか．この場合に，ヘブ則に対応する一般機構は提案できないだろうか．

神経回路の場合は，ある神経の発火が別な神経へと伝わる結合はそれらの神経をつないでいるシナプスにより与えられている．そこで，その結合強度が発火に比べてゆっくり変化するのであれば，それに記憶を埋め込んでいくことが可能であり，これがヘブ則を可能にしている．一方で，細胞内の遺伝子発現制御系の場合，あるタンパク質と別のタンパク質との関係は化学反応で決まっていて，その反応係数を学習によって変化させられるとは考えにくい（もちろん進化を含む長時間スケールまで考えれば酵素の性質が変化するなどで可能だろうけれども）．

そこで，エピジェネティック過程での記憶埋め込みとしてヘブ則とは異なる機構を導入しよう [Furusawa and Kaneko 2013][8]．そのために第 4 章で議論

---

8) 前節までの化学反応に即したモデルからみると，本節では遅い過程を遺伝子発現のためのしきい値変化という形で抽象的に入れているので多少ギャップが感じられるかもしれない．エピジェネティック過程が分子の修飾によると考えれば，これは 6.2 節のようにして遅い変化を示す．その修飾が遺伝子発現のしきい値変化につながると考えれば，6.2 節と本節をつなぐことができるであろう．その具体化は今後の課題である．

162 第 6 章 細胞の記憶

した遺伝子制御ネットワークモデル $dx_i(t)/dt = F(\sum_j J_{ij}x_j - \theta_i) - x_i$ を考えてみよう. ここで第4章でも説明したように $F(x)$ は x の階段関数をすこし緩くしたもので x が(正で)大きくなっていくと1に近づき,(負で)小さくなっていくと0に近づく. θ_i は遺伝子 i が発現するための(他のタンパク質量からの)入力のしきい値であった[9]. このしきい値は第4章や第5章のモデルではパラメタとして一定であったが, これを $\theta_i(t)$ としてゆっくり変化するエピジェネティック変数と考えてみよう. たとえば, ヒストン修飾で遺伝子にマスクがかけられ, その結果発現しにくくなれば θ が大きくなったと考えればよい. さてこうしたエピジェネティックな変化は発現状態に依存している. 発現変化が $\theta_i(t)$ の変化にフィードバックを与える. 具体的には発現しているとより発現しやすくなり, 発現していないとますますされにくくなるという正のフィードバックである [Dodd *et al.* 2007]. これはたとえば,

$$\frac{d\theta_i(t)}{dt} = -a(x_i - \Theta_0) - \theta_i \tag{6.4}$$

という形のフィードバック系で議論できる. つまり, x_i がしきい値以下でそのタンパク質が発現していないと, しきい値 θ_i は高い値 Θ_0 に向かって発現しにくくなり, x_i がしきい値以上であれば, そのしきい値は下げられる. ここで, a はこのエピジェネティック・フィードバックの強さをあらわす. これにより遺伝子発現が DNA 修飾に埋め込まれる.

このフィードバックは発現しているものはそれを強化し, していないものは抑制するので, 結果, 発現状態を安定化させる. そこで, もともとのしきい値固定の遺伝子発現力学系に比べると, あらたな安定状態がつくられたり, 状態が安定化されたりしうる. これにより, 初期には変わりやすい状態を用いて適応し, ついでエピジェネティック固定化を用いて, 安定化させることができるので, 可塑性と安定性が両立させられる.

このフィードバック機構を第4章のアトラクター選択に導入してみよう. 具体的には, 4.4節のモデル

$$\frac{dx_i}{dt} = v_g(F(\sum_j W_{ij}x_j - \theta_i) - x_i) + \eta_i \tag{6.5}$$

---

9) 反応をヒル係数を n としてヒル形式でかくと, 入力 X に対して発現が $X^n/(X^n + K^n)$ (活性型), $K^n/(X^n + K^n)$ (抑制型)となる. この場合, K の値がしきい値に対応し, n が大きくなると階段関数に近づく.

6.4 遅い時間スケールへの固定化 (C, D)　　*163*

に対して，このしきい値 θ_i が，上の式 (6.4) でフィードバックを受けて時間変化するとしよう（$\Theta_0 = 0.5$）．ここで v_g はたとえば $v_g = v_{\max} \exp(-\sum_{i=1}^{N_{\text{target}}}(x_i - X_i^{\text{target}})^2)$ とし，発現がターゲットパタンに近ければ成長速度があがるとする．η_i はノイズ項でその分散を σ^2 とする．4.4 節では，このターゲットパタンに近いアトラクターが存在し，かつ適当な大きさのノイズがあれば，そのアトラクターが選ばれる機構を議論した．そのときの課題は前もって適応アトラクターが存在していなければならないという点であった．

これはしきい値 θ_i が固定されている場合であった．これに対し，上記のフィードバックで θ_i が変化していくと，それにより新しい x_i の発現パタンが形成され安定化させられる．いったんターゲットに近い発現パタンが形成されれば第4章のアトラクター選択機構が働いてその適応状態が固定化されると予想される．

実際，このモデルをシミュレーションしてみる．初期にはノイズにより発現パタンが大きく変化する．そのうちに発現パタンがターゲットに近づくと，v_g が大きくなり，ノイズの効果が小さくなり，その発現パタンにとどまるようになってくる．v_g が大きい状態では θ の時間変化は x の時間変化より遅いので，θ のフィードバックはこの状態を固定化するように働く．こうして発現パタンがターゲットにマッチした状態で θ_i が固定化される．この結果，多くの環境に適応することができる．この仕組みが働くかを確認するために図 6.11 にノイズ下での成長速度の増加をフィードバックの強さ a を変えてプロットした．θ が一定（$a = 0$）の場合に比べて a が増してフィードバックが強くなると，成長速度 v_g が増加しているのがみてとれる [Furusawa and Kaneko 2013]．

本節では，タンパク質量組成といった細胞のマクロな状態と DNA のヒストン修飾といった分子レベルのミクロな状態が連関する例として，エピジェネティック記憶をとりあげた．ある意味，これは 6.2 節と 6.3 節をつなぐものである．6.2 節のモデルでは酵素量は所与であったけれども，細胞内ではその量自体が 6.3 節のように他の反応の影響で変化する．それにより分子の修飾と細胞内の化学組成をつないで記憶を安定化することも可能になる．本節ではそれを修飾 θ_i とタンパク質発現量 x_i の間のフィードバック過程として導入したけれども具体的反応を考えて調べていくことも今後必要であろう[10]．

---

10) ミクロな修飾過程を考えたエピジェネティック適応モデルについては [Himeoka and Kaneko 2018] も参照されたい．

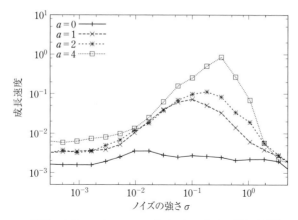

図 6.11 エピジェネティック・フィードバックによる，異なる環境への適応．エピジェネティック・フィードバックによる成長速度増加をノイズの関数としてプロット．フィードバックの強さ $a = 0, 1, 2, 4$ に対する結果．ノイズの大きさが適度であれば $a > 0$ が大きくなると成長速度の高い状態が安定化される．[Furusawa and Kaneko 2013] に基づく（古澤力氏のご厚意による）．

6.5 動的記憶の生物学的意義と実験的検証 (E)

実験的検証の可能性を議論する前に，もう一度本章の動的記憶を通常の多重安定性の記憶と比較して細胞生物学的意義を議論しよう．

(1) 記憶の消去が容易である．多重安定記憶の場合は早く消去しようとすると，熱が発生したりコストがかかったりする．これに比して動的記憶は変化を遅くさせていた酵素の不足を解消すれば簡単に消去できる．

(2) 動的な処理や埋め込みが容易である．もともと遅い時間スケールでゆっくり変化している現象としての記憶であるので，ほかのダイナミックな現象とのやりとりが容易であり，外界の速い変化を遅い過程に徐々に埋め込んでいくのに適している．こうした速い現象の遅い現象への埋め込みは次章の細胞分化，第 8, 9 章の表現型進化で本質的になる．

(3) オンオフといったデジタル記憶でなく，修飾された分子の量として連続的なアナログ記憶が可能である．これは計算機での記憶とは異なるタイプの記憶であり，生命現象ではむしろこういう形の記憶が重要とも考えられる．

(4) もちろん，欠点はある．徐々に（$\log(t)$ 緩和で）記憶が失われていくの

が弱い点ではあろう．そのかわり，この動的記憶を短期記憶として，多重安定性の長期記憶への媒介とすることも可能であろう．

さて，現状では，ここで述べた動的記憶の直接的な実験検証はあまりおこなわれていない．この描像の追究がなされていないのは，記憶＝双安定（多重安定）および緩和＝指数関数（さらに，その前提で半減期を求める）といった先入観にも起因すると思われる．ここで議論した動的記憶を確認するには１つには指数よりも遅い，対数関数型の緩和をみいだすことであり，他方では酵素量律速が働いているかどうかを，酵素量を調節することで確認することであろう．

たとえば，神経系ではシナプスの長期増強 (LTP) が記憶に重要とされている．6.1 節で述べたように，初期の増強ではタンパク質合成を伴わず，カルモジュリンキナーゼ II (CaMKII) などが重要と考えられている [Lisman and Goldring 1998; Lisman *et al.* 2002]．一方で後期ではタンパク質合成を伴って cAMP-responsive element-binding protein (CREB) などが重要とみられている [Silva *et al.* 1998]．

ここで興味深いのは CaMKII と CREB も 6.2 節のモデルのように，多数のリン酸化部位をもつ多量体タンパク質である点である．多数の修飾部位をもっているので，単純化するとまさに図 6.3 のような構造をもっている，そして神経系のシナプス可塑性はこの 6 量体の CaMKII のリン酸化状態と関係すると考えられている．従来の描像にしたがって，このリン酸化状態が双安定性を有するか調べられているが，いまのところ否定的な結果しか得られていない [Lisman *et al.* 2002]．その意味でこの系で 6.2 節の結果を実験的に検証することは興味深い．

さらにこの CaMKII のリン酸化状態は Ca などのシナプス可塑性に関わる既知のシグナル系でコントロールできることも示唆されている．したがって，6.4 節のように，細胞内部の状態と関連分子の修飾状態が相互に安定化してミクロとマクロが整合した長期記憶状態を形成しているとも考えられる．このようにして分子内修飾と細胞内化学組成の整合性の立場で神経系の記憶の基盤を考え，その実験的検証をおこなうのは今後重要であろう．

もちろん，動的記憶は実験的検証だけでなく，理論的にもまだまだ今後発展させるべき課題を多くかかえている．たとえば多重安定性であれば 2 状態の選択が 1 ビットの記憶単位であり，システムがどれだけの記憶容量をもてるかが明確に調べられる．これに比して動的記憶の容量については現在理論が整備中

166 第 6 章 細胞の記憶

の段階である.

6.6 まとめ——本章で議論された普遍的性質

- デジタルな記憶は異なる安定状態として理解されているが，細胞ではそれ以外に連続的変化としての記憶が存在している (E)[11].

- 細胞には遺伝子以外でも長期記憶を維持することができ，広くエピジェネティクスとよばれている．そのいくつかは DNA などの分子の修飾によると考えられている (E). この結果，表現型の速い変化，エピジェネティクスによる中くらいの変化，遺伝子型の遅い時間スケールの現象が細胞の中に存在し，これらが互いに干渉して速い変化を遅い過程に埋め込んでいる (A).

- ガラス理論の運動論的拘束を踏まえると，従来の多安定状態の記憶とは別に，遅い緩和を用いた動的記憶が考えられる．それらは時間に対して対数で変わる遅い緩和と緩和過程の途中でとりうるさまざまなプラトーで特徴づけられる (A, C).

- 段階的な反応を同じ酵素が触媒している場合，その量が十分でなければ酵素競合律速により反応過程が抑制され，上記の意味での動的記憶を生じさせられる (B).

- 触媒反応の組み合わせでは，その中に基質と酵素の量に負の相関が生まれ，それにより上記のような多くのプラトーをもつ緩和過程が実現し，複数の状態が長期にわたり維持される (C).

- 細胞内状態を分子修飾に埋め込み互いに強化することでエピジェネティックな記憶を形づくることが可能であり，それにより以前経験したことのないさまざまな環境への適応が可能になる．この結果，可塑的な変化と適応状態の頑健性が両立できる (B, C).

---

11) なお本章の議論はすべて時間に関係していて D であるので，それは明記しない.

6.7 付録——動的記憶のチェイン修飾モデル

N 修飾部位のある基質 S と触媒 C を考え，S_i, CS_i をそれぞれ i 部位が修飾された 基質と基質 – 触媒 – 複合体とする．ここで，それぞれの i について和をとった合計量は保存されており，それを $[S]_{\text{total}}$, $[C]_{\text{total}}$ としよう．するとそれぞれの濃度 S_i と CS_i の変化は

$$S_i \to^{a_{i+1}} S_{i+1},$$

$$S_i + C \rightleftharpoons^{k_i^+}_{k_i^-} CS_i \to^{b_i} S_{i-1} + C$$

で与えられる．ここで遊離した（つまり複合体をつくっていない）酵素の量を $[C]_{\text{free}}$ とすると，各基質の量の時間発展は

$$\frac{d[S_0]}{dt} = -a_1[S_0] + b_1 \frac{[C]_{\text{free}}[S_1]}{K_1 + [C]_{\text{free}}},$$

$$\frac{d[S_i]}{dt} = -a_{i+1}[S_i] + b_{i+1} \frac{[C]_{\text{free}}[S_{i+1}]}{K_{i+1} + [C]_{\text{free}}} + a_i[S_{i-1}] - b_i \frac{[C]_{\text{free}}[S_i]}{K_i + [C]_{\text{free}}},$$

$$\frac{[S_N]}{dt} = a_N[S_{N-1}] - b_N \frac{[C]_{\text{free}}[S_N]}{K_N + [C]_{\text{free}}}, \tag{6.6}$$

$$[C]_{\text{total}} = \sum_{i=0}^{N} \frac{[C]_{\text{free}}[S_i]}{K_i + [C]_{\text{free}}} + [C]_{\text{free}} \tag{6.7}$$

であらわされる．ここで $K_i (= k_i^-/k_i^+)$ は S_i と複合体の解離定数（はずれやすさ）である．ここでこれは修飾度合い（たとえばリン酸化度合い）i が増すにつれ増加するとし，具体的には $K_i = K_0 \times \gamma^i$ の形をとるとする．そこで修飾度合い（$\sum_{i=0}^{N} \frac{i[S_i]}{N[S]_{\text{total}}}$）がいかに緩和していくかをこの式から計算できる．

7 | 細胞状態の分化

7.1 分化における基本的な問い

　細胞が分裂し，その数が増えていくと，そのまわりに細胞がいることになり，必然的に細胞の集団が形成される．そうなると，増殖のために必要な栄養は枯渇していき，この集団が維持され成長し続けるのは困難になっていくであろう．その際，第1章でもふれたように，多様化するというのが予想される道筋である（第1章図 1.1 も参照）．この際，それぞれ異なる複製系（生物）が集まって多様化する，という道筋が1つありうる．生態系は全体としてそのような多種共生システムを形成しているとも考えられる．あるいは，多種のバクテリアからなるバイオフィルムもその小規模な例と考えられる．この場合もこのシステムが定常的に維持されるためには，それぞれの種類が同じ速度で増えていかなければならない．そうでなければ，ある種類の細胞が他を駆逐する，という道筋が容易に予想される．多種類の細胞が共存できたとしても，この集団自体が複製され再生産されるのはさらにハードルが高くなるだろう．

　一方でもし，1つの細胞から始まり，それが増えていくにしたがって多様になり，その細胞集団が安定して維持されるのであれば，これらの細胞は共通した遺伝子をもつ細胞なので，この集団は多細胞生物の原型を与える．さらにこの集団から1つの細胞が切り出されてそこから再び増殖が始まれば，細胞集団の再帰的増殖という1階層上の複製系が可能になる．これが多細胞生物の起源と考えられる [Furusawa and Kaneko 2002; Kaneko 2016]．

部分と全体の整合性

　実際に，多細胞生物の発生現象においては，複雑な化学反応過程をもった細胞が個数を増やしながら各細胞が異なる状態をとるように分化し，その比率もほぼ決まっている．では，このような分化過程はいかにして可能であろうか？

　まず，この場合，第3章でみてきた同じものをつくるという複製と他の細胞状態に変わるという分化が共存していなければならない．前者はその細胞状態の安定性であり，これに対して後者は他の状態に変化するという可塑性である．もちろん，後者には何らかの細胞外からの刺激が要るのかもしれないが，いずれにせよほぼ同じ環境の中で複製と分化の両者が共存して起こっている．その共存はいかにして可能なのだろうか？

幹細胞性 (stemness)：可塑性と安定性の両立

　多細胞生物には通常，幹細胞とよばれる，他の細胞をつくりうる能力を有する細胞が存在する．幹細胞は自己複製する能力と他の細胞タイプへと分化する能力をもっており，複製するための安定性そして，他へと分化できるという可塑性をもっている．

　一方でこの細胞が分化していくと，ついには自分自身をつくるだけの，分化が決定した細胞が生まれる．こうして決定した細胞の状態は安定しているであろう．そこで，問うべきは，まず細胞状態の可塑性がどのようにして生まれてくるか，そして細胞集団の成長とともにいかにしてそれが失われて決定した状態ができていくかになる．

分化多能性と可塑性

　幹細胞の種類ごとにどの範囲内の細胞タイプをつくれるか，その度合いは異なる．つまり他の細胞タイプを生成する能力，分化多能性には差がある．はじめには，個体内にある細胞タイプすべてを生成しうる，全能性の細胞が存在する．次に，すべてではないけれど，ある範囲内の細胞タイプをつくりうる多能性をもった幹細胞が存在する．たとえば，白血球，血小板，赤血球など血液中の細胞をつくりうる造血幹細胞，ニューロン，グリアなど神経系の細胞すべてをつくりうる神経幹細胞などである．ここで，正常な発生過程では造血幹細胞から神経細胞は生じてこない．つまり，正常な発生過程においては，他の細胞へと分化しうる能力は分裂とともに減少していく．

この意味で，「正常な発生過程では」，分化の能力に不可逆性が存在するとみなしてよい [生命本; Forgacs and Newmann 2005][1]．大雑把にいえば，どのような状態になりうるかの可能性（多能性，potency）と可塑性，すなわち変化しやすさ，は関係しているはずである．細胞の「可塑性」(plasticity) は，外部環境の変化に対して細胞の状態がどれだけ変化するかという「変わりやすさ」と考えられる．そこで可塑性が大きいほど多能性も高いだろう．それゆえ，分化過程の指標としては可塑性を用いればよく，そうであれば分化過程は，可塑性の減少として理解できよう．この場合，この可塑性が細胞の遺伝子発現からいかに表現されるのかが問いとなる．そして，これに答えられれば分化を巻き戻すための操作には何が必要かの理解もえられるであろう．

発生過程の安定性

一方で，発生過程は驚くべき安定性をもっている．これまでみたように，細胞内の遺伝子発現過程は大きくゆらいでいるにもかかわらず，複雑な発生過程を経てつくられる各細胞タイプの種類，その状態，それぞれの細胞タイプの割合，そしてそれらの空間的配置は安定している．ここで，この安定性は階層性をもっている．各細胞の状態は遺伝子発現過程でノイズがあっても，ある範囲にとどまる，それが細胞状態の安定性である．一方で，細胞集団内の各細胞タイプの数を考えると，その比率が発生過程でのノイズや擾乱に対してある範囲に留まっている，これが細胞集団の安定性である．このように発生過程は各階層での安定性をもっている．

すでに述べられているように，細胞タイプの「アトラクター仮説」は各細胞状態の安定性を説明できる．アトラクターであれば，ノイズがあって状態がずらされても，もとの状態へひき戻されるからである．一方で，組織内に各細胞タイプが存在し，その個数の比率がほぼ一定に保たれるといった細胞集団の安

---

1) 一方，「正常」ではなくて，たとえば，外部からなんらかの操作をおこなえば，この分化の不可逆性を巻き戻すことができる．これは，植物では以前から知られていた [Steward *et al.* 1958] が，動物ではガードン (Gurdon) ら [Gurdon *et al.* 1975] がカエルの体細胞クローン作りで，この巻き戻しに成功した．彼らは，決定した体細胞の核を別な細胞へ移植して，そこから全能性を回復させた．その後，キャンベル (Campbell)，ウィルムート (Wilmut) らにより哺乳類でも体細胞クローンが（飢餓状態を経ることで）つくられた [Campbell *et al.* 1996]．また，高橋と山中は，決定した細胞（線維芽細胞）のいくつかの遺伝子発現を活性化することで，多能性を回復させることに成功し，この誘導された人工多能性幹細胞は iPS 細胞 (induced Pluripotent Stem Cell) と名づけられている [Takahashi and Yamanaka 2006].

7.1 分化における基本的な問い　*171*

定性を理解するためには 1 細胞状態と細胞集団状態の階層間整合性を理解しなければいけない．これには細胞内部のダイナミクスと細胞集団内での細胞間相互作用を考える必要がある．

7.2 発生のマクロ現象論の可能性 (A, E)

発生過程の頑健性を考えるため，Waddington は 1950 年代に発生ダイナミクスを図 7.1 のような地形として描いた（第 2 章にも載せているが少し加筆してここで再掲した）．ボールは各時間で，地形の低いところに転がる．これが安定した細胞状態である．発生時間とともに，この谷の地形は図のように枝分かれしていく．その結果，ボールが存在できる谷は複数になる．これらは安定した細胞状態なので，細胞が複数の状態に分化することを表現している．彼は，この地形を「epigenetic landscape」（エピジェネティック（後成的）地形）と名づけた．横軸は細胞の性質（種類）をあらわしており奥行は発生時間と考えられる．この描像はとくに，近年になって再評価され注目を集めている．

さて，問題は実際にこのような地形を測定できるのか，この地形の平面や高さ

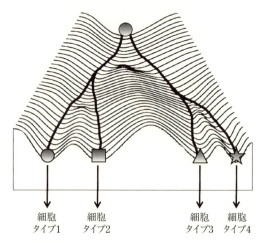

図 7.1 Waddington によるエピジェネティック（後成的）地形と細胞分化描像の模式図．ポテンシャル地形にそって低いところに枝分かれしていく．[Waddington 1957] をもとにして描いた模式図．

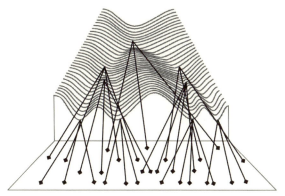

図 7.2　図 7.1 の Waddington の地形図での変化は遺伝子発現（とエピジェネティック過程）が支えている．図の下の面が地形変化を制御する遺伝子を描いている．[Waddington 1957] をもとにして描いた模式図．

は何をあらわしているか，である．Waddington はこの図形の背後にある数理的・生物学的構造を明らかにしようとした．彼の著書には，この地形の図の前に，発生の相空間 (phase-space) ダイアグラムという図があり，そこには状態空間の中で細胞が引き込まれていく先が発生時間とともにどのように変化していくかが描かれている．さらに Waddington は Rene Thom らの数学者を集めて，この地形描像を，今日でいえば力学系といわれる数学によって理論化しようと試みた．一方で，この地形の図の次には「エピジェネティック地形を下支えする相互作用の複雑系 (complex system of interaction underlying the epigenetic landscape)」というタイトルの図があり，そこではこの地形変化を遺伝子が糸で引っ張って操っている図が描かれている（図 7.2）．

　このような洞察による正鵠を得た研究プログラムは残念ながら 1950 年代には具現化しなかった．60 年代に至って，Goodwin, Kauffman らが遺伝子発現（タンパク質濃度の）力学系のアトラクターとして細胞状態をあらわす研究を進めた [Goodwin 1963; Kauffman 1969]．これは多種のタンパク質（ないし mRNA）の量をあらわす状態空間を考え，これらの相互制御による変化を考えるものである．これについては 7.4 節以降で議論するが，谷をアトラクターとしてあらわしたとしても，まだ，実際の発生現象をマクロにみたときに，この地形の高さは何か，この平面は何か，地形図の奥行方向が発生時間だとすると谷がつくられていく過程は何なのか，そしてそのようなマクロな地形を支持

7.2　発生のマクロ現象論の可能性 (A, E)

するデータはあるのかといった問題が未解決である.

遺伝子発現の状態空間を考えると,遺伝子(タンパク質)の種類は多数なのできわめて多次元の空間である.一方 Waddington の地形の谷は1つの横軸の方向に対して分かれていく.発生過程全体をみていくには,谷が1次元の方向であらわされるという図は単純すぎるかもしれない.それでも,ある組織やグループの細胞集団は,1つの方向での地形の枝分かれの結果得られているのであろう.たとえば,ニューロン,グリアなどを含む神経系の細胞集団の分化過程あるいは白血球,血小板,赤血球などを含む血液細胞の分化過程のそれぞれは1つの地形での枝分かれと考えられるであろう.すると,発生過程での地形描像がなりたつのであれば,細胞分化過程が1次元方向とまでいわなくても少数の次元であらわされていると考えられる.トランスクリプトーム解析で登場するような,数千,数万の種類のタンパク質 (mRNA) の発現量それぞれをすべて独立にあらわす記述が必要であったら,こうした少数次元での地形描像自体は不可能であろう.

以上は地形変化の横軸が少数でかけるということであったが,そもそも大自由度の遺伝子発現パタンから地形の高さという1つの(マクロ)量がつくられるというのも重要な点である.ここで,遺伝子発現パタンで与えられる細胞の状態空間の各点に対して,「可塑性」という量が定義されていると考えてみよう.ここで可塑性は変化しやすさであるから,近傍に変化しにくい状態があれば,変化しやすい状態から変化しくい状態への流れができるであろう.つまり,その空間の中で可塑性が極小となる領域に状態は向かうと予想される.そこで,この可塑性の地形が発生過程とともに変化していき新たな極小点が生まれるとすれば Waddington の描像を理解できる.

とはいえ,これも細胞内の膨大な自由度から可塑性という1つの量が導かれるとしてなりたつ話である.そこで発生の現象論でまず考えるべきことは,細胞は元来膨大な自由度をもっているにもかかわらず,細胞分化過程が少数次元の空間上での高さで表現できるのかどうか,である.いいかえれば地形という「マクロ」描像が妥当かどうかである.地形をあらわすマクロ変数が存在すると考えられるか,その地形を描くための次元は少数なのか,である.

ではこのような少数の自由度で制御される地形が存在しているということを支持する実験データはあるのだろうか.完全な証拠はまだ得られていない.ただ浅島らによる組織構築実験はこの傍証になるとも考えられるので,次節では

174　　第7章　細胞状態の分化

まず，この実験を論じよう．

7.3　未分化細胞からの組織構築実験 (A, E)

　浅島らは，カエルの卵の未分化細胞の集団をアクチビンというタンパク質分子の溶液にしばらく浸して分化を誘導させてさまざまな組織を構築することに成功した [Ariizumi and Asashima 2001]．具体的には卵の動物極側にあるアニマルキャップとよばれる部分からとりだした細胞集団をアクチビン溶液下で培養した（正確にはアクチビン A）．すると，そのアクチビン溶液の濃度の違いによって，心筋，脊索，骨格筋など異なる組織が形成された．つまり，アクチビン濃度という 1 つの制御パラメタで多くの異なる組織がつくられたのである．さらに，レチノイン酸（場合によってはそれに加え ConA というタンパク質）を用いて，それらの濃度を変えることで，カエルのほぼすべての組織が構築された．こうした成分の濃度の軸を用いれば，異なる組織が（ないし細胞タイプ）を順に並べられる（図 7.3 参照；ConA は例外的に必要な組織があるだけなのでここには入れていない）[Kaneko *et al.* 2008]．これは，多くの組織が，アクチビン，レチノイン酸濃度という 2 つの軸を用いて 2 次元の相図上に表現されることを意味している．

　興味深いことに，このアクチビン－レチノイン濃度軸で並べた組織の順序関係は，ほぼ体の背腹，前後の軸で並べた組織の順に対応している（多少，斜めになっているところはあるけれども）．大雑把にいえば，発生の結果でできた組織の空間的配置と，構築実験で与えた化学成分の濃度の順に並べた組織の間に対応関係があるということである．つまり，少数の成分濃度がパラメタとして制御することで，分化した細胞の安定した配置が可能になっていると考えられる．ここでさらに興味深いのは，実際の発生過程ではアクチビンやレチノイン酸は発生過程で重要な役割を果たしているとはいえ，この実験で用いられたような高い濃度が実現しているのではないという点である．実際の発生はこの分子だけで制御されているのではなく，もっと多様な成分を用いている．しかし，結果として多くの成分での制御がこの 2 成分の濃度パラメタに射影することができるのである．重要なのはまず，(i) このような，正常な発生過程とは異なる擾乱を用いても，正常発生過程と同じ組織が形成されたことである．これは，細

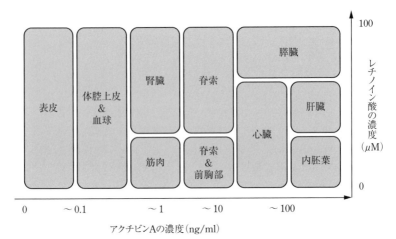

図 7.3 浅島らの実験により，アクチビンとレチノイン酸の濃度を変えたときに得られる組織の相図．[Kaneko et al. 2008] に基づく．

胞タイプが，安定した落ち着き先，力学系でのアトラクターとして存在していることを示唆する．(ii) ついで，多くの安定状態（各細胞タイプ）へ向かう道筋が少数個の変数だけで制御されうることを示唆する．つまり，遺伝子発現状態は数千自由度あり，実際の発生過程は複雑であるけれども，生物学的に意義のある細胞状態は少数自由度で制御されていることを意味する．

　アクチビンなどでの制御は，その高い濃度の溶液に浸すことで，細胞の状態が不安定化されて，他の状態へのパスが開かれてくるとみなせる．アクチビンの濃度に応じて，より到達しにくい組織へのパスが開かれる．すると，その濃度に応じて組織を順序づけることができるだろう．順序があれば，それをある量の高低で表現できる．この量は可塑性（変わりやすさ）をあらわしていると考えてもよいであろう．初期の未分化の状態は可塑性が高く，アクチビンの濃度に応じて可塑性の低い状態へと遷移させられると考えればよい．こうすれば，可塑性の高低差を，その組織を構築するのに要したアクチビンの濃度に対応づけられる．こうして描いたのが図 7.4(a) である．

　この図の可塑性の谷は Waddington のエピジェネティック地形の谷に対応している．Waddington の地形は時間が奥行，細胞種類が 1 次元空間でかかれていたけれど，ここでは細胞種類は 2 つの軸で描かれている．Waddington の地形では横軸の具体的表現は明らかでなかったけれども，ここではその軸は実験

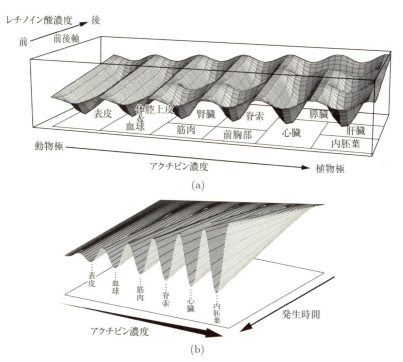

図 7.4 浅島らの実験から推定された，分化の順序関係をあらわす可塑性ポテンシャルの地形．(a) 図 7.3 から想定される 2 次元地形（発生ステージ後期）．(b) 発生ポテンシャル地形の変化．初期から発生時間とともに深い谷がつくられる．2 次元地形のうちレチノイン酸を 0 としてアクチビン濃度のみ変えた軸の 1 次元方向で，発生のエピジェネティック地形を描いたもの．[Kaneko et al. 2008] に基づく．

で用いたアクチビンとレチノイン酸の濃度として操作的に決められている．そしてその軸は背腹，前後という体の軸とも関連づけられている．

図 7.4(a) は発生が進んだあとでの地形であるが，これは発生とともに形成されていく．発生の各段階でのアクチビンの作用の結果からこの地形の形成過程を推定できる．2 次元上の地形の変化を描くのはわかりにくいのでそのうちアクチビン軸（発生でいえば背腹軸）の方向での地形の変化を描いたのが図 7.4(b) である．この図には発生のステージとともに谷が形成され深くなっていくという地形の変化が表現されている．

この地形変化は，あくまで実験から類推されたものである．では，この可塑

性地形をもとにして新しい予言をおこなって，この地形の妥当性を実験的に検証することは可能であろうか．可塑性は変わりやすさであるから，可塑性の高い組織と低い組織を接触させれば，高い組織のほうが変化させられやすいはずである．つまり図 7.4 でいう深い谷と浅い谷の組織である．ここで深い谷は高濃度のアクチビンに浸した細胞群でつくられたもので，浅いほうは低濃度に浸してつくられる細胞群である．そこで高濃度に浸してつくられた組織と低濃度でのそれとを接触させてみる．上の現象論によれば，低濃度に浸してできた組織のほうが可塑性が高いから，そちらが変化（誘導）させられるはずである．実際にこの実験をおこなうと [Kaneko *et al.* 2008]，その予想通りになる．

　組織の接触により可塑性の高い組織のほうが誘導されるという現象は正常な発生過程でも生じる．その例が原腸陥入である．原腸陥入では，細胞集団が折りたたまれ，それまで離れていた細胞が接触しはじめる．この接触の結果，細胞状態が不安定化する．すると長い間，接触を受けた細胞，つまり初期に接触をはじめた細胞ほど，可塑性のポテンシャルの谷をのぼって，異なる状態へと飛ばされると予想される．そこで，誘導された組織を上の実験で要したアクチビンの濃度順にならべたものと原腸陥入での接触時間での順にならべたものは一致すると予想される．実際，どちらも脊索，腎臓，筋肉の順になっていて，可塑性の順序という考え方の妥当性を示唆する．

　こうした可塑性に対応する量は生物学でどのように考えられるのであろうか．外部環境の変化への応答度合いが高ければ可塑性が高いのであろうから，これは外部シグナルに対して細胞内の状態がどれだけ変化するかの度合いと対応する．この応答の指標として細胞生物学では細胞外からのシグナル分子による遺伝子発現変化の度合い，反応能 (competence) という指標が用いられてきている [Grainger and Gurdon 1989]．細胞外からのシグナル分子が遺伝子の発現にどれだけ影響を及ぼすかの感受性をあらわす指標である．これは物理でいえば応答度合い，つまり感受率 (susceptibility) である．ただし，反応能の場合は膜のレセプターが変化し，それがシグナル伝達系を経由して遺伝子発現の変化にまで至った総体なので，特定の分子の性質であらわされるような単純な指標ではなく，明確な数理的定義が与えられている段階にはない．しかし，いずれにせよ，ここでの結果では可塑性 〜 反応能という細胞の「マクロ状態変数」があって，それで分化しやすさがあらわされるということを示唆している．

7.4 細胞分化の相互作用力学系 (B, C, E)

7.4.1 相互作用力学系モデル (B)

細胞個々の遺伝子発現レベルから分化過程を理解する上では，各細胞の遺伝子発現状態を力学系として考えて，それがいくつかの安定した状態に落ちると考えるのが妥当とも考えられる．たとえば，図 7.5 のような 2 つの遺伝子が互いの発現を制御しているネットワークを考えると，この細胞の状態は X_1 と X_2 の濃度変化の力学系であらわされる．両者の濃度がどう変化していくかは図のように 2 次元空間でのフローとしてあらわされるので，初期条件に応じて 3 つの定常状態（アトラクター）に向かうことになる．そこで，これら 3 つのアトラクターを異なる細胞タイプと考えることができる．より複雑な遺伝子制御ネットワークを採用すれば，多くのアトラクターをもつような系をつくることも可能である．

このように各細胞タイプを力学系のアトラクターとする見方は細胞タイプの

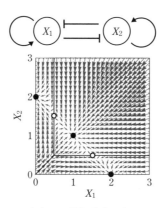

図 **7.5** 多重アトラクターをもつ 2 遺伝子ネットワークの例．X_1 は自身の発現を活性化して X_2 の発現を抑制し，X_2 は自身の発現を活性化して X_1 の発現を抑制する．これをタンパク質量 X_1, X_2 の変化の力学系であらわせば，2 次元でのフローで表現され，黒丸で示された 3 つのアトラクターが存在する．[Huang et al. 2009] のモデルをもとにした．実線で区切った範囲が 3 つのアトラクターそれぞれにひきこまれる初期条件（ベイスン）である（山岸純平氏のご厚意による）．

安定性を考えるうえで基本的であるが，それだけでは，細胞分化を十分理解することはできない．というのは，いかにして細胞が各アトラクターに落ちるための初期条件を細胞タイプに応じて変えるのかが与えられていないからである．上のアトラクター描像の場合，遺伝子発現ダイナミクスに加わっているノイズによって状態が遷移させられるというのが1つの可能性である．アトラクターごとにその安定性の度合いが違えば，初期の細胞タイプから別のタイプへと遷移する．これは1つの可能性であるが，まだ問題がある．1つは最初の細胞状態がある段階までは安定していて，発生過程の進行とともに分化するためには，ノイズの強さがほどよくチューン・アップされていなければならない．とくに，幹細胞からの不可逆性を考えると，いったん分化した細胞がもとに戻らないためには，ノイズはあまり大きくてはいけない．一方で最初に幹細胞が分化するにはノイズは十分強くないといけない．そのうえ，幹細胞は自己複製と分化の両面を有するので，その両立のためには，より一層のチューン・アップが必要になる．さらに，発生過程の安定性のためには集団内の各細胞タイプの割合はある範囲に保たれなければならない．すでに述べたように，これらを考えるうえでは，1細胞の遺伝子発現ダイナミクスだけを考えるのでは不十分であろう．

　ここでWaddingtonの地形をふりかえってみよう．地形にそってどの状態に引き込まれるかは力学系で表現されているとみなせるとして，では，地形自体が変化していく過程はどう考えればよいのだろうか．これは発生の時間経過とともに地形が変わっていくことである．しかし，細胞は分化していっても同じ遺伝子をもつので，遺伝子発現の力学系自体は変わらない．では，この地形変化＝力学系の変化はどのように考えればよいであろうか．1つは，細胞間の相互作用を考え，発生過程で細胞数が増えていくと，その相互作用が変化するという視点である（図7.6）．細胞内の遺伝子発現ダイナミクスは細胞間相互作用にも影響されるので，細胞の状態をつくる地形は変化していくからである．もう1つの可能性は，細胞内のダイナミクスにゆっくりと変わる部分があり，それが地形のゆっくりした変化をあらわすというものである．実際，エピジェネティクスの研究により，遺伝子発現を司るプロモータに修飾がかかることで，発現ダイナミクスが変化しうることが明らかになってきている．まとめると，相互作用や修飾が変化しない時間スケールでは遺伝子発現ダイナミクスが谷へ落ちる過程をあらわし，相互作用や修飾の変化がゆっくりした地形変化を与えると考えられる．以下では，細胞と細胞集団との階層間整合性の立場との関連か

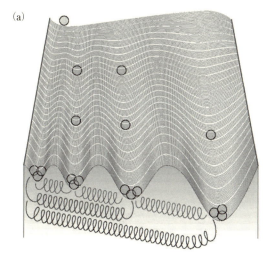

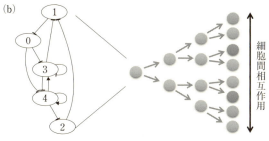

遺伝子制御ネットワーク　　　　細胞数増加

図 7.6　(a) 相互作用分化描像の模式図：ばねで表示した細胞間相互作用によって細胞個々の地形が変化され，互いを安定化していく．[Kaneko and Yomo 1997] および [Kaneko 2011a] に基づく．(b) 内部に遺伝子制御ネットワークをもつ細胞が増えていき相互作用するにつれて分化するモデルの模式図．[Suzuki *et al.* 2011] に基づく．

ら，まず細胞数変化による相互作用変化を議論する．後者のエピジェネティック変化については時間スケール間の整合性との関連で 7.7 節で議論する．

実際，われわれは 20 年以上前から，(i) 細胞内の反応ダイナミクス，(ii) 細胞間相互作用，(iii) 細胞分裂に伴う細胞数の変化をとりいれたモデルを考えてきた [Kaneko and Yomo 1994, 1997, 1999; Furusawa and Kaneko 1998a, 2001, 2009, 2012a]．とくに，細胞内の化学成分の濃度が時間的に変動する場

合，細胞間での成分のやりとりの相互作用によって分化しうることを示してきた．ここで振動している状態は複製と分化の両面をもち，分化多能性を有する．この細胞が増えていくと，細胞間相互作用により分化した状態が生じる．分化した細胞状態は成分組成の多様性が減少し，また濃度の振動を失う．これをもとにして分化多能性の状態論，不可逆分化，細胞比率制御の理論を提唱した．また，理論の帰結として複数の遺伝子を強制発現することで，分化した細胞に多能性を回復できることを予言した [Furusawa and Kaneko 2001]．ここで (i)から (iii) の各過程のモデル化にはさまざまな可能性があるが，このような「細胞内反応ダイナミクス – 細胞間相互作用 – 分裂による細胞数の増加」をとりいれたさまざまなモデルを調べた結果，振動状態からの相互作用による細胞分化過程は広くみいだされた．ここで (i) について触媒反応ダイナミクスを用いたものは [生命本] ですでに紹介したので，遺伝子発現ダイナミクスを用いたモデルを例として，その基本メカニズムを紹介しよう．

7.4.2 振動からの分化 (B, C)

細胞内の遺伝子発現ダイナミクスとして，(i) k 個の遺伝子が互いに他の発現を活性化ないし抑制し，それにより各遺伝子の発現量（タンパク質種 $i (= 1, 2, \cdots, k)$ の濃度 x_i）が変化する，(ii) 一部の成分を細胞間でやりとりする相互作用があり，その結果その成分濃度が各細胞で変化する，(iii) 細胞分裂による細胞数の増加により細胞間相互作用が変化する，という 3 点をとりいれたモデルを調べた（図 7.6(b)；具体的には付録参照）．この (i) は正（活性化）負（抑制）のパスからなる遺伝子制御ネットワークであらわされる．それは膨大な可能性がある．たとえば，鈴木ら [Suzuki et al. 2011] は 5 つの遺伝子が 10 本のパスで互いに制御し合うネットワークを調べた．この場合互いの制御ネットワーク（活性化，抑制化）には約 1.5×10^8 の可能性があるが，そのすべてをとりあげ，1細胞から細胞数が増加していって 32 になった段階で異なる状態をもった細胞が存在するかを調べた．ここで異なる状態とは，遺伝子発現パタンが異なる，つまり x_i（時間変動する場合はその平均）のいくつかが十分異なるという判定である（状態空間で異なる領域，アトラクターとなっているといってもよい）．この結果から，分化を示す遺伝子制御ネットワークをスクリーニングした．

この結果は 2 つのクラスに分けられる．1 つは，1 細胞では安定していたア

182　第 7 章　細胞状態の分化

トラクターが複数細胞になると相互作用で不安定化し，（対称的な）2種類の状態に分かれる場合である．これは，古典的なチューリング不安定性をもとにして理解できる [Suzuki *et al.* 2011; 金子他 2019]．ただし，この場合，最初の細胞は結果自分と同じ状態を再生産できず，一方でそのあとにできた2種類の細胞は，以後自己複製するだけである．これに対して，多能性をもつ細胞には，複製と分化の両面があって，それが相互作用に応じて現れることが要請される．すると，このクラスの場合ではこの両面をみたす細胞は存在していないので多能性をもつ幹細胞からの分化の説明にはならない．

　これに対して，他方のクラスでは，まず初期のS細胞の成分濃度は1細胞の状態では振動している．このS細胞の振動状態は細胞数が分裂して増加していっても，ある段階までは維持される．ここで，振動は細胞ごとに同期しているわけではなく，その位相はばらついている（図7.7参照）．さらに細胞数が増えていくと，細胞間相互作用により，一部の細胞はいくつかの成分の発現が抑えられ他のいくつかの成分は高く発現した，はっきりと異なる状態へとスイッチする（「タイプA」の細胞）．この新しく生じた細胞では成分の振動が消滅し，成分濃度はほぼ一定の状態になる．この分化は各成分の状態空間で描くと図7.7のようになる．もともとあった振動状態のアトラクターへの吸引が相互作用項によって失われ，新たに生じた固定点のアトラクターへの遷移としてこの分化は捉えられる．

　この状態Aは以降，分裂すると同じ発現状態をもった細胞を複製し続ける．その一方でもとのS状態は図のように状態空間内での振動を保持する．さらに細胞数が増えていくとS状態の細胞は分裂に際しある割合で，振動状態を保った細胞を複製し，残りはタイプAへと分化する．まとめると分化多能性は変動する発現状態であらわされ，それが失われることが分化決定に対応する．

　この分化の仕組みは力学系としては，相互作用による分岐として理解されている [Suzuki *et al.* 2011; Goto and Kaneko 2013; 金子他 2019]．1細胞内の成分の変化は図7.7のような軌跡のアトラクター（安定した状態）となる．しかし，細胞がこの軌跡上の位相が異なる状態になるとそれぞれの細胞が受ける相互作用は変化し，その結果，この状態のフローが変化する．たとえば図では位相の異なる2つの状態が泣き別れをする．片方がもとのアトラクターのベイスン（引き込む領域）を超えて別な状態に移る．そのベイスンに近づくタイミングの違いによって，片方だけが遷移する．力学系の言葉では，相互作用に

7.4　細胞分化の相互作用力学系 (B, C, E)　　*183*

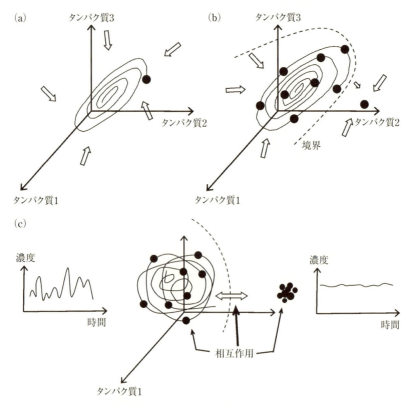

図 **7.7** 遺伝子発現ダイナミクスの振動状態からの分化過程の模式図．(a) 1 細胞で発現の振動状態をもつ．(b) 細胞ごとに振動の位相が分かれていく．相互作用により新たな状態へと分化して，その細胞は振動しなくなる．(c) 両タイプの細胞は相互作用により安定化する．振動している状態が本文の S に対応し，(b) で右にできた固定点状態が A である．この図は模式図であるが，遺伝子発現の力学系を相互作用させたモデルのシミュレーションで，この結果は得られている．それについては [Suzuki et al. 2011; Goto and Kaneko 2013]，またそれ以前のものとしては [Furusawa and Kaneko 1998a, 2001; Kaneko and Yomo 1994, 1997, 2000] などを参照されたい．

よって分岐がおこり，それで別な状態へと遷移する．一方で振動状態に残った細胞は，遷移した細胞との相互作用により，もとの状態が安定化される．最終的にはそれぞれが受ける相互作用項と 1 細胞のダイナミクスのもとでどちらの

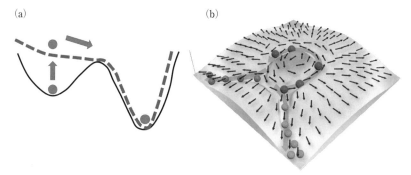

図 7.8 (a) 固定状態からの分化と (b) 振動状態からの分化の「地形」的イメージの模式図（古澤力氏のご厚意による）.

細胞も安定した状態に落ち着く[2]．

この相互作用力学系理論での，振動による分化と従来の固定状態間の分化との違いは次のように直感的に理解することができる．固定点状態からの相互作用による分化の場合は図 7.8(a) のように谷が浅くなり，ボールが転がる形で理解できる．ここで，最初の状態が固定点（谷底）に引き込まれている場合，地形が変わればもとの谷（状態）からボールはすべて転がり出てしまう．そこで，2 種類の状態が安定して存在するためには，ボールが転がって他の状態に移りかけたらすべての細胞がそちらに移る前に相互作用により再び谷がつくられるというフィードバックを導入しなければならない．これには，ボールが谷のまわりで広い範囲でゆらいでいて，一斉に転がり出ず，かつ，その前に地形が変わることが必要である．つまり谷のまわりをゆらいで変動する時間スケールよりも十分速く地形が変わらなければならない．一般に地形の変化は 1 細胞状態の変化よりも遅く，細胞集団の変化によるから，適度なタイミングでこれを起こすのは難しいだろう．

これに比して細胞の内部状態が振動（ないしカオス的遍歴 [Kaneko 1990; Tsuda 1991; Kaneko and Tsuda 2000, 2003; Furusawa and Kaneko

---

2) もっとも簡単な例は 2 つの遺伝子 x, y があって x は自身および y の発現を活性化，y は x の発現を抑制し，y 成分が他の細胞と拡散的相互作用をする場合である．この場合パラメタを適切にとれば，x, y の濃度が 1 細胞では振動し，細胞数が増えると各振動の位相は細胞ごとにばらばらになる．さらに細胞数が増えると一部の細胞では x, y の発現量がほぼ固定された状態に落ちる．この分化は相互作用項での各細胞でのヌルクラインのシフトによる分岐として理解される [Goto and Kaneko 2013].

2001]）によりゆっくりと変動している場合，細胞ごとにそのときの状態（成分組成，遺伝子発現）は異なる．そこで一部の状態のみが相互作用により不安定化する（図 7.8(b)）．内部状態は広く分布しているので全部が不安定化することはない．この細胞内部状態の振動的変化は相互作用の変化に比べてずっと速いということもないので，振動の時間スケールの間に一部の細胞の状態が分化して相互作用が変化し，地形の変化が生じる．そこで，残りの細胞の内部状態は不安定にならずにもとの状態が維持できる．これゆえにわれわれが幹細胞＝複製と分化を維持し続けられる細胞でのスクリーニングをおこなったときに，ゆっくりした変動状態をうむネットワークが選ばれたと考えられる．

7.4.3　階層的分化と分化多能性の度合いの指標 (C)

上の例でみいだされたのは主に 1 段階の分化 S→A であるが，遺伝子数を増やし，また制御ネットワークを階層的に構成すると，何段階も分化する系を構築できる．ではその際に分化の進行はいかに表現されるだろうか．図 7.9 にその模式図を示している．これは模式図だけではなく具体的な遺伝子発現ダイナミクスのシミュレーションで確認されている（[Furusawa and Kaneko 2001; Suzuki *et al.* 2011] を参照）．

この場合，初期の細胞ではその化学成分は状態空間の広い領域を変動している．分化が進行すると図のように，化学組成は順次，特化して固定化されていく．そこで細胞分化過程は

1) 多様な成分組成をもった状態から一部の成分に偏った状態へ
2) 時間的な変動，ゆらぎの大きい状態から変動の少ない固定化された状態へ
3) 細胞ごとの非一様性が高い状態から細胞ごとの違いの少ない状態へ

向かうと理解される．この 3 つの変化に対応して，不可逆な分化を通して単調に減少していく量として次のような指標が提案されている [Furusawa and Kaneko 2001, 2009, 2012a]．

(1) 化学成分の多様性：多能性をもつ細胞は，多様な遺伝子が（それほど強くはないが）発現している．一部の遺伝子発現が突出することなく，いろいろの成分を含んでいる．実際，成分の多様性の指標として，各成分の濃度から（たとえば $p(i) = x_i / \sum_j x_j$ を用いて $- \sum p(i) \log p(i)$ の形で）エントロピー [Furusawa and Kaneko 2001; 生命本] を定義し，それを細胞ごとに計算してみた．するとこの量は分化とともに減少していく．これ

186　第 7 章　細胞状態の分化

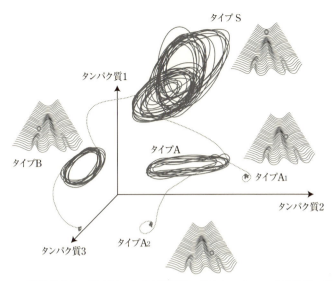

図 **7.9** 階層的分化の模式図．分化が段階的に進むにつれて，成分濃度の状態空間で変動する領域が次第に狭まっている．

はシミュレーション結果であるが，この多様性はトランスクリプトーム解析によって全遺伝子発現レベルを求め，その発現の多様性を調べてみることで計測可能であり，この多能性の度合いが分化とともにどう変化するかを調べてみるのは有効であろう．

(2) 可塑性の減少：環境条件がどの程度ずれたら，別なタイプへと変わりうるかが可塑性と考えられる．理論モデルでいえば，各細胞タイプの状態で，他の細胞からの相互作用項に最低どの程度変化を与えれば他のタイプへとスイッチしてしまうかに対応する[3]．そこで，この最小摂動の逆数を可塑性の指標としてもよいだろう．実際，今の細胞モデルでは，分化が進むにつれ，スイッチにはより大きい摂動を必要とするようになり，可塑性は減少する．

(3) 内部状態の化学成分の時間的変動の減少：各成分の変動度合いは減少する．初期には細胞の成分濃度は状態空間の広い領域にわたって変動し，それが分化するにつれて小さくなっていく．ここで細胞の各成分の濃度は自

---

[3] 同様な量はアトラクターにどの程度摂動をいれれば他に移るかの指標「アトラクターの強さ」として定義されている [Kaneko 1998a]．

発的振動が消えても，第3，4章で議論したように一定状態のまわりでゆらいでいる．そこで分化が決定した細胞になったあとでも，状態の安定性が増すにつれ，そのゆらぎは減っていく．そこまで含めて細胞分化の進行とともに細胞状態の変動は減少していく．

なお，本書では状態のゆらぎと可塑性（つまり環境条件の変化に対しての状態の変化度合い）が結びつくというのが一貫したテーマであり，この立場に基づけば遺伝子発現のゆらぎは可塑性の指標たりうる．幹細胞では遺伝子発現レベルはノイズによってゆらぐだけではなく，ダイナミクスの結果として自発的に変動している．この自発的変動が強い可塑性をあらわしているということもできる．

以上のように，モデルの結果によれば，細胞分化の不可逆性は細胞内部の化学成分の多様性の減少〜アトラクターの安定性の増加〜状態の可塑性の減少〜ゆらぎや変動の減少，として記述できる．

7.4.4　比率制御——マクロ–ミクロ整合性 (C)

前節の理論では細胞間の相互作用を通して分化が生じ，その分化した状態が相互作用（化学成分のやりとり）により互いに安定化している．このように細胞と細胞集団の整合的関係がなりたつためには，細胞タイプの比率がある範囲でなければならない．相互作用はまわりにいる各タイプの細胞の割合によって決まるからである．そもそも最初のS状態の細胞が増えていったとき，その割合が100%のままでいる状態が不安定になったので分化が始まったわけである．そこでS状態の比率が高すぎるとその細胞状態は不安定になると予想される．一方で，分化した細胞タイプAが多くなれば，もとのS状態は安定化してSを複製し続け，Sの比率が増す．図7.7のように振動するS状態のアトラクターがあり，比率が変わるとそのベイスン境界（引き込まれる範囲）が移動することを思い起こそう．Sの比率が増えると相互作用により，境界がアトラクターに近づいてくる．比率がある値を超えると両者が接触して分化が起こり，それ以上はSの比率は増加しない．一方でAの割合が増えれば境界は遠ざかりSは複製を続ける．こうした状況で細胞が増えていけば，相互作用の変化を通して，状態が安定性を失う境界に衝突するので各細胞タイプの比率制御がおこなわれる．実際シミュレーションでは，各細胞の遺伝子発現ダイナミクスに大きなノイズがはいっていても比率は狭い範囲にとどまって制御されている．この比率制御

は細胞内部の発現ダイナミクスと相互作用により細胞が分化していくシステムでは普遍的にみられる性質である [Kaneko and Yomo 1999; Furusawa and Kaneko 2001; Nakajima and Kaneko 2008; Pfeuty and Kaneko 2014].

ここで相互作用の変化で1細胞の状態が変化しやすい，つまり可塑性が大きいほど，細胞数の比率制御はより強く働く．いいかえると細胞集団での頑健性は高くなる．これは5.4節でみたような，可塑性 – 頑健性の互恵関係の例とも考えられる．ただし，ここでの結果はミクロ（1細胞）の可塑性とマクロ（細胞集団）の頑健性が関係しているという点が重要である．これはマクロ – ミクロ整合性の帰結である．

実際，多細胞生物が安定した発生過程を有するには，このような細胞タイプの比率の安定性が必要であり，また細胞性粘菌といった，多細胞生物のプロトタイプともいえるケースでも，分化して胞子になる割合が一定の範囲にとどまっている [Rafols et al. 2001] など広くみられる．さらに，上の議論では，細胞の空間的配置をとりいれていなかったが，それを考慮すると分化した細胞が安定したパタンを形成することも示されている [Furusawa and Kaneko 2000b, 2002, 2003b].

7.4.5 多能性と状態変動の実験的検証 (E)

前節で述べた，幹細胞のタンパク質濃度が振動的なふるまいを示すという仮説は，幹細胞が複製のための安定性と分化のための不安定性を両立させねばならないことを考えるともっともらしくはあるが，完全な実験的検証はまだない．ただし，最近影山らは幹細胞で Hes1 のタンパク質濃度が2時間程度の周期で振動していることを1細胞計測でみいだしている [Kobayashi et al. 2009]．分化した細胞ではこの振動は消えているので，この点でも本節の理論と整合している．なお，実験でみいだされた振動は不規則にみえるけれども，それがカオスのような不規則振動に起因するのか振動にノイズが加わったものかははっきりしない．第3章でみたように細胞内の反応は大きなゆらぎをもつので判定は難しい．

一方で振動自体を直接測定しているわけではないが Huang らは幹細胞でのトランスクリプトーム解析から遺伝子発現状態がゆっくりと準安定状態の間を遷移していることをみいだしている [Chang et al. 2008]．この遷移は完全に規

則的というわけではなく確率的ではあるけれどまったくランダムというわけでもなさそうであり，遅い不規則振動成分を含んでいる可能性もある[4]．分化のあとではこの準安定状態が変化して安定化して変動しなくなると考えられる．

なお，時間的な変動によるかは明らかではないが，幹細胞は細胞ごとの違いが分化細胞よりもずっと大きいことが確認されている．細胞ごとに Nanog, Stella といったタンパク質の発現量は大きな違いがある [Chambers *et al.* 2007; Hayashi *et al.* 2008]．これもわれわれの理論と整合している．

7.5 エピジェネティック固定（D：時間スケール）

次に，異なる時間スケールの階層間の整合性は細胞分化でも重要である．ここでは最近注目されているエピジェネティクスとの関連でそれを考えよう．6.4節で議論したように，DNA 分子に修飾がかかる結果，発現しやすさの変化した状態がクロマチン上で形成される．この，メチル化などの修飾は遺伝子自体を変えるわけではないけれど長時間維持される．それらは，タンパク質量の発現変化よりも遅いスケールでの変化である．そこで「速い変化と遅い変化が整合性をもつように遅い状態変化に記憶が形成される」という本書でのテーマがここにも姿を現す．

いまのところ，エピジェネティック過程の決定版のモデルは存在していない．ただし，エピジェネティックな修飾はタンパク質量変化に影響されているので，ここでは例として 6.4 節のエピジェネティック・フィードバック過程を導入してみよう．つまり，発現量が多ければ（少なければ），その遺伝子が修飾によって発現されやすく（されにくく）なるとしたモデルである．さきに述べたように，遺伝子 i が発現するための入力のしきい値 $\theta_i(t)$ がエピジェネティック・フィードバックを受けて，

---

4) この点では高次元力学系のカオス的遍歴 [Kaneko and Tsuda 2003] を示している可能性もある．なお，状態間をノイズで遷移しているか方向性をもつ成分があるかどうかは，たとえば 3 状態 A, B, C の間の遷移確率 $p_{A \to B}, p_{B \to C}, \cdots$ などを求め積 $p_{A \to B} p_{B \to C} p_{C \to A}$ と積 $p_{A \to C} p_{C \to B} p_{B \to A}$ がどれだけずれているかを調べればよい．もしそれぞれの状態間を単純にノイズで遷移しているのであればこの両者は等しく，方向性があれば両者に十分，差が生じるはずである．

190　　第 7 章　細胞状態の分化

$$\frac{d\theta_i(t)}{dt} = -\gamma(\theta_i(t) - \alpha(\Theta_0 - x_i(t))) \qquad (7.1)$$

の形で変化するとしよう．ここで，$1/\gamma$ はエピジェネティック変化の時間ス
ケールで x の変化のスケールよりも長いと考えられる．そこでタンパク質組成
$\{x_i(t)\}$ の変化による細胞分化が，より強く固定されることになる．結果，こ
のような分化状態は大きなノイズや変動がはいってもほかの状態にはスイッチ
されることはなくなる．実際 7.4 節で用いたモデルで，その発現するためのし
きい値を上の形で変えていくと，分化が安定化して大きなノイズがはいっても，
もとの未分化状態には戻らなくなる [Miyamoto *et al.* 2015]．たとえば前節で
の相互作用によって分化した結果，ある遺伝子の発現が高くなっていれば発現
のためのしきい値が下がるので，その高い発現状態は安定化される．低くなっ
た場合も同様である．この具体例は次節で分化をもとに戻す操作との関係で議
論する．

　本節の結果は，「タンパク質濃度変化のダイナミクス」と「遺伝子修飾のエピ
ジェネティック変化」という異なる時間スケールの現象が互いに安定化しあう
状態として安定した細胞タイプが形成される（記憶される）ということである
([Pfeuty and Kaneko 2016] も参照)．このようにして速い変化が遅い変化に
埋め込まれて記憶され，異なる時間スケールの階層間の整合性がつくられる．
これはまさに，本書の基本テーマの 1 つである．

7.6　不可逆性を巻き戻す操作について (C, D, E)

　前節のエピジェネティック・フィードバックにより分化した状態は安定化し
て固定化される．これは細胞状態とその集団の安定性にとっては望ましい結果
であるが，一方で分化した状態を外部入力でもとの多能性をもつ状態に戻すの
は難しくなる．この点から多能性を失った細胞を初期の多能性をもった状態に
戻す操作（初期化ないしリプログラミング）を考えよう．当然ながら，分化に
よって自由度（発現している遺伝子）が減少したのだから，それを回復すれば
よいはずである．

　ここで，もとに戻せるかどうかを考える上では操作できる変数とそうでない
変数を分けて考えるのが重要である．いま細胞の状態はその中の分子の量とそ

の状態で記述されているのだから，細胞の中にある分子を全部入れ替え，また
エピジェネティックな状態も初期の状態にすれば戻せるのは当然である（統計
熱力学においても仮に分子の位置と速度の配置をこちらで指定したように完全
に変えることができるのであれば，エントロピーを減らすことはできるであろ
う）．問うべきは，われわれの可能な操作の範囲内でもとに戻すことができるか
どうかである．

　まず，エピジェネティックな変化を考慮せずに，タンパク質量の濃度変化だ
けを考えよう．今，化学成分（遺伝子発現）の状態空間の中で自由度が落ちて分
化したのであるから，いくつかの成分を導入して関連する成分の濃度を上げ下
げして，自由度を回復させれば，当然戻る．これは直接細胞内にその成分を入
れるのでもよいし，培地中でいくつかの成分を高めることでも可能であり，実
際，図 7.7 や図 7.9（ないしそのもととなるシミュレーション）の例では，分
化した細胞に対して，いくつかの成分を変化させる環境におけば，もとの S 状
態へ戻すことができる．この観点からすれば，複数の遺伝子を活性化すること
で細胞の多能性を回復させるという，最近の iPS 細胞の構築 [Takahashi and
Yamanaka 2006] は，このような状態変化の帰結とみることもできる．実際，
2001 年の理論論文 [Furusawa and Kaneko 2001] では予言という節で，複数
遺伝子の強制発現で多能性が回復できることが提唱されている．

　このようにエピジェネティック過程がなければ，タンパク質濃度の組成を図 7.7
や図 7.9 で S 状態のベイスンにもっていくことで多能性を回復できる．つまり
S 状態の近くにもっていくような外部入力を瞬間的に与えればよい．一方でエ
ピジェネティックな変化が生じていると，その変化も戻さなければならない．
たとえば前節のモデルで最初の多能性をもった状態ではタンパク質 X_i が発現
していたのに対して分化状態ではその発現が失われていたとしよう．このとき，
その X_i の濃度 x_i を瞬時に増やしても，発現のためのしきい値 θ_i がすでに高
くなっているので，x_i は高い値を維持できずもとに戻ってしまう．この θ_i の
値をもとのレベルに戻すには細胞に外からある化学成分を瞬間的に与えるだけ
では不十分である．一方で長時間 x_i を高く維持するような操作をおこなえば
x_i からのフィードバックで θ_i は低くなり，x_i の高いアトラクターへと遷移さ
せられる．

　ここで，θ の変化はゆっくりしているので，その変化の時間スケール $(1/\gamma)$
程度はタンパク質量を強制的に増強し続けることが必要になる．つまり一瞬状

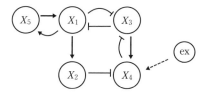

図 7.10 知られている遺伝子制御を単純化した遺伝子制御ネットワーク．X_1, X_2, X_3, X_4, X_5 は *Nanog*, *Oct4*, *Gata6*, *Gata4*, *Klf* とよばれる遺伝子に対応している．このモデルで反応のパラメタを適当に選ぶと遺伝子発現は振動する．7.4.2 項のモデルを用いると，相互作用により振動を失う細胞分化が生じる．その後，しきい値 θ_i がエピジェネティック・フィードバック過程で変化して分化が固定される．ここで X_1, X_2, X_5 を強制発現，さらに X_4 を活性化する遺伝子（図の ex）を強制発現させることで，もとの振動状態に戻すことができる．

態を変えるだけでは不足で，十分な時間，遺伝子の強制発現をしないといけない．これは外部の環境条件を瞬時変えただけでは困難であろう．分子生物学の立場でいえば，外部からの短期的入力だけでは遺伝子の修飾はすぐには変わらず，ある程度持続した操作が必要ということになる．

つまり，分化した細胞の多能性を回復するよう初期化するには外部環境の短期的変化では不十分で，ある程度の時間，強制的に遺伝子発現をおこなうことが望ましい．これが，iPS 細胞の構築で強制発現が必要な理由と考えられる．ただ，実際にどの遺伝子を強制的に発現させればよいのかは，これだけの議論では決められない．そのためには，実際の遺伝子制御のネットワーク（および関連するパラメタ）を知らないとできない．

現時点では，その情報は十分得られているとは言い難いけれども，知られている遺伝子制御ネットワーク [Dunn et al. 2014] を適宜，単純化して，図 7.10 のネットワークを抽出し，その遺伝子発現ダイナミクスを調べてみた [Miyamoto et al. 2015]．パラメタを適宜選ぶと，実際に 7.4 節で示したように，振動的発現をもつ細胞状態から，一部の成分の発現に偏った状態への分化が生じる．これに，前節の式 (7.1) のようなエピジェネティック過程[5]を導入すると，この分化状態は θ の値に固定化される．こうして分化が固定化される．

次に，この分化した状態で発現されていない，いくつかのタンパク質 X_i の濃

---

[5] 論文では実験との対応を考えてヒル形式の遺伝子発現の式を用いている（付録も参照）ので，形はすこし違うがしきい値がフィードバックで変わるという点は同じである．

度 x_i を $1/\gamma$ 以上の間，高い値 $(x_i \sim 1)$ に保つことで，もとの多能性をもった振動状態に戻れるかを調べた．このとき，1 成分の i だけに入力するのでは不十分である．これは初期の状態は複数成分の関係で振動しているので，1 遺伝子の発現量を変えるだけでは足りないからと考えられる．このモデルのシミュレーション結果では 4 つの遺伝子の発現をしばらくの間高い値においておくと，高くなったしきい値が下げられて，初期の多能性をもつ状態（7.4 節の S 状態）に戻すことができた．モデルでは，この 4 つは実際 iPS 細胞を構築するのに用いられているのと対応している．もちろん，これは，この 4 つが最低限であるとか，それでなければならないと示されたわけでなく，他の可能性が否定されたわけではない．ただし，初期化のために複数の遺伝子をエピジェネティック固定化の時間スケールより長い間，強制発現しなければならないことは普遍的であろう．

　たくさんの遺伝子のうち，どれを活性化すればよいのか，どのくらいの数を活性化したときに戻せる確率が高いのかに関しての理論はまだ完成されていない．ただし，多成分の振動をもった状態が多能性をもたらしているのであれば，遺伝子制御のネットワークの中でこれらを担うフィードバック回路に関した遺伝子（群）を活性化させれば多能性が回復されるといえるかもしれない．

　一方で，熱力学では不可逆的変化を巻き戻すには限界がある．熱力学第 2 法則は（もちろん，その適用条件をみたした範囲のもとでだが），熱を仕事に変換するのには限界があることを教えてくれた．これは熱運動を制御しきれないからである．生物学的不可逆性を巻き戻す際も，すべての状態，とくに分子のエピジェネティックな修飾を外部から制御できない以上なんらかの限界があると予想される．熱力学の場合に，エントロピーを減らすためには外に熱を捨てるという無駄をしなければいけなかったように，遺伝子発現を巻き戻すためにはどこかで無駄をしなければいけないといった限界があるかもしれない．現在の iPS 細胞構築においても，活性化された遺伝子群とそれ以外の遺伝子発現パタン，そしてエピジェネティック変化の間には干渉があるだろう．そこで，巻き戻すためには「無駄」が起きるとも予想される．この推論と関係するかはわからないが，Gurdon による体細胞クローン [Gurdon *et al.* 1975] 構築でも iPS 細胞の場合 [Takahashi and Yamanaka 2006] でも，巻き戻しの成功確率は低く，ごく少数の細胞でしか起きない．こうした限界を理解することも今後の大きな課題となろう．

194　　第 7 章　細胞状態の分化

7.7 整合性の破れ——変態，ガン化 (F)

　ここまで細胞分化と組織発生過程を，細胞状態と細胞集団のマクロ－ミクロ整合性として捉えてきた．それでは，この整合性が破れる場合はあるだろうか．

　たとえば，ある種の多細胞生物では幼生から変態をするものがある．この場合は，まず細胞タイプと細胞集団が整合性をもった組織を形成する．その体制はほぼ安定したものとなり，幼生期間ではほぼそれを維持する．その「準安定状態」の間に遅い変化が生じており，一定の時間が経つともとの体制は不安定化して，異なる細胞タイプの空間パタンからなる成体の体制へと転移が生じる．つまり，一度つくられた細胞－組織の整合性が個体の成長やホルモンの分泌など，なんらかの遅い変化の結果として不安定化し，その後，異なる整合状態が実現する．その意味で，変態は細胞と組織の間の整合性が破れたことによる新規形質の実現とみなせる．たとえば高木らは本章で議論したような細胞分化の力学系モデルのあるクラスを調べ [Takagi and Kaneko 2005]，細胞数の増加とともに，まず細胞タイプとそれらの個数分布が安定化することを示したうえで，さらに細胞数が増加していくとそれらがいったん不安定化して別な安定化した細胞タイプの分布にいたる例をみいだしている．残念ながら，変態の理解はそれほど進んでいないけれども[6]，こうした階層力学系の整合性と破れの視点での研究は今後重要になろう．

　一方で，細胞－組織の整合性の破れ，ときいて多くの人が思い浮かべるのはガン細胞であろう．組織と分化細胞との整合性を破って，「利己的」に増える細胞と考えられるからである．では，相互作用力学系の視点から，ガンはどのように考えられるであろうか．

　Kauffman は正常状態で用いられているアトラクター以外に別なアトラクターがあり，それがガンと関連しているのではないかという仮説を提唱した [Kauffman 1971; Huang and Ingber 2006; Huang *et al.* 2009]．仮にその考えが妥当であったとしてもまだ疑問が残る．通常，ガン細胞は遺伝的変異を

---

　6)　しばしば変態の目的論的な説明，つまり，幼生期間は水中（地中）で過ごすので，それに適した体制をもち，陸上で暮らす成体はそれに適した体制を，といった説明がなされる．しかし，それよりもまず変態を可能にするシステムの理解が必要であろう．それがあれば，あとはそれを利用することは自然に起きるであろう．

蓄積している．遺伝的変異蓄積後ではその細胞はもとと異なる反応ダイナミクス，つまり異なる力学系をもつ．そこでそれらの状態は同じ遺伝子をもつ細胞の異なるアトラクターというわけではなく，異なる力学系での異なるアトラクターである．また，異なるアトラクターになっているというだけでは，ガン細胞が「利己的」にみえるという点を説明できない．

では，整合性の破れという観点を導入するとどうなるであろうか [Kaneko 2011a]．まず，正常な発生過程で用いられる，細胞の安定状態（アトラクター）以外に，ほかのアトラクターが存在することを Kauffman にならって仮定しよう．細胞の遺伝子発現の力学系が多くの成分を含んでいて複雑であるので，この仮定はそれほど強いものではないであろう．ここで，このアトラクターは多細胞生物として通常使われていない状態なので1細胞としては安定していても，細胞間相互作用を考慮したときの細胞集団との整合性はなりたっていないであろう．その意味で，利己的に増えていく状態となっている．

ここで，次章での進化的安定性の結果を前もって使わせていただく．それは進化を通して適応した状態はノイズに対する安定性を増加させ，結果として遺伝的変異に対する安定性も増加させていくというものである．次章でみるように，これは世代を超えて自然淘汰を経ていくとなりたっていく性質である．次章の結果を使うと正常な発生過程で登場してくる細胞状態はノイズに対しても遺伝的変異に対しても安定性を増加させている．それに対して，そうでない病的状態はノイズや変異に対する安定性を増す淘汰が働く機会は存在していない．これらの細胞は多細胞個体としての次世代を残すことに関与していないからである．そこで，これらの1細胞状態はノイズで変化しやすくまた遺伝的変異でも変化しやすい，頑健性が弱いものであろう．さて，このタイプの細胞が増殖していくと，それは細胞分裂を通して遺伝的変異が生じてよい．すると，頑健性の低かった，この病的状態は変異により頑健性を増加させうる．そういう変異が生じれば，それは安定しているので一定の表現型をもって増えていくであろう．結果，変異を蓄積させることで安定した状態を増殖する．

つまり，この見方では遺伝的変異はガン化の最初の原因というわけではない．まず，環境ゆらぎなどで細胞状態が変化させられ，まず頑健性の弱いアトラクター状態が生じる．この最初に生じた細胞は最近みいだされているガン幹細胞と考えてもよいであろう．それが分裂し安定化していく過程で変異が蓄積される．つまり遺伝的変異の蓄積は原因でなく状態変化の結果とみなせられる．

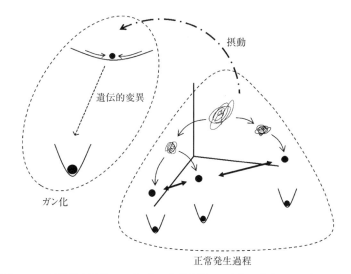

図 7.11 正常発生過程 vs. ガン化の状態空間での変化の模式図；正常に分化するアトラクター以外に1細胞状態のアトラクターがあり，これは頑健性が弱く遺伝的変異を蓄積して安定した状態に移る．これをガン化過程と関連づけるのが本節で提示している仮説である．

まとめると，(i) 環境変動などで通常使われないアトラクターへ状態が変わり，これはガン幹細胞となる，(ii) その状態は細胞集団との整合性はなく利己的に増える，(iii) 一方でその状態はノイズや遺伝的変異に対して安定ではなく，それゆえに変異を蓄積しやすい．この遺伝的変異の結果，頑健性の高い細胞が増殖していく（図 7.11 参照）．

この見方からはいくつかの予想ができる．遺伝的変異が原因でないのでガンの発生率は細胞数に比例するわけではない．細胞間相互作用が重要であるので数よりもむしろ細胞密度に依存する（関連実験としては [Rubin 1990, 1994; Chow et al. 1994] も参照）．また第9章の大腸菌実験でもみるように同じ表現型を与える遺伝的変異は複数（数多く）存在しうるので，同じ表現型をもっているガン細胞でも遺伝子の変異が同じとは限らない．

いまのところこの見方は1つの仮説でしかなく，理論，具体的モデルも未整備であり，さらには実験的検証にも程遠い段階である．とはいえ，次章での頑健性進化の議論，そして最近のいくつかの実験結果をふまえると，可能性の高い仮説とも思われる [Kaneko 2011a]．

7.8 本章で議論した普遍的性質

- 発生過程とともに細胞は他のタイプの細胞に分化する能力を順次失い，異なるタイプの細胞状態へと決定される．この過程は谷が形成されていく地形の描像であらわせ，この地形の高さは細胞の変化しやすさ（反応能ないし可塑性）とみなせられる．一方地形の空間軸は少数（おそらく4以下）で与えられる (A, E).

- 振動する遺伝子発現状態をもつ細胞が増殖し，細胞どうしが相互作用していくと他の発現状態への分化が生じうる．この場合，初期の振動をもつ状態は同じ状態を複製するか他の状態へ分化するかの多能性をもつ．一方で分化して発現の振動を失った細胞は自身を複製するだけになる．遺伝子制御ネットワークをデザインすればこの分化は階層的に生じる．この場合，最初の多能性の高い細胞は発現している成分の多様性，発現レベルの時間的変動，そして細胞ごとの非一様性が大きく，分化の不可逆的進行はこれら3つの量の減少として捉えられる (B, E).

- 細胞内発現ダイナミクスと細胞間相互作用による細胞分化は階層間整合性をみたすように起こるので，各細胞タイプの比率は安定している．この際，1細胞ダイナミクスの可塑性と細胞集団の頑健性の間に互恵関係がなりたつ (C).

- こうした遺伝子（タンパク質）発現ダイナミクスによる分化は DNA 修飾などのエピジェネティクスとのフィードバックによりさらに安定化される (B, D).

- 不可逆的に分化した細胞状態は，複数の遺伝子を外から強制的に発現させることで，変動する状態に戻して多能性をもつ状態へ初期化することが可能である (B, E).

- 多自由度の遺伝子制御ネットワークでは正常な発生過程で現れる状態以外のアトラクターが存在すると予想され，この状態は細胞集団との整合的関係をもたない利己的細胞となり，その一方で，エピジェネティクス

や遺伝子変化の遅い過程との整合性も有さないので遺伝的変異を受けやすい細胞となる．この点はガン細胞と類似性をもつ (F).

7.9 付録

各細胞 ℓ のタンパク質 i の発現量を第 4 章の付録にならって $x^\ell(i)$ とし，細胞内の過程での変化が

$$\frac{dx^\ell(i,t)}{dt} = F_i(\{x^\ell(j,t)\}) \tag{7.2}$$

とあらわされるとする．ここで F_i は細胞内の反応による x^i の変化である．第 4 章の付録のモデルでは（細胞番号は略して）

$$F_i = f(\sum_j J_{ij} x(j) - \theta_i) - x(i) \tag{7.3}$$

となる．ここで $f(x)$ はしきい値以上で立ち上がる関数で，たとえば $f(x) = 1/(\exp(-\beta x)+1)$ である．行列 J_{ij} は第 4 章で用いたような遺伝子制御ネットワークで与えられる．あるいは生化学反応にもっと対応した形としては，ヒル形式の反応ダイナミクスがよく用いられる．具体的には，活性化のときは $\frac{x_j^h}{K_{ij}^h + x_j^h}$，抑制のときは $\frac{1}{K_{ij}^h + x_j^h}$ を用いてそれを組み合わせて F_i をあらわす．ここで h は反応の次数をあらわすヒル係数で実験との対応から 2 から 8 くらいの間の値がしばしば用いられる．

細胞間相互作用は上の 1 細胞のダイナミクスに異なる細胞の間での成分（ないしシグナル）のやりとりを加える．たとえば，上記の式に加え，培地との拡散相互作用を加えて

$$\frac{dx^\ell(i,t)}{dt} = (7.2) \ \mathcal{O} \ F_i + D^\ell(X(i,t) - x^\ell(i,t)). \tag{7.4}$$

ここで D^ℓ はやりとりしない成分については 0 で，やりとりする成分では培地との成分の拡散的フローの割合をあらわす．$X(i,t)$ は成分 i の培地での濃度であり，培地で成分がよくかき混ざった極限で考えれば，これは全細胞 N での平均 $X(i,t) = (1/N)\sum_{\ell=1}^N x^\ell(i,t)$ で近似される．

このモデル，さらにはそれにノイズを入れたモデルを細胞のタンパク質発現ダイナミクスとして用いて，細胞数が増えていったときに異なる組成，つまり $\{x^\ell(i,t)\}$ の時間平均が異なる値をとる細胞が存在するかをチェックする [Suzuki *et al.* 2011]．本章ではこれによって細胞が分化した場合のダイナミクスを調べている．

一方でエピジェネティクスを導入する場合は 6.4 節に倣って θ_i（ヒル形式であれば K_{ij}）が x_i からのフィードバックで時間変化するとしている．

8 | 表現型進化

8.1 表現型のゆらぎと進化しやすさ

　進化というと遺伝子の変化がまず想定されることが多い．しかし，進化で淘汰の対象になるのは，もちろん遺伝子自身ではなく外に現れる性質，「表現型」である．たとえば，実際に生物がどれだけ生き残り子孫を残すかは，細胞ならば各タンパク質の量，その結果としての成長速度，また細胞の動きやすさ，外部の化学物質への応答（たとえばバクテリアでは抗生物質への耐性），光合成の能力，さらに多細胞生物では発生の結果での形態，運動能力，捕食能力などなどといった表現型によって決まっている．

　それゆえわれわれが進化を議論する際に，第一義的に問題にするのは遺伝子がどれだけ速く変わるかではなくて（それと関係しているかもしれないが）外に現れる性質としての表現型の変化である．そこで表現型の進化に着目しよう．このとき，表現型の進化においてはその種類や生物種によって「進化しやすさ」が異なるようにも感じられる．進化を通して保存されている形質もあるし，また「生きた化石」といわれるように長期にわたり表現型を変えずにいる種もいるように思われる．この表現型の進化しやすさは必ずしも遺伝子の変化する速度と等しいかどうかはわからない．

　もちろん表現型は遺伝子が変わると変化し，その意味では遺伝子は表現型を制御している，進化の重要な因子である．しかし，遺伝子型と表現型は単純な一対一関係をつくっているというわけでもない．一般に表現型は，生物の状態

の時間発展の結果形づくられるものである．単細胞生物であれば，細胞内の多くの反応，たとえばタンパク質発現のダイナミクスの結果，各成分の量が決まり，それが表現型を形づくる．多細胞生物では，より複雑な発生過程を経て，細胞のタイプやそれらの空間パタンが形成され，表現型がつくられる．こうした表現型をつくるダイナミクスの性質によって，遺伝子の少しの違いが大きく影響する場合もあり，あまり影響しない場合もある．つまり，表現型は（広い意味での）発生過程を経て形成され，それが遺伝子型 – 表現型マップを与える．そこで，仮に遺伝子が変化する割合が同じであったとしても表現型の進化しやすさは，遺伝子型 – 表現型マップがどうなっているかによって異なる．

もし遺伝子型 → 表現型が堅く一意的に決まっているなら，進化を考えるのに，表現型のかわりにそれを決める遺伝子を考えればよい．その場合は遺伝子の分布だけに着目し，それがどう変化していくかを追えばよい．ところが，第3–5章（および [生命本]）でみたように，同一遺伝子をもった個体でも表現型はその平均値のまわりで個体ごとにゆらぎ，その分散はかなり大きい．このゆらいだ表現型自体は同一遺伝子個体のものなので次世代に伝わるものではない．とはいえ，ゆらぎの大きさ自体は遺伝子に依存するのでそれは遺伝しうる．そして，このゆらぎの度合いは遺伝子型 – 表現型マップがどれだけ堅く決まっているかによるので，表現型の変化しやすさ（可塑性）と関係している．そこで，以下にみるようにゆらぎと進化しやすさは関係している．

これまでに進化しやすさと表現型のゆらぎとを結びつける研究を進めてきた [生命本]．それをまずざっと振り返ろう．

まず，進化実験をとおして，「同一遺伝子をもった個体間での表現型ゆらぎ」と「表現型進化速度」の比例関係がみいだされた [Sato *et al.* 2003]．具体的にはバクテリアに蛍光タンパク質の遺伝子を導入し，この蛍光強度を増すという進化実験の結果である．この実験では大腸菌に蛍光タンパク質の遺伝子をプラスミドで導入する．その遺伝子に mutagenesis（突然変異誘発）という手法で各世代1つ程度変異がはいるように変異率を増幅させて変異体をつくる．その中から高い蛍光を与える遺伝子をもった大腸菌を毎世代選択していく．ここで同一遺伝子細胞でも蛍光量はゆらいでいる．このゆらぎの分散（正確にいえば蛍光量の対数を変数として，その分布の分散）と，進化の各世代でどれだけ蛍光量が増加したかの進化速度をプロットしてみた．すると，正の相関がみいだされた．さらには，第3章でも用いた触媒反応ネットワークモデルを用い，こ

202　　第8章　表現型進化

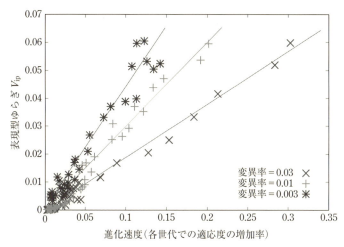

図 8.1 進化速度とゆらぎの比例関係：触媒反応による細胞モデルで得られた，進化速度（各世代での成分量の増加分）を横軸に，各世代の成分量のゆらぎを縦軸にしたもの．くわしくは 8.3 節参照．[Kaneko and Furusawa 2006] に基づく（古澤力氏のご厚意による）．

のある成分を増加させる進化シミュレーションをおこなってみると，ノイズによる表現型ゆらぎと進化速度の間に比例関係がみいだされた．つまり，遺伝的変化によらない，ノイズによる表現型のゆらぎとその表現型の進化速度が比例していた（図 8.1）．

[生命本] で議論したように，この関係は統計力学における揺動応答関係と類似している．この関係はもともとは Einstein によってみいだされたものであり，粒子がブラウン運動でゆらぐときに，その速度の分散と，この粒子に力をかけたときの応答（抵抗の逆数）の間の比例関係である．これはミクロな粒子の運動とマクロな応答が平衡状態では整合性がとれているという基本要請を Einstein が定式化したもので，これが分子（原子）の実在の証拠を与えた [Einstein 1905, 1906]．その後，日本の統計力学研究者達によって，一般に，マクロ量のゆらぎと力をかけたときの応答の比例関係，そしてその比例係数の熱力学的表式，という形で定式化されて，物理学の基本法則となった [戸田, 斎藤, 久保, 橋爪 1972]．

ここでみた進化の比例関係も，変異をかけていないときのゆらぎと「変異＋淘汰」という「一般化力」をかけたときの応答の間の関係である．そこで統計力学の揺動応答関係との類似性がみてとれるであろう．ただし，統計物理の場

合は熱平衡状態近傍という設定でこの関係が得られたのであるから，進化の問題にそのまま当てはめられるわけではない．そのかわり定常成長を保ちながら徐々に進化をさせていくという設定を考えて，進化により分布のパラメタが変化し，その表現型のピーク位置の変化と表現型分布のノイズによる分散が関係するという形で，「進化揺動応答関係」を定式化することを以前おこなった [生命本; Sato *et al.* 2003].

その一方，集団遺伝学における，Fisher の自然選択の基本定理 [Fisher 1930; 1958; Edwards 2000] によれば，進化速度は「遺伝子の変異がもたらす適応度や表現型の分散」に比例している．遺伝子の変化は次世代に伝わるので，もし遺伝的変化による表現型分散が大きければ，淘汰で次世代に伝わる表現型の変化の「歩幅」は大きくなる．そこで，この関係は容易に予想され，実際以下のように簡単に示すことができる．

適応度 f の世代 n での分布を $P_n(f)$ としよう．すると適応度の平均は

$$< f_n >= \int f P_n(f) df \tag{8.1}$$

とかける．ここで $< \cdots >$ は分布による平均をあらわす．次世代の子孫はこの適応度に比例するので，次世代の適応度分布は

$$P_{n+1}(f) = \frac{f P_n(f)}{\int f P_n(f) df} = \frac{f P_n(f)}{< f_n >} \tag{8.2}$$

となる．分母は分布の規格化条件によるものである．そこで適応度の変化は

$$< f_{n+1} > - < f_n >= \frac{\int f^2 P_n(f) df}{< f_n >} - < f_n >$$
$$= \frac{\int f^2 P_n(f) df - (\int f P_n(f))^2}{< f_n >} = \frac{< \delta f_n^2 >}{< f_n >} \tag{8.3}$$

となる．ここで $< \delta f_n^2 >=< (f_n - < f_n >)^2 >$ は f_n の分散である．そこで世代ごとの適応度上昇は分散に比例する．同様にして表現型の 1 世代での増加は，プライス方程式 [Price 1970, 1972] として与えられる．これも表現型進化速度と遺伝的変化による分散との比例関係である [Futuyma 1986; Rice 2004].

これに対しわれわれの結果は同一遺伝子個体でのノイズによる分散と進化速度の比例関係であるから，それと Fisher の定理が整合するためには「同一遺

伝子をもった個体間での表現型ゆらぎ」と「遺伝子の分散による表現型ゆらぎ」の間に（比例）関係があるということになる．ここでは前者，クローンでの表現型の分散を V_{ip}[1]と表記しよう．一方で後者，遺伝子の変異による表現型の分散は標準的に V_g で表記されている[2]．ここで，そもそも同一遺伝子個体でも表現型はゆらぐので，V_g を正確に求めるにはその分散と混ざらないように注意しなければならない．そこで，まず各遺伝子個体での平均表現型を求め，そのあとで遺伝子分布に応じてその平均値の分散をとる必要がある．

このようにして定義された V_{ip} と V_g は比例して変化していると予想され，後述のようにそれはシミュレーションでも確認される．しかし，前者は同じ遺伝子をもった個体間の差異による分散，後者は遺伝子の変異による分散であり，両者が比例するというアプリオリな関係性は存在しない．では，この両者の関係はどこまで一般的で，また，なぜ存在するのであろうか．本章ではこれを議論し，またその関係の背後にある発生的安定性と進化的安定性のつながりを考察する．また，この関係が確かであれば，V_{ip} はその種（ないし遺伝子型を共有する系統）ごとに決まっているので，それぞれごとに（表現型の）進化しやすさが遺伝子の変化が起こる前からあらわされていることになる．

なお，ここまでの結果では進化とともに表現型のゆらぎは減少していく．後述するように，ゆらぎが小さいほど表現型は変化しにくく安定している．そこで，一定環境のもとでは進化の進行とともに頑健性が増し，可塑性や進化可能性が失われる．これは，進化での安定性と発生ダイナミクスの頑健性という，異なる時間スケール間の現象に整合性が形成されたともみなせる．本章の最後では環境のゆらぎにより進化可能性が維持されること，また整合性の破れにより可塑性の獲得が生じることも議論する．

---

1) 表現型のゆらぎ V_p は，遺伝子のちがいによるもの，環境 (environment) の変動によるもの，発生過程でのランダム (random) なノイズによるものなどからなり，それぞれを V_g, V_e, V_{noise} とあらわすことが多い．ここでの V_{ip} はだいたい V_{noise} に対応しているといってよい（また fluctuating asymmetry といわれている場合もある）．ただし，同一遺伝子個体のゆらぎのどこまでが発生途中のノイズによるのか，あるいは環境の微小なゆらぎによるのかはそうはっきりはしない．というのは環境での小さなゆらぎが発生過程を通して増幅されたりもするからである．ここでは誤解を招かないように，既存の V_{noise} や V_e の用法を避けて isogenic phenotypic fluctuation の分散として ip とあらわした．

2) こちらは標準的記法であるが，通常の集団遺伝学では，有性生殖による分散，突然変異による分散と分けていくのでそれに応じた記法も用いられる．ただし，ここではあまりそれには立ち入らない（必要なら突然変異によるものと考えてよいが，理論的にはその区別は重要ではない）．

8.1 表現型のゆらぎと進化しやすさ 205

8.2 マクロ分布理論 (A)

まず，熱力学のようなマクロ現象論を念頭に置いて，マクロな変数とその分布の安定性という考え方を導入しよう．まず，対象とする表現型の変数を x とし，その分布を考える．これは先に述べた淘汰実験では淘汰を決める適応度（先の実験なら蛍光度合い），その他，適応度に関連する成分の濃度などを念頭に置けばよい．

次に遺伝子の変化があるパラメタ a であらわせるとする．ここで遺伝子の配列が a という量で表現されるのに違和感があるかもしれない．ただし，これはそれほど不自然ではなく，実際，多くの理論で用いられている．たとえば，最適な表現型をもたらす遺伝子配列から置換している塩基配列の総数（数学的にはハミング距離など）を a と考えれば遺伝子変異を 1 つの（スカラー）変数でかくのは自然である．ここで遺伝的変異があれば，a の値は親からすこしずれるので，個体集団では a は分布している．

ここで，遺伝子型 a は細胞状態のダイナミクスを規定する．たとえば遺伝子が酵素活性を決めれば，それに応じて細胞内の反応ダイナミクスの方程式（反応項の有無やパラメタ）が変化する．そこで a に応じて遺伝子型 – 表現型マップ (genotype-phenotype mapping) $a \rightarrow x$ が与えられる．ここで表現型 x に応じて適応度つまり子孫を残す割合 $F(x)$ が定まる．もし a を決めれば x が一意的に $x = g(a)$ として決まるのであれば，$F(x) = F(g(a))$ となるから，結果遺伝子型 a に適応度を付与して，その分布が進化を通してどう変わるかを考えればよい．基本的にはこれが集団遺伝学の立場である．

ところが本書でみてきたように，同一遺伝子個体間でも表現型はゆらぐので，同じ遺伝子 a をもっていても，表現型 x が分布する．そこで，a をパラメタとした x の分布関数 $P(x; a)$ が導入される．これにより，ゆらぎと応答率の関係を援用できる．つまり，ある形質 x の高い個体を選択していく人為淘汰を，表現型をある方向へと「ひっぱる」過程とみなし，a に"力"を加えて遺伝子をある方向に変化させ，それによって x を大きい方向に応答させると考える．すると，「応答率＝世代あたりでの表現型 x の変化（進化速度）を突然変異率で割ったもの」，そして「揺動＝x の分散」と読み替えられる．このような解釈により，表現型ゆらぎと進化速度の定式化がおこなわれた [Sato *et al.* 2003; Kaneko

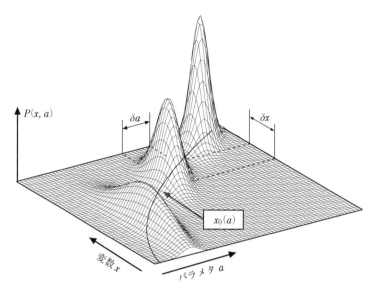

図 8.2 遺伝子型，表現型対応の進化の模式図．[Kaneko and Furusawa 2006] に基づく（古澤力氏のご厚意による）．

2012a].

では V_{ip} と V_g の関係を直接理解するにはどうすればよいだろうか．ここまで，遺伝子型を a，表現型を x としたときに，a をパラメタとして分布 $P(x; a)$ を考えたのであるが，ここで x も a も変数として同等に扱い 2 変数分布 $P(x, a)$ から出発してみよう（図 8.2）．さらに，この 2 変数分布が進化的に安定している，つまり，この分布が 1 つのピークをもち続けるという条件を要請する．そのうえで表現型 x の平均は遺伝子型 a で決められるという関数関係をおく．

ここで $V_{ip}(a)$ は同一遺伝子型 a の個体集団に対する表現型のノイズによる分散なので，その個体の平均表現型 $\overline{x(a)} = \int P(x,a)x dx$ を用いて $V_{ip}(a) = \int (x - \overline{x(a)})^2 P(x,a) dx$ とかける．ここで $\overline{\cdots}$ は（同一遺伝子個体の）ノイズによる分布での平均である．一方 V_g は異なる遺伝子をもった集団に対しての平均表現型 $\overline{x(a)}$ の分散であり $V_g = \int (\overline{x(a)} - <\overline{x}>)^2 p(a) da$ となる．ここで $p(a)$ は遺伝子型 a の分布で，$<\overline{x}>$ は $\overline{x(a)}$ の全遺伝子型 $\overline{a}$ の分布での平均 $\int \overline{x(a)} p(a) da$ である．

ここで進化の各段階でこの分布が遺伝子型，表現型でみて（(x, a) 空間で）1

山になっていることを要請する．これは進化が漸進的に進むための安定性仮説といってもよい．つまり，進化が漸進的であり，各世代で安定した表現型を保ちながら徐々に進んでいく場合を考え，**進化的安定性仮説**を要請する．これは各世代で $P(x,a)$ が x, a の空間で1つのピークをもちながら徐々に進化していくという仮説である．たとえば，x の値に応じて，ある割合の上位を選択する，x が大きいほうが子孫をより多く残すという形で進化させていく状況（たとえば合計個体数は一定にするとして淘汰過程を働かせる）を考え，漸進的に x が増加していく状況を考えよう．すると x はピークのまわりに有限の分散をもつ1山の分布をなすとしてよく，第1近似としてガウス分布をとるのは妥当であろう[3]．

なお，これまでみてきたように多くの場合，各成分の濃度は対数正規分布を示すので，一見，これは不適切にもみえる．しかし，対数をとった量がガウス分布をとるのであるなら，もともと x として濃度の対数をとればよい．実際，表現型はサイズの対数，成分の対数などで測るのが妥当であろうと以前から議論されている [Haldane 1949]．このように変数を適宜調節することでガウス分布を基盤にすることは許されるであろう．そこで $P(x,a)$ を

$$P(x,a) = \widehat{N} \exp\left[-\frac{(x-X_0)^2}{2\alpha(a)} + C(x-X_0)(a-a_0) - \frac{1}{2\mu}(a-a_0)^2 \right]$$

とする．ここで $\widehat{N}$ は規格化条件できまる定数である．遺伝子型は $a = a_0$ のまわりで分散が変異率 μ で与えられるガウス分布 $\exp(-\frac{1}{2\mu}(a-a_0)^2)$ であり，表現型 x は X_0 のまわりで分散 $\alpha(a)$ のガウス分布であるとした．

次に分布が大きくは広がっていないとして $\alpha(a)$ の a 依存性は無視し，これを定数 $\alpha(a_0)$ で置き換え，以下では α で表記する[4]．さらに a, x の原点をずらすことで $a_0 = X_0 = 0$ とできるのでそのように変形する．そこで以下では

$$P(x,a) = \widehat{N} \exp\left[-\frac{x^2}{2\alpha} + Cxa - \frac{a^2}{2\mu} \right] \tag{8.4}$$

を用いる．ここで結合項 Cxa は遺伝子型の変化が表現型の変化に影響を与えることをあらわしている．もちろん，これはもっと複雑な形をとりうるのだろ

---

3) 以下，数式にこだわらなければ式 (8.9) までとばしてよい．
4) 変化が小さいとして x と a の相互作用についても線形近似を用いており，$\alpha(a)$ を定数にするのは同じレベルの近似である．もし $\alpha(a)$ が a に強く依存していると分布がガウス分布からはずれてしまうので計算は煩雑になる．

うけれど，変化が小さいとすれば，a の変化に対して比例して x が変化すると
でき，この項までとればよいだろう[5]．この式 (8.4) は，

$$P(x, a) = \widehat{N} \exp\left[-\frac{(x - Ca\alpha)^2}{2\alpha} + \left(\frac{C^2\alpha}{2} - \frac{1}{2\mu}\right)a^2\right] \qquad (8.5)$$

と書き換えられるので遺伝子型 a の個体の平均表現型は，

$$\overline{x}(a) \equiv \int xP(x, a)dx = Ca\alpha \qquad (8.6)$$

となる．一方で安定性条件は式 (8.5) で a^2 の前の係数が負であることを要請する．そうでなければ分布は広がってしまい，表現型（適応度）がある値でピークをもたなくなる．いいかえると，$\frac{\alpha C^2}{2} - \frac{1}{2\mu} \leq 0$, つまり

$$\mu \leq \frac{1}{\alpha C^2} \equiv \mu_{\max} \qquad (8.7)$$

が安定性の条件である．

　この定式化では，変異率 μ が $\mu_{\max}$ を超えると，遺伝子型−表現型の対応がピークをもたなくなる．つまり，変異率が $\mu_{\max}$ になると，分布は平らになってしまう．その点でガウス分布近似はもちろん成立しなくなる．当然，高い適応度をもつ状態はまれであろうから，こうした広がった分布は適応度の低い側にテイルを大幅に伸ばすであろう．そうなれば，分布の中からある割合の適応度の高い個体群を選択していき，適応度を漸次上昇させていくことはできなくなる．低い適応度の変異体が蓄積され，x を上昇させる進化は進行しない．

　このように変異率がある値を超えると，適応度の高い状態が維持されなくなることは Eigen によりエラーカタストロフとして指摘されている [Eigen and Schuster 1979; 金子他 2019]．ただし Eigen の場合は遺伝子型−表現型マップといった 2 段階の階層は考慮されず，単に適応度の低い状態の場合の数が多いという問題であった．これに対して，いまの場合は，遺伝子型−表現型の対応が広がってしまうことが本質であり，「表現型エラーカタストロフ」とでもよぶべきものである．それゆえに，変異率がどの値を超えるとカタストロフが起こるかは，表現型を与えるダイナミクスに大きく依存している．

---

　5) 「線形近似」が広い範囲で成立することについては次章でみる．

8.2 マクロ分布理論 (A)　　209

ここで $V_g = <\overline{\delta x(a)}^2>$ なので式 (8.6) から $V_g = (C\alpha)^2 < (\delta a)^2 >$ となる．ここで $(\delta a)^2$ は $P(x, a)$ を用いれば $\mu/(1 - \mu C^2 \alpha)$ と計算できる．そこで

$$V_g = \frac{\mu C^2 \alpha^2}{1 - \mu C^2 \alpha} = \alpha \frac{\frac{\mu}{\mu_{\max}}}{1 - \frac{\mu}{\mu_{\max}}} \tag{8.8}$$

となる．一方，$V_{ip} = \alpha$ であるから $\mu \ll \mu_{\max}$ では

$$V_g \sim \frac{\mu}{\mu_{\max}} V_{ip} \tag{8.9}$$

となり V_{ip} と V_g の比例関係が得られる[6]．

以上の結果を得るためにおいた仮定をふりかえろう．

(a) まず，(遺伝子型，表現型) を (x, a) としたこと．とくに遺伝子型を 1 つの変数としたことについては先述したように，ある適応度を決めた淘汰過程に焦点をあてることで，1 つの方向が与えられ，それに射影することで正当化される．

(b) 次に，分布 $P(x, a)$ が進化を通して (遺伝子型，表現型) で 1 ピークをもつこと．つまり各世代で安定した遺伝子型，表現型が存在すること．これは漸進的な進化を考えていることで保証されるだろう．いいかえるとピークが 2 つに分裂するような種分化は扱わない．

(c) 大自由度の状態空間の中で適応した表現型をつくるのはそう容易ではなく，デタラメにつくったのではまず失敗する．それゆえ変異率が高くなると，どこかでエラーカタストロフが起こる．

なお (c) は明示的に仮定されていなかったけれども，式 (8.5)（ないし (8.4)）の分布の取り方に暗黙にはいっている．たとえば式 (8.5) のかわりに $P(x, a) = \exp(-(x - Ca)^2/\alpha - a^2/\mu)$ をとってみよう．すると，この場合 μ を増やしていっても 1 ピーク性はつねに保たれる．式 (8.5) ではガウス分布に加えて遺伝子型 – 表現型結合をいれた形を用いたのでエラーカタストロフが生じたのである．

---

6) $< (\delta a)^2 >$ はもともと遺伝子型の分散として導入したはずなので μ になりそうにみえる．そうであれば式 (8.9) は近似なしでなりたつ．それからずれが生じるのは $< \cdots >$ は $p(a)$ でなく $P(x, a)$ の分布による分散なので x の分布に由来するずれが生じるからである．より正確には以下のように考えればよい．ここでまず，表現型 x をある値に固定したときに得られる遺伝子の分布に対して，その表現型の分散を求めたものを理論形式上 V_{ig} とする．x を固定してその集団での遺伝子型の分散を考えれば $< (\delta a)^2 >_{\text{fixed}-x} = \mu$ となるので，この V_{ig} を用いれば $V_{ig} = \mu (C\alpha)^2$ [Kaneko 2012a] となるので，上の不等式は $V_{ip} \geq V_{ig}$ となる．この点からは上の導出は $V_g \approx V_{ig}$ と近似をしたと考えてもよい．

210　第 8 章　表現型進化

これらの条件下で以下が導かれた.

(1) もし μ が $\mu_{\max}$ に比べて十分小さければ式 (8.9) より,進化が進行していく場合に $V_{ip} \geq V_g$ が成り立つ[7].

(2) V_g は突然変異率 μ とともに増加し,V_{ip} は同じ遺伝子をもった個体間の性質なので,突然変異率には依存しない.そこで,突然変異率 μ を増していくと,ある $\mu_{\max}$ で上の不等式をみたさなくなる(つまり,この変異率 $\mu_{\max}$ で,V_g と V_{ip} はほぼ等しくなる).その変異率になると分布が平らになって非常に低い値の個体まで分布が広がる.一般に高い機能を生むような遺伝子型はまれなので,この場合,機能をもたない変異体が蓄積する.その結果,より高い機能をもった遺伝子への進化は進行しなくなる.

(3) この「表現型エラーカタストロフ」が起こる変異率 $\mu_{\max}$ を用いると,変異率が小さい範囲内では,およそ $V_g = (\mu/\mu_{\max})V_{ip}$ がなりたつ.つまり,変異率を一定にした進化過程で,世代ごとに V_{ip}, V_g をプロットしてみると,両者の間に比例関係が成り立っている.

一方,Fisher の自然選択の基本定理によれば,進化速度は V_g に比例する(式 (8.3)).そこで,上の結果より進化速度は V_{ip} に比例することになり,実験やシミュレーションで得られた「進化揺動応答関係」が再確認できる.

なお,以上の結果は式 (8.5) それ自体の形を前提としなくてもかまわない.(a) (b) (c) をみたすような範囲で一般の $P(x, a)$ の形をとれば得られる[8].

ここで,$V_{ip} \geq V_g$ の不等式は表現型 x と遺伝子型 a を対称に扱わないから導かれたものである.もちろん,この背後には遺伝子の変化が表現型の変化に比べゆっくりしていて,また遺伝子から表現型の方向のみに流れがあり,表現型が直接遺伝子に影響を与えないことが暗黙の前提としてはいっている.

一方で,この $V_{ip} \geq V_g$ は,表現型の違いはおよそ遺伝子で決められているのだろうという素朴な感覚に反していると思われるかもしれない.これは,実際はいくつかの誤解に基づいている.まず,遺伝子の異なる個体での表現型の違いは,遺伝子による違いと,ノイズによる違い V_{ip} の両方を含んでいるので当然それは大きくなる.実際,表現型の違いのうち遺伝子による部分の割合(い

---

7) 実際は V_{ig} であるがその際は,淘汰の厳しい進化過程を考えていれば両者の違いは重要ではない.

8) あるピークのまわりで安定性を議論しようとするとそのまわりでの安定性は,a, x の 2 階微分まで用いた 2 次形式で展開され,その安定性条件からヘシアン (Hessian) の条件をとることで同様な結果が得られる [Kaneko and Furusawa 2006; Kaneko 2012a].

まの例ではおよそ $V_g/(V_{ip} + V_g)$) は遺伝率 (heritability) とよばれるが，もし，その形質が高い淘汰圧のもとで進化している場合は，この率は比較的小さく，通常 1/2 以下である [Maynard-Smith 1989]．最後に，双子が似ているという場合，遺伝子の共通性以外に母体で同じ環境を共有していた，つまりある段階までの発生過程の条件（初期，境界条件）が共通していて V_{ip} の源のノイズ自体が同一であるということが影響を与えている可能性もある．

もちろん，上の (1)–(3) の結果は上記の (a) (b) (c) 3 つの仮定をふまえた「マクロ現象論」の結果である．そもそも遺伝的変化を 1 つの変数 a であらわすこと自体，どこまで正当化できるかもそう自明ではない．

ただし，ここで述べた現象論は，1950 年代に Waddington [1957] が予見していた描像の定式化とも考えられる．Waddington は環境によって生じた表現型の変化が進化を通して遺伝的に固定されていくという形の進化が重要であり，これがダーウィン進化論の枠の中で可能なことを議論し，その実験的検証を試みた．「遺伝的同化」(genetic assimilation) の考えである．実際，そこで表現型のポテンシャル（地形）の変化を図 7.1 のような地形で議論している．本節で分布 $P(x,a)$ を導入したのは，遺伝子 a と表現型 x によるポテンシャル $U(x,a)$ があり，分布が $P(x,a) = \exp(-U(x,a))$ で与えられると考えてもよく，ある意味では遺伝的同化の考えを敷衍し，定式化する試みとしてもよい[9]．

8.3　ミクロモデルでの検証 (B)

以上では実験をふまえてマクロレベルの現象論を構築した．しかし，契機となった 8.1 節の実験は精度がそれほどよくなく，また V_g と V_{ip} の関係は調べられていない．また，前節でのマクロ現象論ではわかった気がしない，と思われる方も多いだろう．

たとえば，前節で用いた a, x の結合項の背景にはなめらかな遺伝子型 − 表現型対応があるのだろうけれども，そのミクロな基盤は何であろうか．細胞の場合，表現型をタンパク質の濃度として，細胞内の反応を考えてみよう．もし，ゆ

---

9)　なお，表現型可塑性と進化の関係については Waddington 以前にも Baldwin [1896] などの研究がある．その後も定性的には広く議論されている [Callahan *et al.* 1997; Wester-Eberhard 2003; de Visser *et al.* 2003].

212　　第 8 章　表現型進化

らぎによって触媒成分のタンパク質の濃度量が変われば，それに応じて関連した反応のレートが変化し，生成されるタンパク質の量が変わる．一方で，もし遺伝子が変わって，反応の触媒活性が変化すれば，やはり反応のレートが変化し，タンパク質の生成量が変わる．その意味で，遺伝子型の変化とノイズによる変化は同じ方向の変化を起こしえて[10]，そう考えれば x と a の結合項の存在も正当化されるだろう．

このようなことをふまえてミクロモデルを導入し，ミクロ–マクロをつなぐ議論をおこなおう．ここで，ミクロレベルのモデルには以下の性質を要請する．

1) 表現型は大自由度の変数が関与するダイナミクスで与えられる．
2) 遺伝子は表現型のダイナミクス（時間発展）の規則を与える．
3) 子孫を残す適応度は表現型から決まる．
4) そのダイナミクスは十分複雑であり，適応度の高い表現型はまれである．

このクラスのモデルとして，これまでに，第3章でも登場した，触媒反応ネットワークによる細胞モデル，第4，5章で議論した遺伝子制御ネットワークモデル，タンパク質のダイナミクスを単純化した確率スピンモデル [Sakata et al. 2009] を調べてきた[11]．ここでは，まず触媒反応ネットワークモデルを議論する [Kaneko and Furusawa 2006]．この場合，多くの成分が互いに触媒反応をおこなって，その結果，各成分の濃度が変化し，細胞が成長する．そして遺伝子は，この反応のネットワークや係数を決める．表現型は各成分の濃度，成長速度であり，適応度はある成分や成長速度であり，それらが大きい個体が選択される．一方，この反応ダイナミクスは多くの反応を含み，その濃度の変化は十分複雑で，その結果，デタラメにつくったネットワークでは適応度は低く，進化を経て適応度の高いネットワークを選択できる．

このモデルを用いて，ある化学成分を多くするように選択をかけて，この細胞

---

10) 一見ノイズによる速い変化と遺伝的変異が同様な変化を起こせるのは不思議に思えるかもしれない．しかし Einstein のブラウン運動理論の前提はまさにミクロなノイズによる速い変化と外力による遅いマクロな変化の等価性である．その背後には平衡状態の安定性にあったのと同様にいまの進化の議論の基盤は表現型の進化的安定性である．ちなみにアインシュタイン理論から線形応答理論への道をつけたのは Onsager の仮説である．久保 [戸田ら 1972] によれば「熱平衡状態で生ずるゆらぎは巨視的な系では通常微視的な大きさに過ぎないはずであり，この小さなゆらぎが巨視的法則に従うという Onsager の仮説は，経験事実を大はばに踏み越えたものといえよう」と説明されている．ノイズによるゆらぎと遺伝子変異に対する変化を同じように扱うのはその意味では Onsager の精神に従うというのがよいかもしれない．

11) この方向の先駆的研究として，RNA 進化において熱ゆらぎによる構造変化と配列変化による構造変化の関連を論じたもの [Ancel and Fontana 2002] がある．

8.3 ミクロモデルでの検証 (B) *213*

の反応ネットワークを進化させてみた. まず $N(=1000)$ 種類のネットワークを用意して細胞モデルダイナミクスをシミュレーションし, ある前もって定めた成分の量を測り, その値が多いネットワークを選択する (たとえば上位 N/k 個 (10%なら $k=10$) のネットワーク). それぞれのネットワークから, k 個ずつ子孫個体をつくる. この, 親のネットワークから子のネットワークをつくる際に, ある変異率でネットワークのパスをつなぎかえる. 結果, 少しずつ変異のはいった, 次世代の N 種類の個体 (ネットワーク) がつくられる. この過程をくりかえしていくと, 決めた成分量が多い「細胞」が進化していく[12]. ここで, 同じネットワーク (遺伝子) をもった細胞でも, それぞれで確率的な触媒反応ダイナミクスが進行しているので, この成分量は細胞ごとに異なる.

まずすでに図 8.1 に示したように進化揺動応答関係が確認される. V_{ip} はこの成分量の分布の分散 (分布が対数正規分布なので正確には成分量の対数の分散) である. 一方, 世代ごとにその成分量 (正確にはその対数) がどれだけ増加したか (進化速度) が応答である. 図 8.1 にみたように, ある変異率で進化させた系列に対して, この両者は比例している. ここで, 進化速度は変異率にほぼ比例して上昇していき, そこで, 進化速度と表現型ゆらぎの間の比例係数も上昇していく.

なお, このモデルでは最初から遺伝子が 1 つの変数 a で記述されると仮定したわけではなく, 進化は非常に多成分からなるネットワークの変異を通して起こっている. その意味では, 一方向の進化過程を通して, 1 つの変数での記述が可能になったと考えられる. それも含めて, この揺動応答関係の成立自体, 自明な結果ではない.

さて, この過程を通して V_{ip} と V_g の関係を調べる. 以上では, 各世代で少しずつ異なる遺伝子をもった 1000 種類のネットワークをもった個体が存在していたので, この 1000 種類の遺伝子個体に対して十分な数のシミュレーション (たとえば 1000 回) をくりかえして, その平均値を求め, その分布を求める. この分散から, V_g が求められる. 一方, そのときの 1 遺伝子個体に対するシミュレーション結果は平均値のまわりでゆらいでいる. これが V_{ip} を与える. 各世代で V_{ip} と V_g をプロットしたものが図 8.3 である. みてわかるように両

---

12) これは遺伝的アルゴリズムといわれる手法といってもよい. そのうちで, もっとも簡単な部類に属する.

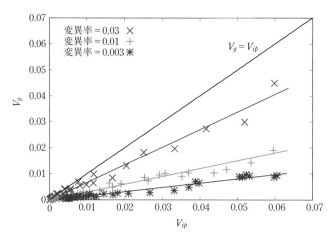

図 8.3 $V_{ip} - V_g$ 関係：触媒反応ネットワークモデルでの発現レベルのゆらぎの関係．縦軸は遺伝子の分布による表現型分散 V_g，横軸は同一遺伝子個体間でのノイズによる分散 V_{ip} を各世代で求めたもの．直線 $V_g = V_{ip}$ は参考のためにひいてある．[Kaneko and Furusawa 2006] に基づく（古澤力氏のご厚意による）．

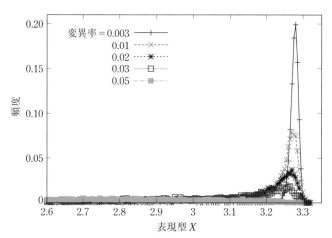

図 8.4 適応度の分布とエラーカタストロフ：触媒反応ネットワークモデルでの表現型 $X = \log(x)$ の分布を異なる変異率に対してプロットしたもの．変異率が 0.05 のあたりで分布はフラットになる．[Kaneko and Furusawa 2006] に基づく（古澤力氏のご厚意による）．

8.3 ミクロモデルでの検証 (B)　　215

者の比例関係はなりたっている．先に述べたように，変異率 μ をあげていくと V_g はおよそ μ に比例して増加する．ところが $V_{ip} \approx V_g$ のあたりで表現型の分布が広がり，進化が進まなくなってしまう．図8.4に変異率を上げていったときに，この成分の分布がどう広がっていくかを与えた．ある変異率のあたりで分布がほぼ平らになってしまい，表現型エラーカタストロフが生じているのがみてとれる．この結果は前節のマクロ分布理論とよく対応している．

8.4 遺伝子制御ネットワークモデルでの検証——ミクロとマクロをつなぐ試み (B, C)

これまで V_{ip} の進化への意義を論じてきた．そうした同一遺伝子個体での表現型ゆらぎが存在するのはそもそも細胞内の過程にノイズがあるからである．しかしノイズは最適状態を維持するためにはむしろ有害と思われる．一方で8.2節の結果は発生過程にノイズがあるとエラーカタストロフが避けられるというノイズのもつプラスの意義を示唆している．それはなぜなのだろうか．ノイズがあることは安定性が進化してくるために必要なのであろうか．この点を理解するためにはノイズの強さを変えて調べることが有用である．

前節のモデルを用いても，この問題は調べられると考えられるが，ノイズの強さをモデルのパラメタとして制御する上で多少，不向きな点がある[13]．そこで，ここでは直接ノイズの強さを変えられる別なモデルを使って，ノイズの進化に与える影響を調べてみる．異なるモデルを使うことで前節の結果の普遍性の確認もおこなおう．

ここで採用するのは，すでに第4, 5章でも登場した，多くのタンパク質が遺伝子の発現を互いに制御し合う遺伝子発現ダイナミクスのモデルである．このモデルではいくつかの遺伝子発現が互いに活性化や抑制をおこなう．すでに述

---

13) 一般に，化学反応のノイズは分子の確率的な衝突と状態遷移に由来している．それぞれの反応で確率的でも，分子の数が大きくなれば反応の起こる割合は平均値に近づくので相対的なゆらぎは減少する．たとえば，分子の数 N が体積 V に比例し，その標準偏差は通常ガウス分布であれば $\sqrt{N}$ に比例するので濃度の標準偏差は $1/\sqrt{N}$ で，そして分散は $1/N$ で減る．そこでモデルで細胞内の分子数を変えることで，ノイズの大きさを制御できそうにもみえる．ところが，このモデルでも現実の細胞でも，分子数は対数正規分布を示す．この場合，分子数の標準偏差が N に比例する．その結果，濃度のゆらぎは N（ないし体積）によらなくなる（第3章および [生命本] 参照）．触媒反応ネットワークモデルに即していえば，定常成長する場合，成分量がべき分布を示し，その場合，ゆらぎが増幅されていて，細胞サイズ（合計分子数）を増やしても濃度ゆらぎは減らない．

216　　第8章　表現型進化

べたようにこの活性化，抑制は遺伝子制御ネットワークで与えられる．各タンパク質の発現量 $x_i(t)$ は，この相互制御の結果変化する．具体的には，

$$\frac{dx_i(t)}{dt} = F(\sum_j J_{ij}x_j(t) - \theta) + \eta_i(t) \tag{8.10}$$

で与えられる．ここで $J_{ij} = \pm 1, 0$ は，$+1$ が活性化，-1 が抑制をあらわし，この全体が遺伝子制御ネットワークをなす．また，$F(x) = 1/(1 + \exp(-\beta x))$ はオンオフをあらわす階段関数を滑らかにしたもので，θ はそのしきい値である[14]．遺伝子発現は反応のゆらぎにより確率的であり，それをあらわすのが上記のノイズ項 $\eta_i(t)$ である．ここで，このノイズ項の分散を σ^2 とし，このノイズの強さ σ とともに表現型の進化がどう変わるかをみる．

　このタンパク質発現の力学系の時間発展をおこなって，最終的な遺伝子発現パタンを求める．タンパク質が十分発現しているか発現していないかのパタンである．この力学系によって初期の発現パタンから最終的な発現パタンがつくられていくかが「発生過程」であり，適応度はその最終的な発現パタンから与えられる．

　ここで，適応的進化のために望ましい遺伝子発現パタン，つまりターゲットパタンを与えておき，発生過程（遺伝子発現ダイナミクス）を経た後の遺伝子発現パタンとターゲットパタンとの距離が小さいほど適応度が高いとする．すると適応度は，遺伝子制御ネットワークに依存する．M 種類のネットワークを用意し，適応度の上位のネットワーク[15]を次世代に残す．全個体数を一定にするように各子孫数は増幅し，その際にネットワークに少し変異がはいる（活性化，非結合，抑制の3つが変異する）という前節の流儀をここでも用い，高い適応度を示す遺伝子制御ネットワークを選択する進化シミュレーションをおこなう．

　ここで遺伝子発現ダイナミクスにノイズがはいっているので，同じ遺伝子制御ネットワークでも適応度はゆらぐ．同一の遺伝子制御ネットワークでも，ノイズにより，適応度は分布するので，この分散が V_{ip} である．そこで，V_g と V_{ip} の関係，さらにはこれらがノイズの強さに対してどのように依存するかを調べられる [Kaneko 2007; 2012b]．

---

14) 以下のシミュレーション結果では x を $[0, 1]$ ではなく，$[-1, 1]$ として正がオン（発現），負がオフとなるように変換している．

15) たとえば上位 20％など一定の割合．

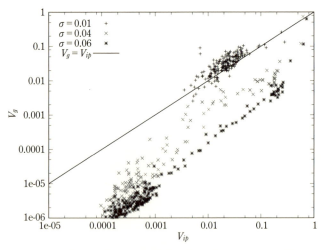

図 8.5 遺伝子制御ネットワークの進化においてみいだされた発現ゆらぎの $V_{ip} - V_g$ 関係．縦軸は遺伝子の分布による表現型分散 V_g，横軸は同一遺伝子個体間でのノイズによる分散 V_{ip} を各世代で求めたもの．ノイズの強度 σ が大きい場合（$\times(\sigma = 0.04)$ と $*(\sigma = 0.06)$），両者は比例しながら減少していく．一方，ノイズの強度 σ が小さい場合 ($+(\sigma = 0.01)$) には $V_g \sim V_{ip}$ のあたりで保たれ，それ以上，V_g は減らない．つまり適応していない変異体が除かれるような進化は進行しない．直線 $V_{ip} = V_g$ は参考のためにひいた．

その結果，まず，前節の関係はここでも確認された（図8.5）．まず，システムのノイズの大きさ σ がある大きさ（σ_c）以上あると，V_{ip} は V_g より大きい値をとり，そしてこの両者は比例して減少していく．V_g が減少するので適応度の低い変異体は生じにくくなっていく．ゆらぎの減少により，できあがった表現型の適応度は高い値に鋭いピークをもつようになる．つまり頑健性が進化してくるといえる．一方で，このノイズの大きさ σ が σ_c より小さいと，このようなゆらぎの減少は起きない．およそ $V_{ip} \sim V_g$ のあたりで留まる．つまり「頑健性の進化」は起きない．

以上によって 8.2 節の (1)–(3) が確認された．では，発生過程でのノイズはどのように頑健性の進化と関係しているのであろうか．

ここで遺伝子発現の時間変化はその力学系によって初期状態から最終状態（アトラクター）へ向かう過程と考えられる．その結果として，表現型が形づくられる．つまり力学系は初期状態からゴールへと向かう道筋を与える．ここで，

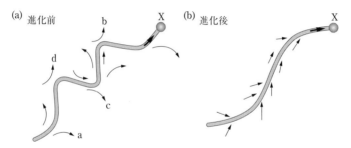

図 8.6 パスと道の踏み外しに関する模式図. (a) 進化が進行する前ないしノイズが小さい場合の軌道の性質, (b) ノイズのもとでの進化が進行した後の軌道の性質.

今, 発現ダイナミクスは多くの遺伝子が絡んだ複雑なものである. そこで, もしノイズによって道筋を乱されると, 図中のa, b, c, dのように, 目的地からへだたったゴール地点, 異なるアトラクターに落ち着いてしまう. そこで, もし, もとのゴールが適応した表現型であるとすれば, ノイズにより適応度の低い表現型が生じてしまうだろう. つまり, こうした, 「道の踏み外し」がノイズにより起こりうる. そこで, 十分ノイズが高い状況では, そうした踏み外しが起こらないように, もとの軌道へと収斂するようなフローをもつ力学系が形づくられるであろう. いいかえると, ノイズが高い場合は進化によりノイズに対する頑健性が進化し, 結果 V_{ip} が下がる (図 8.6(b)).

一方でノイズが十分小さいと, もとの軌道にノイズがはいっても, 近傍の踏み外し点までとばされないであろう. そこで, 周辺の軌道を収斂させるような, 安定した力学系への進化が起こる必然性はない. そこで V_{ip} も下がらない (図 8.6(a)).

次に, この遺伝子制御ネットワークへの突然変異を考える. 変異によって発生の力学系は変化させられる. これは力学系でいえば新しい項が加わったり, パラメタが変化したりすることに対応する. その結果軌道が踏み外されてほかへ向かう点が移動する. そこで発生のパスが目的ゴールからはずれることが起こりうる. この際, すでに軌道の収斂が十分強くて踏み外しが起こらないような場合には, 変異によって力学系がずれても, もとの道筋からそれほど大きくずれることはないだろう. そこでノイズに対する頑健性が進化して V_{ip} が下がるにつれ, 遺伝的変異に対する頑健性ももたらされ, 結果 V_g も下がる. まとめるとノイズが大きい場合は V_{ip} が下がっていき, それにより V_g も減少する.

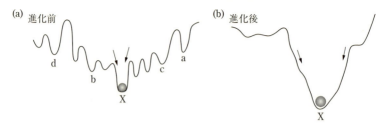

図 8.7 遺伝子発現ダイナミクスの地形の進化：遺伝子制御ネットワークモデルでの発生過程ダイナミクスの進化．ターゲット発現状態をもつアトラクターへの引き込まれ方：シミュレーション結果を模式的に示したもの．(a) ノイズが小さい発現ダイナミクスで進化させた結果ないし，進化があまり進んでいない場合．(b) 十分ノイズがある場合の進化結果．ノイズが小さいときは (a) のようなでこぼこした地形下での発現変化にとどまっているのに対し，十分なノイズ下での進化ではなめらかな発生過程の地形が進化してくる．結果，広い初期条件から，機能の高い状態が到達され，初期条件や発生過程の途中でのノイズに対して頑健になり，この場合，突然変異に対しても頑健になる．

両者の間の完全な比例関係はこの議論だけでは導けないにせよ，V_g と V_{ip} の相関（比例）した減少は，発生過程のノイズに対する頑健性が遺伝的変異に対する頑健性を導く過程として理解できる．

一方，ノイズが先のしきい値 σ_c より小さいとノイズに対する頑健性が進化していないので，もとの軌道を踏み外してずれていくことが残っているので，変異によって，もとの道筋から外れることがしばしば起こるであろう．それにより，適応度が落ちた変異体が生まれる．ノイズに対する安定性も遺伝的変異に対する頑健性も進化せず，V_{ip} も V_g も高いまま維持されている．

以上を Waddington に倣って，発生過程の地形として理解しよう．十分大きさのノイズのもとで進化した場合は，結果として，なめらかな発生過程をおこなうように進化する．これは遺伝子発現の初期条件を大きく変えても同じ適応した状態に落ちることで確認できる [Kaneko 2007]．アトラクターに引き込まれる過程を谷の地形で描けば広い吸引域をもつ大きな谷が形成されている．これに対して，ノイズが小さい場合は，初期条件をすこし変えただけで別な状態に落ちる．谷の地形で表現すれば小さな吸引域しかもたない谷が多く存在する．まとめると発生過程の地形（適応度地形ではない）は，ノイズの強さが大きいと図 8.7(b) のようななめらかなものになり，小さい場合には，図 8.7(a) のように初期条件によって異なるアトラクター（谷）に落ちる，でこぼこ地形

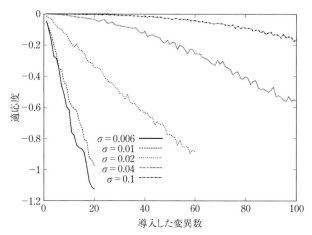

図 **8.8** 変異数に対する適応度の減少．ノイズ σ の大きいもとで進化したネットワークは変異がはいっても適応度があまり落ちず，「ほぼ中立」を実現する．[Kaneko 2012a] に基づく．

にとどまっている．ノイズの強さに関して，こうした発生過程の地形の転移がみられることが明らかになった．

このノイズ強度による頑健性の違いは，遺伝的変異に対しても明確にみえる．そのために進化して適応した遺伝子制御ネットワークをとって，それに変異を複数入れていき，その変異体ネットワークで時間発展した遺伝子発現パタンの適応度がどれだけ減少しているかを調べた．変異の入れ方はさまざまなので，それに対する平均の適応度を縦軸にしたものが図 8.8 である．これをみると，ノイズが小さい状況で進化したネットワークでは適応度 F は変異数 m に対して比例して $F = -C(\sigma)m$ の形で減少する．この係数 $C(\sigma)$ はノイズの大きさ σ とともに減少し，σ_c のあたりで 0 になる．それ以上のノイズの強さでは，ある程度の変異数までは適応度はほとんど減少しなくなる．いいかえると，適応度は変異に対して「ほぼ中立」になる．このような性質は，太田により提唱された「ほぼ中立説」と合致している [Ohta 1992; 2011]．逆にいえば，現実にみられている，ほぼ中立という性質の背後には，発生過程のノイズや環境変動に対する頑健性が介在しているとも考えられる．

ゆらぎの減少について

これまでみたように，一定環境で，決まった適応度での進化では，実験においてもシミュレーションにおいても，ゆらぎは減少し，進化速度も鈍っていく．ゆらぎと進化速度の比例関係だけでいえば，どちらも増えていくのでもかまわないはずであるが，どの例でも両者ともに減っていく．これについて，振り返っておこう．

(i) 頑健性の進化：本節でみたようにノイズに対する頑健性を増すので V_{ip} そして V_g が減少する[16]．

(ii) 進化可能性の減少（V_g の減少）：適応度の高い状態はまれだとすれば遺伝子を変えてもさらに高いものはつくられにくくなる．一方で頑健性の進化により，変異をさせてもあまり悪くもならない．これがほぼ中立の状況であるが，これは頑健性と引き換えに進化可能性も減少することを意味する．

(iii) 負のフィードバック：頑健性を増してゆらぎを減らす機構としてはもっとも簡単なものは負のフィードバックである．x が増加すると，それが他の成分に影響して x を減少させるというフィードバックがあれば，ゆらぎは減少させられる．遺伝子制御ネットワークでいえば $J_{ij}J_{ji} < 0, J_{ij}J_{jm}J_{mi} < 0$ といった負のループがあればよい．このとき，x_i の正の変化の影響は自身に負の方向で帰ってくるからである．

本節の結果をまとめておこう：V_{ip} の逆数は発生過程に対して，表現型がどこまで安定かの指標を与え，V_g の逆数は表現型が遺伝的変異に対してどれだけ安定しているかの指標を与える．進化を通して発生的頑健性と遺伝的頑健性がリンクしながら増加していくので2つの分散が互いに相関（比例）して減少していく．

補足：遺伝子の交換について

ここまで遺伝子の変化として突然変異を念頭に置いていた．実際の遺伝子変化はそれだけでない．有性生殖であれば雌雄2個体の遺伝子の間で組み換えが起こる．さらにはその様式は違うけれども，個体間での遺伝子のやりとりは原核生物でもしばしば生じている．有性生殖のような組み換えではないけれど，水平的遺伝子伝播 (horizontal gene transfer) という形で，部分的な遺伝子の

---

16) 遺伝子制御ネットワークにおける頑健性の進化については [Ciliberti *et al.* 2007] も参照されたい．

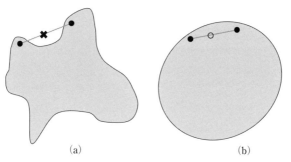

図 8.9 適応した状態（生存領域）を与える遺伝子の集合．(a) 組み換えに対して頑健でない場合．(b) 頑健な場合（凸集合）．有性生殖ないし水平遺伝子伝播のもとでの進化では適応状態領域は (b) の形になっていくと予想される．

やりとりが生じている．そこで遺伝的変化に対しての頑健性はこのようなやりとりに対しての頑健性も含む．これについてもここまでと同様な議論がなりたち，遺伝子交換に対する頑健性が進化してくる．この場合，交換は個体間で起こるので，頑健性はそのとき存在している遺伝子分布に依存している．たとえば，適応した表現型をつくれる遺伝子の集合が図 8.9 のような領域にあるとしよう．すると，組み換えによって，その 2 つの要素（個体）の中間の個体が生まれうる．もし適応を示す遺伝子の集合が図 8.9(a) のような領域になっている場合には 2 個体の遺伝子交換（組み換え）で適応していない個体が生まれるので交換に対して頑健ではない．一方，適応状態の遺伝子集合が図 8.9(b) のような凸集合をなしている場合には，その集合に属する個体間の遺伝子交換で生まれた個体はやはり適応している．そこで，こうした集合を形づくるように遺伝子発現（発生）の力学系が進化し，遺伝子交換に対する頑健性を形成する．つまり，遺伝子交換を許す場合にはより強い安定性制約がかかることが予想される．

8.5 異なる時間スケールの間の整合性——エピジェネティクス (D)

ここまでは遺伝子型 – 表現型の間での整合性原理の帰結としての進化法則を議論してきた．表現型の変化は遺伝的変化よりも速い過程であり，これを，速い過程を遅い過程に埋め込み，その両者が整合的になっていくことの帰結ととらえることもできる．この点で，前節までの理論は，Waddington の述べた「遺

伝的同化」を Einstein-Onsager 流の異なるスケール間での整合性として表現したともみなせる [Kaneko 2009].

さて，進化過程での異なる時間スケールは表現型，遺伝子型だけにとどまらない．近年，注目されている，エピジェネティクスはこの中間に属するとも考えられる（第 2 章の図 2.4）．エピジェネティック過程は Waddington の元来の意味では遺伝子自体の変化すべてを含むと考えられるけれども，すでに第 6 章でのべたように，最近の使い方では，タンパク質発現量の変化より長く持続するもの，具体的には，DNA の修飾により遺伝子が発現されにくく，ないし，されやすくなる長期的変化を指している．このエピジェネティックな変化は遺伝的変化と表現型変化の中間スケールに位置する．

ここまでの理論は異なる時間スケールの現象一般にあてはめられるので，表現型とエピジェネティック変化との間にあてはめることも可能である．たとえば，a として遺伝子の変化をとっていたのに対して，これをエピジェネティックな変化と考えれば，タンパク質量のゆらぎ V_{ip} とエピジェネティック変化のゆらぎ V_{epi} やその変化しやすさの間に比例関係がなりたつと期待される．また，このような中間スケールの介在により，順次速い変化が遅い変化に容易に埋め込まれていくことも期待される．

8.6 ゆらぎの維持と可塑性の回復 (E, F)

さて，ここまで，一定条件での適応進化の実験やシミュレーションでは進化とともにゆらぎは減少し，進化可能性が減少していくことをみてきた．しかし現実の細胞では第 3 章でもみたように，各タンパク質量のゆらぎは十分残っており，進化可能性も有している．負のフィードバックが適度に進化すれば，ゆらぎはもっと減少してよいと考えられるのに，これはなぜであろうか．

もちろん，1 つの可能性は現実の進化では適応度や環境が一定ではなく，それが変動するからというものであろう．ゆらぎが減少しすぎると環境変動で新たな条件が課されたときにそれに適応する可塑性が失われるので，ある程度のゆらぎが維持されるだろうというものである．もう 1 つの可能性は，遺伝子を a という 1 変数であらわす安定した分布がどこかで壊れて，他の変数との絡み合いがどこかで効いてきてゆらぎが残るというものである．ここでは前者につ

224　第 8 章　表現型進化

いてのシミュレーション結果，そして後者に関連する大腸菌実験の結果を紹介
しよう．

8.6.1 環境変動

　環境条件の変化を考えるために 8.4 節のモデルでまず適応度を与える遺伝子
発現のターゲットを何世代かごとにスイッチさせるシミュレーションをおこなっ
た．具体的には，8.4 節のモデルでターゲット遺伝子 1 から k までがすべてオ
ンというこれまでの適応度の条件で進化させたあとで，1 から $k/2$ だけがオン
で $k/2 + 1$ から k までがオフという条件にスイッチさせる．すると，このス
イッチの後でゆらぎは V_{ip} も V_g もいったん上昇し可塑性を回復する．数世代
ゆらぎの上昇が続いた後，再び，V_{ip} と V_g が比例して減少する，というこれま
での過程が起こる．ここでノイズ σ が大きいと，ゆらぎが減少してしまってい
るので回復には何世代もかかる．一方でノイズ σ が 8.4 節の σ_c より小さいと，
もともと安定した高い適応度状態に十分到達できていない．そこで，適応度が
ある世代 (M) ごとにスイッチする条件の下では，適度なノイズのときにもっ
とも適応できると予想される．実際図 8.10 では $M = 10$ 世代ごとにスイッチ
させたときの適応度の変化をノイズの強さ 0.1, 0.008 ($\sim \sigma_c$)[17], 0.001 に対
してプロットしてある．実際，σ_c のあたりで条件変化に追随してすばやく適応
している．さらに，ノイズの強さに対して，V_{ip} と V_g，そして適応度（みやす
さのためにそのマイナス）の平均を図 8.11 にプロットした．まず，平均適応度
が最大になるノイズの強さがあり，これがおよそ σ_c に一致する．ノイズの強
さがこれ以下だと V_g が V_{ip} より大きく遺伝的変異に対して表現型は安定して
いない．σ_c のあたりで V_{ip} と V_g は同程度になり，ノイズがそれより大きくな
ると V_{ip} が V_g を上回る．さらに V_{ip} と V_g を各世代でプロットしていくと，σ
が σ_c 程度で環境変化に適応している場合には，両者はほぼ比例しながら上下
している（図 8.12 参照）．

　ターゲット条件をスイッチさせる，というのでは環境のゆらぎ，と少し違う
と思われる方もいるかもしれない．そこで 8.4 節のモデルの遺伝子発現ダイナ
ミクスを変更して外部入力を含むようにする．外部からの入力がはいる遺伝子

---

17) モデルのパラメタ（行列 J_{ij} の 0 の割合など）を 8.4 節から変更しているのでこの値はす
こし 8.4 節のものとは異なっている．

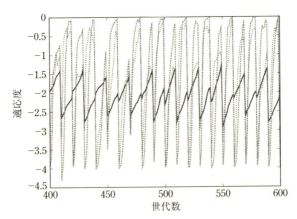

図 8.10 10 世代ごとに環境条件（ターゲット条件）をスイッチさせたモデル（本文参照）での平均適応度の変化．各世代で全個体にわたる平均適応度の時系列（世代ごと）をプロット．遺伝子制御ネットワークモデルでノイズ σ の大きさが 0.1（実線，中程度のまわりで小さい変動をしているもの），0.008（$\sim \sigma_c$, 上まで届いている破線），0.001（破線に比べ，やや低いところまでしかいっていない点線）の場合．[Kaneko 2012b] に基づく．

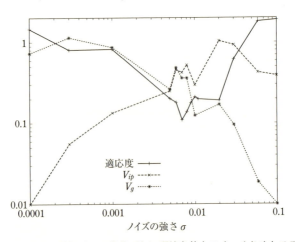

図 8.11 図 8.10 で用いた 10 世代ごとに環境条件をスイッチさせたモデル（本文参照）で，適応度の符号を変えたもの（下のほうが適応度が高い；実線），そして V_{ip}（破線；低い値から上がっていく）と V_g（点線；高い値から減少してくる）の時間平均をノイズの大きさに対してプロット．500–1000 世代にわたる平均．[Kaneko 2012b] に基づく．

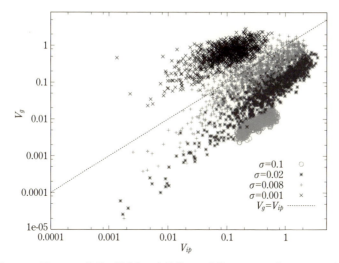

図 8.12　図 8.11 の結果に対応して各世代での分散 (V_{ip}, V_g) を 200–700 世代に対してプロット．ノイズレベル σ は 0.1（一番右下のかたまり，薄い○），0.02（濃い＊，そのすこし上の集団），0.008（〜 σ_c：薄い＋，対角線のあたりで広がっている点），0.001（濃い ×，対角線のやや上に広がっている点）．[Kaneko 2012b] に基づく．

i の集合を定義し，x_i の時間発展の式に $I_i(t)$ を付加し，その入力 I_i が何世代かごとに変わるとする（くわしくは [Kaneko 2012b] を参照）．図は示さないが，この場合も平均適応度が最大になるノイズの強さ σ'_c が存在し，この場合も図 8.11 と同様にそのノイズの強さを境に V_{ip} と V_g の大小関係が入れ替わる．このときも適度な表現型分散を保つことで環境変動への適応を維持している．世代を追ってみると環境に適応している場合は図 8.12 と同様に V_{ip} と V_g はほぼ比例関係を保ちつつ変動している．

8.6.2　自由度の干渉 (E, F)

これとは別に，8.1 節でも述べた，蛍光量を増加させる実験で，ゆらぎの大きい変異体が進化するという，興味深い発見がなされている [Ito et al. 2009]．これは以下のような手続きでおこなったものである．まず，8.1 節でふれた実験 [Sato et al. 2003] により，高い蛍光量を与える遺伝子をもった大腸菌が得られた．この大腸菌を用い，さらに以前と同じように，高い蛍光量をもった大

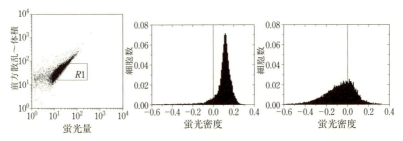

図 8.13 左はセルソータによる，淘汰過程．縦軸は前方散乱でおよそ細胞体積を与える．横軸は蛍光量．そこで蛍光密度は横軸を縦軸で割った値が高いものを選ぶことになる（図の R1 領域）．この厳しい淘汰を 4 世代へたあとで得られた細胞を増殖させてそのクローンでの蛍光分布を求め，その 2 種類の例を中央，右にプロットした．平均が高く分散が小さいもの（中央）と，それより平均は低く分散が高いもの（右）が存在している．[Ito et al. 2009] に基づく．

腸菌を選択する．ここで以前と異なる点が 1 つある．以前の実験では，それぞれの変異体にコロニーをつくらせ，高い蛍光量をもつものを選んでいた．つまり集団での平均での蛍光量で淘汰をおこなっていた．それに対して，今度は 1 細胞ごとの淘汰をおこなった点である．具体的には，数万個の細胞をセルソーター[18]に流して，蛍光密度（つまり蛍光量/体積，ただし体積はある程度以上のもの）の高い細胞（およそ 2×10^4 個の細胞から上位 0.2%の細胞）を選択する．こうして選択された細胞に変異を与えて次世代の細胞をつくって，それから再び上位を選択するという過程を各世代でおこなう．4 世代繰り返すことで蛍光密度は少しずつ上がる．そこで，このようにして選ばれた細胞をとりだし，それを増殖させて，クローン（同一遺伝子）細胞での蛍光密度分布を測る．すると，蛍光密度の平均値が高くてゆらぎが減少した，これまでの進化の延長にあるタイプのほかに，平均値はあまり上がらずそのかわりにゆらぎが上昇した，新たなタイプが一定の割合でみいだされた（図 8.13 参照）．そこで図 8.14 に各世代で選ばれた変異体の蛍光密度の平均値とゆらぎ（分布の半値幅）をプロットしてみた．以前からの進化の系列の延長にある変異体のほかにゆらぎが大きくなった変異体が登場しているのがみてとれる．このゆらぎの大きい変異

---

18) 3.5.2 項のフローサイトメーターに加えて，その測定量に応じて細胞を分取する装置．

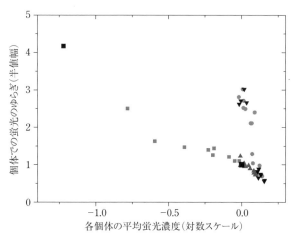

図 **8.14** 進化を通しての平均蛍光とそのゆらぎ（半値幅）の変化．■は以前の適応進化での発展（平均値での選択，1種類のみ）．▲はその2世代あと，●は3世代あと，▼は4世代あと．ゆらぎの増大したグループと減少していくグループが存在している．[Ito et al. 2009] に基づく．

体は従来の進化系列とは明らかに異なるタイプである．さらに遺伝子解析の結果によれば，これらのゆらぎを増大させたタイプはある特定の変異からだけ派生しているのではなく，異なる変異で独立に生じている．その意味で，ゆらぎの大きい変異体の誕生はまれな事象ではない．

まず，このゆらぎが上昇した変異体はそれが生まれさえすればある割合で選ばれてくるというのは，淘汰の観点からいえば納得がいくことである．蛍光密度の平均値が多少低くてもゆらぎが大きければ，その個体の中には，蛍光密度がその平均値より十分高いものがある割合で存在する（図 8.15）．この中には平均値が高くてゆらぎが小さい変異体以上の蛍光密度をもつものもあるだろう．そこで各個体レベルで強い淘汰をおこなえば（つまり多くの個体から少数だけ選べば），ゆらぎを上昇させた変異体は選択されうる[19]．

さて次の問いは，いかにして蛍光密度のゆらぎが上昇したかである．いま，細胞内でのこのタンパク質の蛍光密度を決める要因は数多くある．(1) この実

---

19) 逆にいえば，適応度があまりゆらがず高い値を安定して保つよう進化をさせていくには，個体レベルで選ぶよりも，その遺伝子個体の平均値で選択するか，ないしは淘汰を緩めて適応度の低い少数を排除する程度の緩い淘汰にとどめるほうが有効である（これは Darwin の時代から家畜の人為淘汰の方法として知られている [Darwin 1859]）．

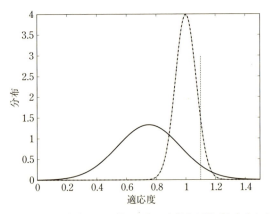

図 8.15 個体レベルの淘汰でゆらぎの大きい変異体が選ばれうることを示す模式図．個体ベースで適応度が十分高いものを選ぶと，平均値が低いけれどもゆらぎが大きいタイプからも選択されうる．図で仮に適応度が 1.1（点線）以上の個体を選ぶと，その中には平均値が低くゆらぎが大きいタイプ（実線）も平均値が高くてゆらぎが小さいタイプも同程度入ってくる．

験では蛍光タンパク質の遺伝子はプラスミド（核外に存在して娘細胞に伝わる DNA）に埋め込まれているので，そのプラスミドの数，(2) 遺伝子から発現されるこのタンパク質の濃度，(3) そのタンパク質が細胞内で沈殿せずに無事折れたたまれて機能を発現する割合，(4) その折れたたんだタンパク質が発する蛍光の度合いである．調べてみると，以前の進化実験での蛍光密度の上昇にもっとも効いているのは (3) の要因である．つまり細胞内で沈殿せずに，無事折れたたまれて機能発現しやすいタンパク質をつくるような遺伝子が選択されてきている．では，ゆらぎが大きくなった要因はどこにあるのであろうか．詳細に調べた結果では (2) の過程がもっとも影響している．実際，蛍光タンパク質遺伝子の mRNA の濃度がもっとも大きくゆらいでいることが確認された．これは意外にみえるかもしれない．というのは，タンパク質を進化させたのに mRNA の濃度のゆらぎが上昇しているので一見，遺伝子 → mRNA → タンパク質というセントラルドグマの流れに反している結果にもみえるからである．ではなぜ，このようなことが生じたのであろうか．さらによく調べてみると，細胞の成長（体積増加）がゆらぎ，その結果，濃度（量/体積）がゆらいでいることが判明した [Ito *et al.* 2009]．実際，このゆらぎの大きい変異体を多数調べると，

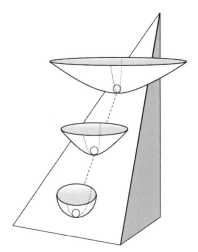

図 **8.16** 強い淘汰のもとで，あるプロセスのゆらぎが減り，それが波及して他のプロセスの安定性を減少させてその方向のゆらぎが増すことの模式図．適応度が上がるにつれ，その稜線方向のゆらぎが減るけれどもそれと異なる方向（図の横方向）のゆらぎは増大することを谷の地形で表示した．

その成長曲線が個体ごとに変動していることがみいだされている．

　タンパク質が蛍光を発していることはしばしば細胞にとっては有害であり，それが沈殿せずにいれば，体積成長を阻害しやすい．そこで，成長が安定せず，外部の擾乱や内部のノイズによって成長が大きく変動するような変異体が生じたと考えられる．その結果，同一遺伝子の細胞でも成長速度に差が生じ，結果 mRNA の濃度のゆらぎが上昇したと考えられる．つまり，タンパク質に蛍光を発現させることを最適化していくと，適応度を上げるための過程自体のゆらぎは減少するけれども，それが行きすぎると，細胞内の他の過程——たとえば細胞成長——とのバランスが崩れて，その過程の安定性は低下し，結果，ゆらぎが上昇する．

　この結果を一般化すると，以下のようにも考えられる（図 8.16）．ある適応度を上昇させる進化をさせていくと，その適応度に関する表現型の1変数の方向に進化が進む．その1変数の次元に射影することで，いままでの $P(x, a)$ の分布関数の理論が適用でき，揺動応答関係が成立する．ここで進化とともに，その変数の方向に対して表現型はノイズや変異に対して安定性が増し，ゆらぎは減っていく．しかし，実際は細胞内の過程は多くの変数が絡み合っているの

8.6　ゆらぎの維持と可塑性の回復 (E, F)　　231

でこの適応度は他の変数とも関係している．1 変数の方向での安定化があまりにも進みすぎると他の変数に対する安定性を保つのが難しくなるだろう．というのも，多くの変数が絡んだ力学系で 1 次元方向に対して厳しい条件を課せば，他の自由度に対しても安定性を保つような力学系の割合はまれになっていくと予想されるからである．その結果，他の方向に対して安定性が減り，ゆらぎの上昇が生じると考えられる．

このゆらぎの上昇は，安定性という側面ではマイナスであるけれども別なプロセスの可塑性を増すことで新たな進化可能性を導入しているとも考えられる．上記実験はゆらぎの大きい変異体の出現までで終わっているが，そこからの新たな進化を追究することは興味深いテーマであろう．

8.7 整合性の破れと種分化 (F)

なお，本章では，整合性が保たれる漸進的な進化を扱ってきたが，整合性の破れの可能性としては種分化が挙げられる．この場合は，表現型は 1 つのピークをもった分布から 2 つのピークをもつものに変わる．この場合，まず遺伝子型 – 表現型の整合性が破れ，結果同一遺伝子型から十分異なる 2 種類の状態が生じる．これは力学系でいえば分岐現象であり，1 つの安定状態（谷）から 2 つの谷に分かれる過程である．この段階では遺伝子型 – 表現型の整合性が破れる．しかし，その後，遺伝的進化が進行していくと，2 つの表現型それぞれに好ましい（適応度を増加させられる）遺伝子型が異なるので，両者の遺伝子型は異なっていく．その結果，遺伝子型 – 表現型の整合性は回復し，異なる（遺伝子型，表現型）のペアをもった 2 種が固定される．このような種分化過程は理論とモデルで示されており（[生命本] 第 11 章，[Kaneko and Yomo 2000, 2002a; Kaneko 2002a]），その実験的検証が待たれる．

一方で前節でのゆらぎの大きい変異体の登場は最適化を進め過ぎたために表現型を形成していく複数のプロセスの間の整合性が破れた結果とも解釈できる．この場合，ゆらぎが大きいタイプと小さいタイプに分化しているわけであり，前者が進化可能性を高めて新たなタイプとなり，種分化していくというシナリオも考えられる．この場合も整合性の破れを通して可塑性が増し新たな種が形成される．

232　　第 8 章　表現型進化

8.8 まとめ——本章で議論された普遍的性質と法則

- 進化揺動応答関係：一定環境条件での決まった適応度での進化過程を考える．このとき表現型のノイズによるゆらぎの分散 V_{ip} とその進化速度が比例する．つまり非遺伝的な原因による表現型ゆらぎと遺伝的変異による表現型進化は比例（相関）している (A).

- 上記の関係は，一定環境条件の進化では，遺伝子の変異による表現型の分散 V_g とノイズによる分散 V_{ip} が進化過程を通して比例して減少していくことで理解される (A).

- 以上の関係は，進化を通して，ノイズに対する表現型の頑健性が獲得されていくと遺伝的変異に対する頑健性ももたらされるということで理解される．前者は適応した表現型が発生ダイナミクスでの大きな吸引域をもっていることを意味し，後者は遺伝的変異がほぼ中立になっていることを意味する (B, C).

- エラーカタストロフ：遺伝子発現ダイナミクスさらに一般には発生過程は複雑であるので外界に適応した表現型を形づくるのは容易でない．そこで変異率が増していくと，どこかでその表現型を維持することができなくなるエラーカタストロフが生じる．とくにノイズに対する頑健性が進化していない状況では少しの変異率でエラーカタストロフが生じる．このカタストロフは V_g が V_{ip} を上回るあたりで生じる (C, F).

- 環境変動でのゆらぎの上昇：一定環境，一定適応度の進化ではゆらぎ，そして進化可能性が減少していったのに対し，環境が変動する場合はゆらぎが増減をくりかえして，進化可能性を維持する．この場合はゆらぎは $V_g \sim V_{ip}$ 近辺で推移し両者は比例性を保ちながら変動する (C, F).

- 多くの性質の干渉：一定適応度での進化条件において厳しい淘汰をおこなうとゆらぎを増幅させる変異が生じ，それが選択されることがある．これはあるプロセスを最適化しすぎると他のプロセスとの整合性が崩れ，その安定性を弱めるためと考えられる (E, F).

9 環境への適応と進化
——次元圧縮，頑健性，ルシャトリエ原理

9.1 環境適応による表現型変化と進化による変化

　前章では，ノイズによる適応度のゆらぎ V_{ip} と遺伝子変異による適応度のゆらぎ V_g，そして進化しやすさの関係を議論した．これらはある意味で Einstein のブラウン運動理論をふまえて Waddington の遺伝的同化を定量化したものともみなせる．というのはノイズや環境変動による揺動と，変異と選択による「外力」への応答の間の定式化だから，まさに Einstein の理論で力をかけたときの変化しやすさが力をかける以前のゆらぎと比例しているのと対応しているからであった．この結果，表現型進化のしやすさは遺伝子変化が起こる以前での環境やノイズによる表現型の変わりやすさとして予見される．そこで環境に対する変化という短時間の現象と進化的応答という長時間のふるまいの間の関係が示唆された．すると前章の関係は Waddington の遺伝的同化の定量表現ともいえる．

　それでは，これを推し進めて表現型進化の方向性を議論できないだろうか．たとえば，多くの成分（ないし形質）に対してどの成分が進化させやすいかといった大自由度表現型空間の中での進化の方向性を議論できないだろうか．

　そのためにまず多数の成分の変化のしやすさに関して第 2 章でみた性質を思い出そう．これは環境への適応に際してすべての成分濃度（の対数）変化の間になりたつ比例変化関係であった．つまり各成分の応答の間になりたつ関係である．そして，これは定常成長で全成分が同じ割合で増えることの帰結であった．

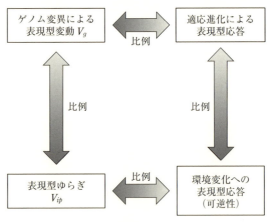

図 9.1　各成分の環境による変化と遺伝子による変化，そして各成分の環境（ないしノイズ）によるゆらぎと遺伝子変異によるゆらぎ，という 2 × 2 の比例関係．この関係の詳細は以下の節で示していく．

本章ではまず，多くの異なる環境条件に対してもこの関係——全成分の状態変化に共通した比例関係——がなりたっていることを確認する．この共通する変化の比例係数は成長速度の変化で与えられ，結果として成長速度という「マクロ変数」により多成分の状態変化が記述される．以下でみるように，この結果は定常成長による拘束だけでは説明できない性質である．これが進化を通して安定した表現型ができていることの帰結ということを本章ではみる．ついで，この関係が短時間の適応だけでなく長時間の進化に対してもなりたつことを確認する．適応での応答と進化における応答の間になりたつ全成分にわたる比例関係である．

一方で，前章でみたように応答とゆらぎは統計力学ではコインの両面である．そこで，ゆらぎに関しても応答に関してみいだしたような関係が期待できそうに思える．つまり遺伝子変異によるゆらぎとノイズによるゆらぎの間の全成分にわたる比例関係である．それがなりたてば図 9.1 のような，全成分にわたるゆらぎ−応答−進化−適応関係が予想される．これを実験とシミュレーションとで確認し，その理論を与えるのが本章の目標である．

さて，こうした関係がなりたてば，遺伝子変異による各形質のゆらぎはその形質の進化しやすさと比例するだろう．すると各形質の進化しやすさは，その形質のノイズによるゆらぎと関係づけられる．つまり各形質の進化しやすさは

遺伝的変化が起こる以前から環境応答やノイズによって表現型がどの方向に変化しやすいかによって前もって与えられていることになる．遺伝的変異自体はデタラメに生じてそこには方向性はなくても，どの表現型が進化しやすいかといった進化の方向性が予期されるのである．

　さらに，実験室進化と進化シミュレーションで得られた結果が普遍的であれば，環境変化や進化での細胞状態変化が少数の「マクロ変数」で記述される可能性が開ける．つまり，たとえ細胞内の成分は非常に多くても，そのマクロ状態は熱力学のように少数変数で記述できるようにみえる．これはまさに第1, 2章で議論した，生物状態の「熱力学的」普遍現象論への第1歩となる．本章の最後では，成長速度（など）を自由エネルギーのようなマクロポテンシャルとし，環境，進化を外部変数とした現象論の可能性を議論する．

　ここで展開する表現型進化の現象論は理論的満足のためではなく，生物学として重要な意義をもつ．もし表現型進化が状態の少数自由度で表現できれば，それにより適応や進化の方向性を議論できるからである．このような理論が確立すれば，進化で起こりやすいこと，不可能なことを表現でき，さらには進化の方向性の予測にもつながる．それはある形質を人工的に進化させる際の指針にもなるであろう．

9.2　ミクロ‑マクロ適応関係——実験 (E, C)

　第2章では環境ストレスを増していくと，多くの成分にわたってその濃度の対数の変化が比例し，その係数が成長速度で与えられることをみた．それでは，異なる環境に対してはこの関係はどうなるだろうか．各成分濃度の状態空間でみると図9.2のように異なる環境での変化は異なる線上を動いていく．するとその線を直線化して比較しようにもこの2つが別な方向を向いているだろうから，このままでは第2章のような理論的導出は使えそうにない．

　とはいえ，実験結果を第2章のようにプロットしてみることは可能である．そこで，とりあえず異なる環境条件，たとえば，温度と飢餓という異なるストレスで，各mRNAの対数発現量 $\delta X_i(E)$ と $\delta X_i(E')$ をプロットしてみる．ここで E はあるタイプの環境ストレス（たとえば飢餓）で E' は異なるタイプのストレス（たとえば高温）をあらわし，$\delta X_i(E)$ はストレスがないもとの環境 O からあるスト

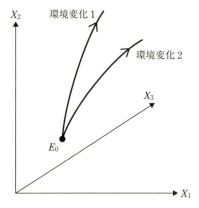

図 9.2 細胞状態変化の模式図：各成分の濃度 x_i (i は成分の全種類 M にわたるのでこの状態空間は非常に高次元である．第 2 章でみたように，細胞の定常成長状態はこの濃度状態空間での 1 点で与えられる．ある環境条件でその条件を変えていく（たとえば温度を上げていく）のは，1 つの線上での変化となる．しかし異なる環境条件は異なる方向を向かう線上での変化となる）．[Kaneko and Furusawa 2018] に基づく（古澤力氏のご厚意による）．

レス E をかけたときの各発現量 x_i の対数の変化（つまり $\log x_i(E) - \log x_i(O)$）である．図 9.3 に $\delta X_i(E)$ vs. $\delta X_i(E')$ について，ストレスのタイプを浸透圧 vs. 温度，浸透圧 vs. 飢餓とした 2 つの例を挙げた．同種の環境変化のときよりもばらつきは大きいけれども，両者の相関は十分にみてとれる．実際，この図には各遺伝子に対応して 3000 程度の点があり，いくつかは比例関係からはずれているけれど大多数はある傾きをもった直線の近傍に位置している．

さらにこの関係を確証するために図 9.4 では，異なる種類の培地に大腸菌を置いたときの数百種類のタンパク質量の変化を同様にプロットした（実験データは Heinemann らによる [Schmidt et al. 2016]）．ここにおいても強い相関がみられる．

では，この傾きは，第 2 章のように増殖速度の変化比 $\delta\mu(E)/\delta\mu(E')$ と関係しているのであろうか．まず図 9.3 で比例係数は増殖速度の変化比とほぼ一致している（実験ではこれ以外の E, E' のペアに対しての比較もおこなっているが，ほぼ一致している）．次に図 9.4 のもととなった実験では 20 種類の環境に対してタンパク質量変化を求めているのでそれらについて 2 種の環境でのタンパク質量変化について図 9.4 に対応するプロットをつくり，その傾きを求め，

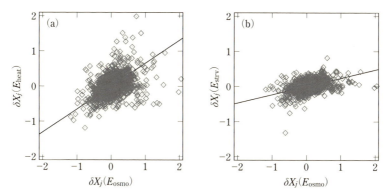

図 9.3 異なる環境ストレスを与えた場合の遺伝子発現量変化：(a) 浸透圧ストレスと高温ストレスの組み合わせについて，遺伝子発現変化 ($\delta X_j(E_{osmo})$, $\delta X_j(E_{heat})$) をすべての mRNA の種類 j に対してプロットしたもの．同様に，(b) では浸透圧 – 飢餓の組み合わせでプロットしている．図中の直線は成長速度比で与えられるラインを示す．いずれでも多くの成分に対して比例関係がなりたち，その比例係数は増殖速度変化から予想されるものとおおよそ一致する．[Kaneko et al. 2015] に基づく（古澤力氏のご厚意による）．

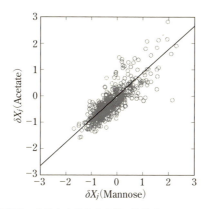

図 9.4 大腸菌を通常の培地から異なる条件の培地（マンノース (Mannose) とアセテート (Acetate)）に変えたときのタンパク質濃度の対数変化 δX (Mannose)（横軸）と強い飢餓条件を与えたときの変化 δX (Acetate)（縦軸）を数千成分にわたってプロット．多くの成分に対して比例関係が成り立つ．Heinemann らのデータ [Schmidt et al. 2016] をもとに求めた結果．[Furusawa and Kaneko 2018] に基づく（古澤力氏のご厚意による）．

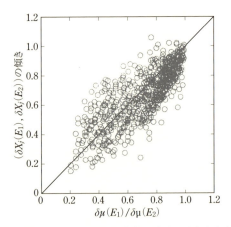

図 9.5 大腸菌を通常の培地から異なる条件の培地に変えたときのタンパク質濃度の対数変化の関係での傾きと増殖速度比.図 9.4 以外にグリセロール培地など 20 種類の異なる環境に対して傾きと増殖速度を求め,20 × 19 のペアについてプロットしたもの.Heinemann らのデータ [Schmidt *et al.* 2016] をもとに求めた結果.[Furusawa and Kaneko 2018] に基づく(古澤力氏のご厚意による).

それと成長速度比との関係を比較した.その結果が図 9.5 である.これをみると多くの成分の濃度の対数変化の傾きは増殖速度の変化におよそ一致している.つまりおよそ

$$\delta X_i(E) = c_i \delta \mu(E) \tag{9.1}$$

がなりたっていて,この c_i は成分 i によるけれども環境の種類 E にはあまりよらない.もちろん,ある特定の環境に対して大きく変化する成分というのはある程度存在し,実際,図 9.2–9.4 でも比例関係から外れている成分はいくつかある.つまり環境 E' では増殖速度変化で予想される以上に動いている,つまり c_i がその環境では特異的に大きくなるものが存在はしている.とはいえ大多数の成分は増殖速度に比例した変わり方をしていて,c_i は環境の種類にあまりよらない.このような関係は,もはや単に定常成長条件だけで導かれるものではない.いいかえると環境特異的な変化を示すのはごく少数で,他の大多数の成分は成長速度[1])と各成分がつりあって変化するという 1 つの要請で変化している.細胞の成分数は非常に多く,元来きわめて大自由度の力学系であるは

---

1) 定常的に指数関数的に成長しているので細胞サイズの成長速度と細胞数の増殖速度は等しい.

ずなのに，細胞の状態の変化しうる次元はきわめて少数に落ちているのである．

もちろん，これらの結果は定常成長であることが前提となっている．しかし，第2章で議論した定常成長の帰結の比例関係は，ある決まった環境ストレスに対してその強さを変えた場合のものだけであり，これらの実験でみられた「深い」線形性を説明できない．最初に述べたように，図9.2で異なる環境ストレスは元来異なる方向の摂動を与えているので，それらによる変化の間の比例関係は説明できない．また第2章の定式化だけで導けないことは以下の数式からも理解できる[2]．

E_0 での $F_i(\{X_j^*(E)\})$ の X_j での偏微分を $J_{ij} = \partial F_i/\partial X_j$，また環境 E での偏微分を $\gamma_i = \partial F_i/\partial E$ とすれば

$$\sum_j J_{ij}\delta X_j(E) + \gamma_i \delta E = \delta\mu(E) \tag{9.2}$$

とかかれていた．ここで J_{ij} は環境摂動を入れる前のダイナミクスの性質で決まるけれども γ_i は環境摂動を入れてどう変化するかであるから，当然 E の種類（方向）に依存する．そこで第2章で $\frac{\delta X_j(E)}{\delta X_j(E')} = \frac{\delta\mu(E)}{\delta\mu(E')}$ を導こうとしても右辺には $\gamma_i(E)$ と $\gamma_i(E')$ の差異が残るので各成分に依存する項が右辺に残ってしまう．

さらには第2章でもふれたけれども，実験によれば，細胞の増殖速度がもとの2割くらいにまで落ちても全成分の比例関係がなりたっている．これは変化が小さいとして線形近似をした観点からすると謎である．なぜか線形領域が広がっているのである．要するにこれまでにみいだされた，広い範囲での線形性そして異なるタイプの環境摂動に対して共通した比例関係がなりたつことは定常成長をみたすというだけでは導かれない性質である．

では，単に多くの成分がたがいに影響して定常成長を実現している，という理論に不足しているものは何であろうか．ここで対象とした大腸菌は，もちろん，それ自体進化の産物である．それでは環境に適応して進化してきた，という条件を大自由度力学系に課すことで，この深い線形性が現れるのだろうか．この問いはすでに進化してきた結果の産物しか扱えない生物実験ではなかなか答えにくい．そこで次節では，第5, 8章でも用いた細胞モデルを進化させて，この問いへの答えを探る．

---

2) 以下の式はとばしてかまわない．

9.2 ミクロ−マクロ適応関係——実験 (E, C) 　241

9.3 細胞モデルの適応にみるミクロ‐マクロ関係 (C)

ここでは第 5, 8 章でも用いた触媒反応ネットワークによる細胞モデルを再び用いる. ここでは環境への応答を考えたいので,

(1) 栄養成分のセット $x_1, x_2, \cdots, x_M$ を考え, それらの外部の濃度が $o = \{s_1^o, \cdots, s_M^o\}$ で与えられ, それらは内部の輸送体成分で能動的に細胞内に輸送されるとする. ここでは各成分に対応して $x_{M+1}, x_{M+2}, \cdots, x_{2M}$ が存在し, 各成分の取り込み量は $x_\ell x_{M+\ell}$ $(\ell = 1, 2, \cdots, M)$ に比例する.

(2) 内部ではこれまでどおり $x_i + x_{C(i,m)} \to x_m + x_{C(i,m)}$ [3] の反応, つまり i から m への変換が触媒 $C(i,m)$ によって起こる. ここで $C(i,m)$ は全成分 K から上記の $2M$ 成分を除いた中からランダムに選ばれ, どの反応 $i \to m$ が可能かもランダムに選ばれる. このネットワークは各細胞では固定されている.

(3) 外部からの栄養の取り込みと触媒反応の進行により細胞は成長する (成分量が増す). すこしずつ異なるネットワークの細胞集団から成長の速い細胞をある割合で選び, そのネットワークのパスにすこしだけ変異を入れて次世代をつくる.

以上をくりかえして, ある環境でより速く成長できる細胞を進化させる. 今の例だと数十世代で増殖速度は上昇する. その上で, まず, 9.2 節に対応した, 環境変化に対する応答を調べた. ここで前節での, 進化が深い線形性を形づくるという仮設の当否を探るために, 進化したあとでのネットワークの応答と, 進化以前のランダムなネットワークで定常成長している場合との比較をおこなう.

そのために外部環境をもともとのもの $s_1^o, \cdots, s_M^o$ から $s_j^{(\varepsilon,e)} = (1-\varepsilon)s_j^o + \varepsilon s_j^e$ へと変える. ここで $e = \{s_1^e, \cdots, s_M^e\}$ は新しい環境の方向であり ε はもとの環境からどのくらいそちらに変えたかの強さである. たとえば $e = \{-1, 1, 0, 0, 0, 0, 0, 0, 0.0, 0\}$ であれば培地から 1 番の栄養の割合を減らし 2 番をそのぶん増やすことに対応し, ε はその強さをあらわしていて $\varepsilon = 1$ であれば完全に 1 番の栄養を取り除くことになる.

こういう異なる環境で各成分の濃度はもとの値 x_j^o から $x_j^{(\varepsilon,e)}$ へと変化する.

---

[3] ここでは x_i を分子名および濃度の両方に用いる. 大文字の X_i は濃度の対数に用いている.

242 第 9 章 環境への適応と進化——次元圧縮, 頑健性, ルシャトリエ原理

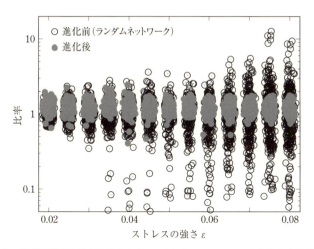

図 **9.6** 細胞に異なる強さのストレス ε_1 ないし $\varepsilon_2 = \varepsilon_1 + \varepsilon$ を与えたときの各成分応答と成長率変化の比．まず細胞モデルでの各成分の $\delta X_i^{(\varepsilon_1, e)}$ と $\delta X_i^{(\varepsilon_2, e)}$ を求める．次に全成分にわたって，この応答の比例係数を求める．それと増殖速度比 $\delta\mu^{(\varepsilon_2, e)}/\delta\mu^{(\varepsilon_1, e)}$ との比を環境変化の大きさ ε を横軸にしてプロットした．グレイの●は進化後，白抜きの○は進化前のランダムなネットワークでの結果．進化後ではまず ε_2 が大きな範囲まで応答が全成分にわたってよく比例していて，しかもそれは増殖速度比とほぼ一致している（比率が 1）．一方で進化前ではストレスが小さければ応答は全成分にわたり比例しているが，0.04 のあたりで全成分の応答の相関が悪くなり，また増殖速度比との一致も崩れる．[Furusawa and Kaneko 2018] に基づく（古澤力氏のご厚意による）．

そこで進化前後それぞれのネットワークで，各成分組成がどれだけ変化したかをみる．理論で問題になるのは対数変化なので，$\delta X_j^{(\varepsilon, e)} = \log(x_j^{(\varepsilon, e)}/x_j^o)$ を各成分で調べる．それとともに，増殖速度 μ がどれだけ変化したか（その変化量を $\delta\mu^{(\varepsilon, e)}$ とする）も求めて両者の関係を調べる．

まず，同種の環境に対して成分変化がどう変わったかを調べてみる．すると小さい変動（小さい ε）に対しては $\delta X_j^{(\varepsilon_1, e)}$ は進化前にしても後にしても環境変化の強さ ε に比例する．ただ，進化前と後で大きな違いがある．まず，進化後では比例変化の領域が広がる．次に，理論で予想されていた，比例係数と増殖速度変化の合致が進化後ではみられる．実際，図 9.6 でみられるように，進化の後では，増殖速度の大きな変化に至るまで，両者が合致している．

次に異なる環境に対しての変化である．$\delta X_j^{(\varepsilon_1, e_1)}$ と $\delta X_j^{(\varepsilon_2, e_2)}$ の関係を調べ

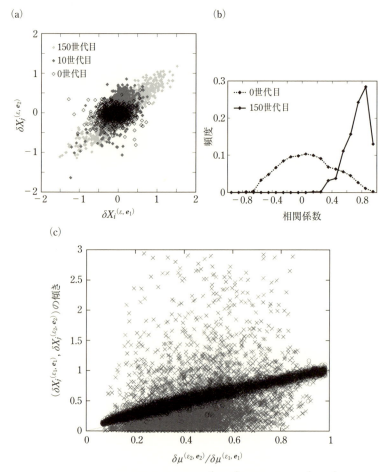

図 9.7 (a) 細胞モデルでの各成分での $\delta X_i^{(\varepsilon_1, e_1)}$ を横軸に，$\delta X_j^{(\varepsilon_2, e_2)}$ を縦軸に全成分に対してプロット．0（進化前），10，150 世代目でのデータ．進化とともに比例関係が形成されていく．(b) この両者の相関係数をさまざまな環境 (e_1, e_2) に対して求めてそのヒストグラムを求めた．進化前と進化後．進化とともに相関係数が 1 に近いものが増えていく．(c) 上の結果から傾きを求め，それを縦軸に，増殖速度比 $\delta\mu^{(\varepsilon_2, e_2)}/\delta\mu^{(\varepsilon_1, e_1)}$ を横軸にしてプロット．○ は進化後のデータで 1 つの直線上に分布している．× は進化前のランダムなネットワークでのデータで全体に散らばっている．[Furusawa and Kaneko 2018] に基づく（古澤力氏のご厚意による）．

ると，図 9.7(a) のように進化が進むにつれその比例関係は明白になっていく．進化後では多くの成分に対して比例関係がなりたち，その比例係数は増殖速度とほぼ一致している．図 9.7(b) ではこの相関係数（完全に比例すれば 1，無相関なら 0）をさまざまな環境に対して求め，そのヒストグラムを初期と進化後についてプロットした．1 つの環境で進化させたのであるが，さまざまな環境に対しても応答が全成分にわたって強く相関している．そして，この比例係数は進化後では，図 9.7(c) でみられるように，成長速度変化比とよく一致している．

これらの結果は，進化のあとでは表現型の変化がその多くの成分にわたってある方向に強く拘束されていることを示唆する．そこで，この各成分が高次元の状態空間でどのように変化しているかをプロットしてみる．いま成分数 (1000) は多いので $\{X_j\}$ の高次元状態空間での変化をそのまま描くことはできない．ここでは，変化の大きい方向を取り出す統計的手法，主成分分析 (Principal Component Analysis) を用いる：まず X_i を重み $a_i^{(1)}$ で重ね合わせた変数 $PC1 = \sum_i a_i^{(1)} X_i$ をつくる．ここで，$a_i^{(1)}$ は与えられたデータに対して，変数 PC1 の分散がもっとも大きくなるように選ぶ．これが第 1 主成分である．次に，この第 1 主成分と状態空間内で直交し，かつもっともデータの分散が大きくなるように $a_i^{(2)}$ を選んでつくったのが第 2 主成分 $PC2 = \sum_i a_i^{(2)} X_i$，以下同様である．

この主成分分析をおこなって異なる環境に対する $\{X_j\}$ を上からの 3 成分の次元に射影してプロットしたのが図 9.8(a) である．この図にみられるように，進化後では，ある曲線上にだいたい乗っている．これに対し進化前のランダムなネットワークではこうした構造はみられない（図 9.8(d)）．ここで，進化後では，第 1 主成分が 70%以上の寄与率を示しており，第 3 成分までで 87%を占める．状態変化は 1–3 程度の少数自由度でかけている．これに対して，進化以前では少数の寄与率が高まることはない．

以上は，環境条件を変えたときの状態変化であった．同様に，単に反応ダイナミクスのノイズでの状態のゆらぎ，そして遺伝子変異に対しての状態変化を，この主成分空間でプロットしたのが図 9.8(b), (c) である．興味深い点はこれらも先の曲線上でおよそ変化しているという点である．まとめると，環境変化，内部のノイズ，遺伝子変異に対する状態変化は，共通の 1 次元曲線（ないし低次元の図形（多様体））上で変化する．つまり元来高次元であらわされていた表

9.3 細胞モデルの適応にみるミクロ–マクロ関係 (C)　　245

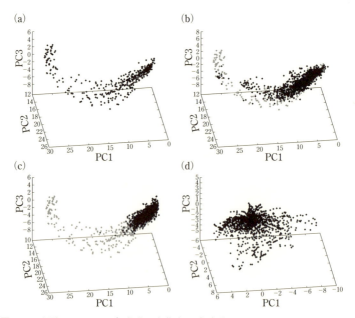

図 9.8 細胞モデルでの各成分の変化を 3 主成分 (Principal Component) の状態空間上でプロットしたもの. (a)–(c) は進化後の結果. (a) 環境変化に対してのプロット. (b) ノイズに対する変化 (●), (c) ネットワークに (遺伝子) 変異を加えた結果に対するプロット (●). (b)(c) では参考のために (a) の結果をグレイの点で背景に示した. (d) 進化前のランダムネットワークで (a) と同じように環境変化を与えたときのプロット. [Furusawa and Kaneko 2018] に基づく (古澤力氏のご厚意による).

現型 (状態) の変化は,その起因が異なっていても共通の低次元多様体上に拘束されている.

9.4 優位モード理論——ミクロ–マクロ関係へ (C)

これまでの進化実験の結果とシミュレーションの結果を考えると,状態変化は図 9.9 のように 1 次元 (ないし低次元) の曲線 (多様体) 上に制限されるという仮説がなりたつ. つまり,表現型は元来,高次元であるけれど,その多くの方向での変化に対しては,ずらしてもさっともとに戻る. 環境変化やノイズ

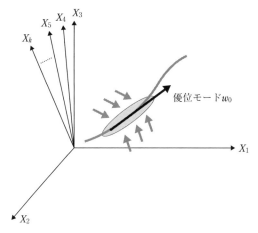

図 **9.9** 表現型変化の優位モード仮説の模式図．表現型の状態空間は元来高次元であるが，環境変動で動きうる領域は低次元（図では 1 次元）領域に拘束されている．この低次元領域は進化で通ってきた，そして今後進化しうる領域となっている．[Kaneko and Furusawa 2018] に基づく（古澤力氏のご厚意による）．

に対して変わりやすい方向は限られており，そして遺伝子変化による表現型進化は，その変わりやすい方向に沿って起こる．

　この仮説自体は前章での頑健性の進化を思い起こせば自然に思われる：まず第 8 章で議論した状況を考えよう．表現型の変化（たとえば遺伝子の発現）には多くの変数が関係し合っていて絡み合っていて，その高次元のダイナミクスの結果，最終的な状態に落ちつく．この状態から適応度が決まるけれども，高い適応度の状態はまれでなかなか形成されないので変異をくりかえした進化によって到達される．このときダイナミクスは一般に複雑で，最終状態は環境や内部のゆらぎにより動かされてしまうであろう．そこで適当に選んだダイナミクスでは，適応度の高い（まれな）状態が維持されない．進化の進行とともに，この状態が安定化していく，つまり，状態空間の中で，ずらしてもすぐもとの状態に戻るようになるだろう．これがまさに第 8 章で論じた頑健性である．この結果図 9.9 のように高次元の状態空間でも多くの方向からもとに戻るようなダイナミクス（フロー，図の矢印）が形成される．ではすべての方向からさっと戻るのであろうか？　ここでこの状態が進化してきた（きている）ことを思い起こそう．もし進化の通ってきた道の方向に対しても各世代での状態に戻る

フローが強ければ，進化もさせにくいであろう．そこで進化してきた方向に対しては，もとに戻る安定性は弱まっていて，その方向のフローはおそらく小さいであろう．すると，環境やノイズ，そして遺伝子変異に対しての表現型の変化は，おもにこの進化の道のりの方向に対して大きく，他の方向への変化は抑えられているであろう．これがまさに，図 9.9 の描像であり，これは図 9.8 の結果と合致している．

ここの仮説は第 2 章および 9.2 節の定式化でいえば，変化の固有モード（ヤコビ行列 J の固有値 λ_k に対する右固有ベクトル）を $\boldsymbol{w}^k$ $(k = 1, \cdots, K)$ としたときに 1 つ（ないし少数）の固有値が 0 に近く，その（右）固有ベクトルに沿った変化が大きく，ほかの方向の変化はすぐ減衰して小さいと表現できる．この右固有ベクトルを $\boldsymbol{w}^0$，左固有ベクトルを $\boldsymbol{v}^0$ としよう．さまざまな環境変化による高次元の表現型変化は主に $\boldsymbol{w}^0$ に沿って起こるので，各成分変化 $\delta X_j(\boldsymbol{E})$ は $\boldsymbol{w}^0$ に沿った変化をそれぞれの軸 X_j に射影した w_j^0 に比例する．この射影自体は環境 $\boldsymbol{E}$ の種類にはよらないので $\delta X_j(\boldsymbol{E})/\delta X_j(\boldsymbol{E}')$ は各成分 j によらない．さらに成長希釈との整合性に注意すると，

$$\frac{\delta X_j(\boldsymbol{E})}{\delta X_j(\boldsymbol{E}')} = \frac{\delta \mu(\boldsymbol{E})}{\delta \mu(\boldsymbol{E}')} \tag{9.3}$$

が導かれる．

より詳細な導出は論文 [Furusawa and Kaneko 2018] を参照されたいが，概略は以下のようになる[4]．$\boldsymbol{w}^0$ のモードが優位なので，

$$\delta X_i(\boldsymbol{E}) = \lambda^0 w_i^0 [\delta \mu \sum_j v_j^0 - \boldsymbol{v}^0 \cdot \gamma(\boldsymbol{E}) \delta E]. \tag{9.4}$$

ここで，$\gamma(\boldsymbol{E})$ は環境に対して反応ダイナミクスがどう変わるかのベクトルで，これはさっと戻る方向を向いていて，一方で $\boldsymbol{w}^0$ は戻りにくい方向なのでおよそ直交している．つまり $\gamma(\boldsymbol{E})$ はおよそ $\boldsymbol{w}^j$ の $j \neq 0$ だけの重ね合わせでかける．ここで $\boldsymbol{v}^0$ は $\boldsymbol{w}^j (j \neq 0)$ と直交しているので第 2 項は無視できる．そこで

$$\delta X_i(\boldsymbol{E}) = \lambda^0 \delta \mu w_i^0 \sum_j v_j^0 \tag{9.5}$$

が環境によらず成り立ち，結果上記の式 (9.3) が導かれる．

---

4) この段落はとばしてかまわない．

248　第 9 章　環境への適応と進化——次元圧縮，頑健性，ルシャトリエ原理

まとめると，図 9.9 のような，遅いモードの優位性の仮定により，(1) さまざまな環境変化に対し，濃度の対数の変化は多くの成分にわたって比例し，その比例係数は増殖速度の変化で与えられる．(2) こうした比例変化は，環境の大きな変化（つまり増殖速度変化が大きい）領域まで広がっている．

9.5　表現型進化のミクロ‐マクロ関係——理論と実験 (C, D, E)

9.5.1　理論

ここまでは生物を新しい環境に置いたときの短時間（数世代スケール）での適応における表現型変化を議論した．それでは，進化に対してはどうであろうか．生物は環境変化の後，遺伝子の変化によって新しい環境に適応進化し成長速度を上げていく．実際，微生物の培養の環境を変えて成長速度が下がった後，数百世代にわたってその条件での培養を続けると次第に成長速度が回復してくる．この過程では遺伝子も変化し表現型も変化していく．では，この場合に遺伝子発現変化には前節のような関係が存在するだろうか．

ここで次元圧縮での図 9.9 によれば，遺伝子変化による表現型変化も主に固有モード $\boldsymbol{w}^0$ の方向で変化が起こりやすい．そこで，前節の関係は遺伝的変化に対しても成り立つことが期待される．つまり遺伝子による変化を G であらわしたとき多くの成分に対して，

$$\frac{\delta X_j(G)}{\delta X_j(E)} = \frac{\delta \mu(G)}{\delta \mu(E)} \tag{9.6}$$

が予想される．

9.5.2　細胞モデルのシミュレーションによる確認

さて，この関係を，前節の進化シミュレーションで確認してみよう．

ある環境で進化をさせたあとで，環境条件をスイッチする．つまり，環境条件を $\{s_1^o, \cdots, s_m^o\}$ から $\{s_1^{o\prime}, \cdots, s_m^{o\prime}\}$ へとスイッチさせる．それにより増殖速度は減少する．さて，このときの各成分の対数濃度変化量を $\delta X_i(E)$ とする．次にこの新しい環境条件のもとで毎世代ネットワークに変異を加えて進化をさせる．そうすると増殖速度は次第に回復していく．ここで各世代 m で成分の濃

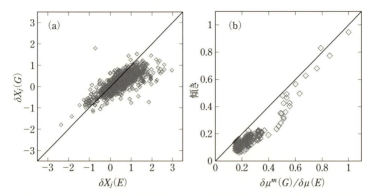

図 **9.10** (a) 細胞モデルでの進化における成分変化．環境変化による各成分濃度の対数変化 $\delta X_j(E)$ を横軸に，10 世代進化後のそれぞれの対数変化 $\delta X_j(G)$ を縦軸にして，全成分にわたってプロット．(b) (a) のデータから求めた成分変化の傾きと増殖速度変化の関係：m 世代目での $\delta X_j^m(G)$ と $\delta X_j(E)$ の間の傾きをまず (a) のプロットで求め，それを縦軸にし，増殖速度変化比 $\delta\mu^m(G)/\delta\mu(E)$ を横軸にして各世代 m に対してプロット．環境変化を与えた後の $m = 1, 2, \cdots, 50$ 世代のデータをプロットしている．両者がほぼ一致している（対角線上にある）．[Furusawa and Kaneko 2018] に基づく（古澤力氏のご厚意による）．

度を測り，それが環境条件を変化させる以前のもとの状態からどれだけ変化したか（の対数）を $\delta X_i(G)$ とする．そこで各世代で $\delta X_i(E)$ vs. $\delta X_i^m(G)$ を図 9.10(a) のようにプロットする．この両者の間に相関がみられるので，再び，この間の傾きと増殖速度比 $\delta\mu^m(G)/\delta\mu(E)$ との関係を世代 m にわたってプロットしたのが図 9.10(b) である．

ここで進化によって世代とともに増殖速度は回復していくので $|\delta\mu(G)| < |\delta\mu(E)|$ がなりたち，進化の起こる前に大きく減少していた増殖速度 $\delta\mu(G)$ （第 0 世代では $\delta\mu^0(G) = \delta\mu(E) < 0$）は次第にその絶対値を減らしていく．世代 m とともに $\delta\mu^m(G)/\delta\mu(E)$ は減少し，式 (9.6) にしたがって成分変化の傾きも世代 m とともに 0 に向かって減少していく．つまり各成分は環境スイッチ以前の値に次第に戻っていく．いいかえると遺伝的変化は環境変化で生じた多くの発現量変化を打ち消すように起こるという「進化ルシャトリエ原理」がなりたっている[5]．

---

[5] ルシャトリエ原理については第 1 章参照．

9.5.3 実験的検証 (E)

上の関係は大腸菌進化実験で確認することができる [Furusawa and Kaneko 2015; Horinouchi *et al.* 2015]. 古澤らは大腸菌をエタノール環境に置き，数百世代にわたり，指数関数増殖を維持させながら培養した.

エタノールは大腸菌にとってストレス環境なので，このもとでまず増殖速度はエタノール添加前に対して減少し遺伝子発現も変化する. 増殖速度変化を$\delta\mu(E) < 0$，各 mRNA 濃度の対数変化を$\delta X_j(E)$としよう. その後，数百世代にわたってこの環境で培養していくと，増殖速度のゆるやかな回復が観察された（図 9.11(a)）. この長期的変化は短時間での適応ではないので進化スケールの変化と考えられる.

ここで各世代 m での増殖速度変化を $\delta\mu^m(G)$，遺伝子発現（mRNA 濃度）の変化を $\delta X_j^m(G)$ とし，それらを測定する. その上で環境変化に対しての変化 (E) と進化スケールでの変化 (G) の間で，再び各遺伝子発現（mRNA 濃度）の対数変化 $\delta X_j(E)$ と $\delta X_j^m(G)$ を比較してみる. ここで δ は環境ストレスを印加する以前を起点とした変化量である. この両者の関係の例が図 9.11(b) である. 理論からの予想通り両者の間にだいたい比例関係がみられる. この両者の間の比例係数（傾き）と増殖速度比 $\delta\mu^m(G)/\delta\mu(E)$ との関係を世代ごとにプロットした（図 9.11(c)）. やはり両者はほぼ一致していて，世代とともに $\frac{\delta X_j^m(G)}{\delta X_j(E)} = \frac{\delta\mu^m(G)}{\delta\mu(E)}$ の関係を保ちながら減少していく. この比例関係はまさに理論が予言したものである.

先述したように，進化によって増殖速度は回復していくので $\delta\mu(E) \equiv \delta\mu^0(G)$ < 0 に対して $\delta\mu^m(G)(< 0)$ は世代 m とともにその絶対値を減らしていく. つまり $\frac{\delta\mu^m(G)}{\delta\mu(E)}$ は減少していく. いいかえると各遺伝子発現は環境スイッチ以前の状態に戻っていく. ここでも，遺伝的変化は環境変化で生じた多くの発現量変化を打ち消すほうに起こるという，「進化ルシャトリエ原理」が確認されている.

では，この X_i の変化は数千次元の状態空間の中でどのような軌跡を描いているのであろうか. もちろん数千次元の状態空間の中での変化をそのままみることはできない. 再び，変化の大きい方向を取り出す統計的手法，主成分分析を用いて大腸菌の遺伝子発現の各世代でのデータから第 1, 2, 3 の主成分を求

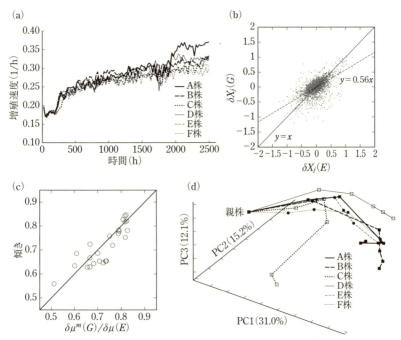

図 9.11 エタノールストレス環境下における大腸菌の進化過程.(a) 5%エタノールを環境に添加することにより,増殖速度が $0.55h^{-1}$ から $0.2h^{-1}$ に減少,そのもとで 2500 時間(およそ 1000 世代)にわたる進化過程を追い,その間の増殖速度の回復をプロットしている.同じ初期条件から開始した 6 系列の結果を重ね書きしている.それぞれで異なる遺伝子変異がはいっているにもかかわらず同様な増殖速度の回復を示している.(b) エタノール添加での大腸菌進化実験において,環境変化による mRNA 濃度の対数変化 $\delta X_j(E)$ を横軸に,約 1000 世代進化が進行して増殖速度が回復しつつあるときの各 mRNA 濃度の対数変化 $\delta X_j(G)$ を縦軸にして,数千遺伝子にわたってプロットしたもの.実線はフィッティングによって求めた傾きを示している.(c) いくつかの世代 m での $\delta X_j^m(G)$ と $\delta X_j(E)$ のデータから求めた傾き(縦軸)と増殖速度変化比 $\delta \mu^m(G)/\delta \mu(E)$(横軸)との関係を各世代に対してプロット.(d) 大腸菌の進化過程における mRNA 発現量の変化過程を 3 主成分の状態空間での軌跡としてプロットしたもの.6 系列の結果を重ね書きしている.6 つの系列のうちの 1 つ(C 株)は途中から他と異なる軌跡を描くが,これはこの系列のみで途中でゲノムの部分的な重複 [Ohno 1970] が起こっているためであり,その影響を除くと他と類似した軌跡となる(古澤力氏のご厚意による).詳細は [Horinouchi et al. 2015] および [Furusawa and Kaneko 2015] を参照されたい.

める．実際はこの第1成分の寄与は大きく，各データの変化の31%が第1成分で説明できる（第2成分が15%程度）．各主成分PCi軸の空間にデータ点をプロットしていくと，まずPC1軸方向，あとせいぜいPC2, PC3軸に散らばっている程度で，それ以外の軸での広がりは小さい．さらに，この第1成分と増殖速度はほぼ比例している．これは増殖速度が各遺伝子発現の変化の主要部分を決めているという結果と整合している[6]．実際に，各世代での発現量ベクトルX_iをこの3つの成分軸に射影して，進化とともに発現ベクトルがどのように変化していくかを描いたのが図9.11(d)である．ここで，ここに6本の曲線が重ね書きされているのは，同じ実験をくりかえしたときの結果である．実験ごとに生じる遺伝子への変異は異なっている．それにもかかわらず，すべての実験サンプルがほぼ同じ曲線で変化していく．つまり高い増殖速度を実現するように表現型が変化していく様子は，ほぼ決定論的である．この表現型変化を形づくっていくのが進化における優先事項であり，それを実現する遺伝子変異は何通りもありケースごとに異なってよい．

9.6　ノイズによるゆらぎと遺伝子変異によるゆらぎの間の成分にわたる比例関係 (C)

次にゆらぎに関して議論しよう．第8章では，進化世代とともに，ある表現型（ないし適応度）に対して，遺伝子によるゆらぎとノイズによるゆらぎの関係をみた．それでは，本章でみたような多次元の表現型に対して，この2種類のゆらぎの間にはどのような関係があるだろうか．

ここで9.3節の理論と9.4節のシミュレーション結果によると，ノイズおよび遺伝子変異による表現型の変化は主に$\boldsymbol{w}^0$の方向に沿って生じていたことを思い起こそう．そこでノイズによる$\boldsymbol{w}^0$方向での変動を$\delta W_{\mathrm{noise}}$とすればそれによる各成分$X_i$は$\delta X_i = w_i^0 \delta W_{\mathrm{noise}}$となる．一方で遺伝子変異による表現型変化は，上の関係式で$\delta W_{\mathrm{noise}}$を遺伝子による変化$\delta W_{\mathrm{genetic}}$に置き換えたものになる．さて第8章にならって，同一遺伝子個体でのノイズによるゆらぎを$V_{ip}(i)$，遺伝子変異による部分を$V_g(i)$とかこう．第8章との違いは，適応

---

6)　なお，大腸菌の抗生物質耐性進化が少数自由度で表現されていることを示唆する実験結果については [Suzuki *et al.* 2014] を参照されたい．

度だけでなく，各成分 i に対してゆらぎをみる点，そして世代とともにどう変わるかではなく，進化した後のある世代での個体をとってきてゆらぎをみる点である．すると，上の理論からは

$$\frac{V_{ip}(i)}{V_g(i)} = \frac{(w_i^0)^2 < (\delta W_{\text{noise}})^2 >}{(w_i^0)^2 < (\delta W_{\text{genetic}})^2 >} = \frac{< (\delta W_{\text{noise}})^2 >}{< (\delta W_{\text{genetic}})^2 >} \tag{9.7}$$

となって，右辺は各成分によらなくなるので，成分にわたって

$$V_{ip}(i) \propto V_g(i) \tag{9.8}$$

が得られる[7]．

　この関係は前節の触媒反応ネットワークモデルで確認できている．たとえば，進化した後のネットワークを用いて，全成分にわたって $V_{ip}(i)$ と $V_g(i)$ を計算してプロットしたのが図 9.12 である．両者の比例関係がみてとれよう．なお，この関係は遺伝子制御ネットワークモデルでもみいだされている [Kaneko 2011b, 2012a]．また，実験では，酵母に変異を与えたときに，遺伝的変異による表現型の分散の広がり方とノイズでの分散の間に相関がみいだされている [Landry *et al.* 2007][8]．

　なお，この結果は，どの成分 i が進化させやすいかを現在の表現型で予測する可能性を提示している：ノイズによる変化自体は遺伝しないが，遺伝子による変異は当然子孫に伝わり，それによる表現型の分散 $V_g(i)$ はその成分の進化速度と比例している（8.1 節参照）[Fisher 1930; 1958]．ところが $V_{ip}(i)$ が $V_g(i)$ と比例しているから，$V_{ip}(i)$ と成分 i の進化速度が比例する．つまり，遺伝子変

---

7) この比例関係は以下のような解釈も可能である．第 8 章の分布関数にならって各成分量 x_i と遺伝子タイプ a の分布関数として $P(x_i, a) = N_0 \exp(-\frac{x_i^2}{2\alpha_i} + C_i x_i a - \frac{a^2}{2\mu})$ を導入する．これは $P(x_i, a) = \exp(-\frac{(x_i - C_i a \alpha_i)^2}{2\alpha_i} - \frac{1}{2}(\frac{1}{\mu} - C_i^2 \alpha_i)a^2)$ と書き換えられる．そこで第 8 章にならってこの表現型の安定性条件は $1/\mu - C_i^2 \alpha_i > 0$ つまり $\mu < \mu_{\text{max}}^i \equiv \frac{1}{C_i^2 \alpha_i}$ となる．ここで μ_{max}^i はエラーカタストロフを起こす変異率である．一般にこれは成分 i ごとに異なってもよい．しかし安定なシステムが進化してエラーカタストロフが起こりにくくなると，起きるときは全成分に伝播していっせいに起こる，つまり μ_{max}^i は成分 i によらなくなると予想される．すると $\mu_{\text{max}}^i = (C_i^2 \alpha_i)^{-1}$ が i によらなくなる．ここで $V_g(i) = < (\delta x_i)^2 > = C_i^2 \alpha_i^2 < (\delta a)^2 >$ と $V_{ip}(i) = \alpha_i$ に注意すれば $V_g(i)/V_{ip}(i) = C_i^2 \alpha_i < (\delta a)^2 > = < (\delta a)^2 > /\mu_{\text{max}}$ となるので成分 i によらないことになる [Kaneko 2011b, 2012a]．

8) 正確にはこの実験で求めているのは変異を与えたときの表現型のランダムな変化を拡散過程で表示したときの広がり方である．淘汰を導入していない点で V_g とやや異なるが両者は強く相関した量であろう．

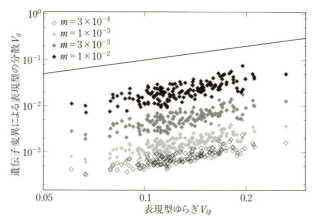

図 **9.12** 細胞モデルでの進化において，ノイズによるゆらぎの分散 $V_{ip}(i)$（横軸）と遺伝子変異によるゆらぎの分散 $V_g(i)$（縦軸）の間の関係．異なる変異率 m の結果をプロット．[Furusawa and Kaneko 2015; Kaneko and Furusawa 2018] に基づく（古澤力氏のご厚意による）．

化以前での，ノイズや環境変化による変わりやすさが大きいほど，その成分（表現型）i が進化させやすい．表現型空間でどの方向に進化しやすいかは遺伝子変異以前から前もって予測できることになる [Kaneko and Furusawa 2018]．

9.7 遅いモードの意義 (D)

本章では高次元の表現型変化が，固有値の小さいモード w^0 によって主に決められているということを実験，シミュレーションから推測し，進化による頑健性がそれをもたらすという説を提示した．この場合，w^0 という方向で状態の変化は大きく，これに沿った変数 W はゆっくりと定常状態の値に戻る．このように，他より遅いモードの存在は触媒反応ネットワークを進化させていったときにそのダイナミクスのヤコビ行列の固有値のうち 1 つ（ないし少数）が 0 に近くなるという結果でも検証されている [Sato and Kaneko 2020]．

つまり，環境や遺伝子変化の結果 W は大きく変化しやすい．つまり W の方向について表現型は可塑的である．その一方で，進化した状態では，その頑健性により，環境や遺伝子変化に対して成長速度（適応度）μ の変化は小さく

なっているであろう．完全に最適状態になって環境 E や遺伝的変化 G に対して $\partial\mu/\partial E = 0$ ないし $\partial\mu/\partial G = 0$ になるまでは到達していなくても，この値は十分小さくなっているであろう．一方で E や G の変動に対して W は変化しやすいことを考えればこの式を $\frac{d\mu}{dW}\frac{\partial W}{\partial E}$ ないし $\frac{d\mu}{dW}\frac{\partial W}{\partial G}$ と書き換えることにより $\frac{d\mu}{dW} \sim 0$ が期待される．いいかえると環境や遺伝的変化は W の変化にバッファーされ，しかし，W の変化はそれが成長速度（適応度）へ写像される段階で大幅に縮小される．この結果，第5章で大自由度の適応系の特徴としてみた性質が現れ，その一方で，生命現象での基本性質，頑健性と可塑性の両立（第6章も参照）への1つの解答が与えられるとも考えられる．

　W の方向での変化が起こりやすいということはこの方向の摂動に対して定常状態に戻るのがゆっくりしているということである．これはある遺伝子（タンパク質）の発現変化が他よりもゆっくりしているということでも実現されうる．ただ，そのように1つの分子に担わせるよりも，いくつかの遺伝子発現の集団的変化として，この W があらわされているほうが自然と思われる．主成分分析ではこのような変化の遅いモードは第1主成分にみいだされる．そこで第1主成分にどのような遺伝子群の発現が主に含まれているかを調べれば，細胞の可塑性と頑健性の理解にもつながるであろう．

　遅く変化するモードは一方では進化の結果生じたのであるが，他方ではこうした変数が生じることは進化を加速させうると考えられる．というのは，W を変化させれば適応度に影響を与えやすいからである：遅く変化するモードは他の速く変化するモードへの制御パラメータとして働きうる．そこで W を変えることで，速く変化する他の変数に広く影響を及ぼせる．これに対し，多くの変数が同じ時間スケールで変化していると，遺伝的変化がそれぞれに生じると互いに影響し合ってその結果，変化はほぼ相殺されてしまうであろう．これは諺でいう「船頭多くして船，山に登る」という状況である[9]．このように遅い変数による制御は進化の結果現れ，それが進化を加速させる．こうした正のフィードバックにより進化しやすさが成立する．

　異なる時間スケールの過程での整合性では次のような疑問を抱かれるかもしれない：進化の遅いスケールと環境適応や発生過程のもっと速いスケールの間

---

9) 山に登る，というと特定の方向に向かっているように思えるのでこの喩えはよくないかもしれない．ただし，この諺は望んだ方向にいけないという意味なのでその意味でとらえていただきたい．

にいかにして相関がもたらされ整合性がつくられるのだろうか？　ここで遅いモード W の存在はこの問への 1 つの解答を与える．このモードが遅い，というのは環境適応の表現型ダイナミクスのスケールとして遅いということである．一方で進化は W の方向で主に生じるのだからその方向に沿ってもっとも速く進む．つまり適応，発生の表現型ダイナミクスに遅いモードが生じ，それが元来遅い進化スケール現象の中ではもっとも速い方向となり，両者に整合性がもたらされるのであろう．

9.8　非成長状態と整合性の破れ (F)

　本章では，進化的な時間スケールと表現型レベルの時間スケールの現象が安定して整合していることで大幅に自由度の削減が起こり，少数（ないし 1 つ）の変数の変化で表現型全体の変化が表現できることを示した．その結果，少数の変数で成長速度（適応度）ポテンシャルをあらわすという，熱力学にも似た構造が現れることを示した．

　もちろん，本章の結果は安定した，指数関数的成長状態でなりたつ構造である．それでは第 3 章で調べたような，成長が止まった，休眠状態の細胞の状態もこのように少数自由度であらわすことができるのであろうか．いまのところ，これについての答えは得られていない．1 つの可能性は，成長しなくても安定しているという拘束によって，1 つといわないまでも少数自由度で表現できるというものである．そうであれば，第 3 章でみたように，指数関数的成長を表現する変数 P に他の成分を加えた，少数記述が普遍的になりたちうる．もう 1 つは，成長できなくなると他の 1 つの成分だけでなく，多くの変数が関係してしまうというものである．喩えていえば，トルストイの小説『アンナ・カレーニナ』の冒頭「幸福な家族は同様に幸福であるけれど，不幸な家族はそれぞれに不幸である」のように，「指数関数的成長という整合した状態は同様に少数で記述できるけれども，休眠状態はそれぞれに「不幸」になっていて少数自由度での記述はできない」のかもしれない．このように成長という整合した状態が破れたときの理論は今後の大きな課題である．

9.9 まとめ——本章でみいだされた普遍的法則

- 異なる種類の環境 ($\boldsymbol{E}, \boldsymbol{E'}$) に対して多くの成分の対数濃度 X_j の変化は広い範囲にわたって比例し，その比例係数は細胞増殖（成長）速度 μ の変化の比で与えられる．つまり $\frac{\delta X_j(\boldsymbol{E})}{\delta X_j(\boldsymbol{E'})} = \frac{\delta \mu(\boldsymbol{E})}{\delta \mu(\boldsymbol{E'})}$ がなりたつ (A, B, C, E).

- 上記の関係は，環境変化と進化という異なるスケールの現象においてもなりたっている．ある環境ストレス E を与え，そのもとでの進化後の対数濃度を $X_j(G)$，成長速度を $\mu(G)$ として，環境変化以前のもとの状態からの変化量を δ であらわすと $\frac{\delta X_j(G)}{\delta X_j(E)} = \frac{\delta \mu(G)}{\delta \mu(E)}$ がなりたつ (A, B, C, E).

- ここで $|\delta \mu(G)|/|\delta \mu(E)| < 1$ は進化とともに次第に 0 に向かうので，成分共通の比例係数 $\delta X_i(G)/\delta X_i(E)$ も 0 に向かっていく．いいかえると環境変化でもたらされた発現量変化は減っていく．つまり各発現量は環境変化が印加されていなかった，もとの状態へと戻っていくという強いホメオスタシスを示す (A, B, C, E). これは第 1 章で議論した，熱力学のルシャトリエ原理と同様な過程である．

- 上で述べた関係は進化を通して多くの摂動に対して安定した状態がつくられ，結果として表現型の変化が主に低次元の領域に拘束されているからである．表現型ダイナミクスはこの低次元方向に沿ってはゆっくり変化し，一方でこの方向に沿って進化は進んでいく (C, D, E).

- 成分 j の対数濃度のゆらぎに対してノイズや環境起因のゆらぎ $V_{ip}(j)$ と遺伝的変化によるゆらぎ $V_g(j)$ は全成分にわたって比例している．後者はその成分の進化しやすさ（速度）に比例しているので，ある形質が進化しやすいかどうかは環境変動やノイズによってその成分がどれだけゆらぐかによって与えられる．つまり表現型進化には方向性がある (A, B, C, D, E).

10

まとめと今後の課題

10.1 まとめ

　本書では異なるスケールの過程の整合性を鍵として，生命システムのもつ普遍的性質と法則を眺めてきた．分子 – 細胞ないし細胞 – 多細胞個体という異なる階層に着目すると下の階層（ミクロ側）は多様な成分からなり大自由度のシステムである．その一方で上の階層（マクロ側）の状態は安定性をもつ．こうしたマクロな安定性を有するにはミクロ側とマクロ側のダイナミクスが整合性を有さなければならない．この階層間の整合性を基本原理とし，頑健性（ロバストネス）と可塑性を緯糸として複製，適応，記憶，分化，進化の基本性質をみてきた．

　階層の下のレベル，たとえば分子 – 細胞なら分子の種類，細胞 – 多細胞個体なら細胞の種類は一般に多様である．つまり，大自由度の状態空間であらわされるシステムである．しかし上の階層の頑健性と整合していなければならないという要請から下の階層の大自由度系に強い拘束がかかる．この結果，大自由度のシステムが少数次元の変数で記述できるようになり，それにより，各成分の応答，その統計分布やゆらぎに一般的な法則が成立する．これらから生物の頑健性と可塑性への定量的な視点が与えられる．以上は整合性の帰結としての法則を探る立場である．

　もちろん，整合性がいかにもたらされるかを理解することも普遍生物学のおこなうべきステップである．本書では主に力学系と統計力学の立場からそれを

議論した．実際，近年統計物理でさかんに研究されている，多くの要素からなる系が示す集団としてのダイナミクスは異なる階層をつなぐ基本的概念の1つにもなろう．細胞内の多数の成分の濃度が変化する際に，細胞の成長速度は濃度希釈によって全成分の濃度の影響を与える．その意味では成長速度は「集団座標」（ないし統計力学での「平均場」）の役割を果たし，それが異なる階層をつなぐ．その例を各章でみた．また，化学反応–遺伝子発現–細胞間の力学といった異なる要因の現象が干渉して細胞および細胞集団の安定性をもたらすことも階層間整合性の要因である．そして速い時間スケールの現象が遅い過程に埋め込まれて安定化し，記憶として固定化するという「時間スケール間の整合性」もみてきた．

　一方では従来の分子生物学の立場との整合性を図るうえでは，こうした整合性を担いうる分子的機構を探るのも意義があるだろう．たとえば反応ネットワークの中には多くの成分に影響を与える「ハブ分子」が存在することがある．もっとも広範に影響するのは ATP/ADP であり，またシャペロンといわれるタンパク質分子も多くの成分に影響を与えている．リボソームは複製系の工場として重要な機能を担う．こうしたハブ分子の存在は大域的な制御因子として，多成分の変化を同調させて低次元に拘束された変化をもたらしうるだろう．これら分子生物学的機構との関連も考えていくべき課題であろう．ただし，従来の分子生物学の立場では，このようなハブ分子をみつけたら，それが整合性の原因である，という方向に研究が向かうのであろうけれど，本書ではそのような因果性よりも異なる過程が相互に強化して整合性を安定化させていくという見方を重視してきた．さらには整合性の要因はその特定の分子でなければいけないというものではおそらくなくて，いくつかの可能性の中から進化的に起こりやすかったものとして採用され固定化されてきたとも考えられる[1]．

　また本書では深くは追究しきれなかったが，整合性の破れに関してもその要因，過程，そして帰結をさらに調べていくことは今後重要であろう．それは一方では成長の停止した状態あるいは単細胞状態に戻って成長するガンの状態をもたらす側面もあり，他方では可塑性を回復して新たな適応や進化，さらには種分化をもたらすという側面もあるだろう．

---

1) 似た例として，表現型の進化は低次元で決定論的であるのに比し，それを安定化させる遺伝子の変異はもっと大きい可能性があったこと（第9章）も思い出していただきたい．

さて，以上を簡単なまとめとして，以下では本書では完全に扱えなかった，いくつかの課題に対して，普遍生物学の立場からふれていきたい[2]．

まずは，階層性を仮定したうえでの整合性に対して，そもそも分子 – 細胞，細胞 – 多細胞生物，といった階層そのものの起源である．たとえば，Szathmary と Maynard-Smith は生命システムにおけるいくつかの階層の起源を議論している [Maynard-Smith and Szathmary 1995]．ここではわれわれの立場で，そうした階層の起源についてまず議論し，そのあとで共生，生態系，発生過程，神経系など本書の主題で今後扱っていくべき課題について述べよう．

10.2 起源の問題

10.2.1 生命の起源について再び

すでに述べたように，分子の単なる集まりから再帰的に複製できる分子の集合がいかに創発されてきたかはまさに生命の起源の問題である．ここで重要なのは多様な分子の集団が全体としてほぼ同じものをつくり続ける，つまり分子の複製と（原始的）細胞の成長分裂が整合して続くのはいかにして可能か，そのための条件は何かということである．

まず第 1 章でも述べたように栄養が無制限に与えられない限り複製系はすぐに栄養不足の問題に直面する．そのもとでは多様な分子が相互に触媒して複製する状況が実現する [Kamimura and Kaneko 2015, 2016]．この分子が集まって原始細胞を形成する．ここで 3.6 節でふれたように触媒活性をもって他分子の複製を助けていると自身は複製されないので分子レベルでは触媒能を失う進化が起こる．そこで他分子に複製してもらうだけの寄生分子は容易に生まれる [Takeuchi *et al.* 2016]．この状況で分子数の大きい細胞が成長分裂していくと，触媒機能を保持して複製情報を失った分子と触媒機能は失って複製情報分子として働く分子の 2 種への分化が生じることが最近竹内らにより示されている [Takeuchi and Kaneko 2019]．つまり分子生物学のセントラルドグマともよばれる，情報と機能の分離が階層的複製系の必然的帰結として導かれている．さらにこのとき，機能をもつ分子は多数になり情報を担う分子は少数になり，以

---

2) 本章の内容は現在研究途上のものや今後の方向といったものも多い．

前議論した少数性制御 [Kaneko and Yomo 2002a] の状況が実現し，これにより細胞としての進化可能性が獲得される．さらにはこの少数性制御の状況が実現すればこの系は指数関数的な成長を持続し [Kamimura and Kaneko 2018] さらには細胞分裂と情報分子複製を同期させた増殖 [Kamimura and Kaneko 2010] が生まれる．

このように分子（ミクロ）と細胞（マクロ）の階層がいかに整合して増えていくかという視点は細胞複製系（生命）の起源と進化を考えていくうえで本質的である．また，こうした理論は抽象的な推論にとどまらず現在，実験的検証も可能になってきている [Matsuura et al. 2011; Ichihashi et al. 2010, 2013; Mizuuchi and Ichihashi 2018]．のみならずここで得られる結論は現在の細胞がもつ普遍的性質，たとえばセントラルドグマとよばれる機能と情報の分離や遺伝情報のもつ分子の少数性だけでなく，多細胞生物における生殖細胞と体細胞の分離などを理解するうえでも有効になってくるであろう．

10.2.2　細胞内共生，個体内共生

生物が増殖していけば，その密度は増加し，結果として互いが強く影響し合うようになる．個体間相互作用としては捕食，寄生など一方が他方を利用する関係もみられるが，最終的には両者が互いに利益を与える共生関係に至って安定化する場合もしばしばみられる．これらは異なる個体間の関係であるが，生物では個体内に異なる複製系があり，それが集団として複製していくという個体内共生系もしばしば存在する [Margulis 1981]．

たとえば，多細胞生物ではしばしばホストとしてその中にバクテリアを住まわせ，それがホストの生存に有用であり，また欠かせないことがある．われわれの腸内には多様なバクテリアが生存し，それはしばしばわれわれの生存に重要である．昆虫ではバクテリアが個体の発生過程にまで強く関与していて，それなしでは成虫個体への発生が進行できない場合もある．たとえば，カメムシではバクテリアが消化管を形成するために必要であり，このために親が卵をなめてバクテリアを子供に伝播させる [Hosokawa et al. 2010]．このような例になると，内部共生体抜きで個体が生存して複製を続けるのは不可能になる．つまり，内部のバクテリアを含めた階層的な複製系が形成されている．

さらに内部共生としてよく知られているのは細胞内共生である．真核細胞は細胞内器官を有するが，このうちあるものはそれ自身でのゲノムをもって内部

での複製体となっている．呼吸に欠かせないミトコンドリア，光合成に欠かせない葉緑体はその例であり，これらも階層複製系の例となっている [Margulis 1981].

　本書の立場でいえば，ここで問うべき課題はまず，いかにしてこの階層複製系が整合性を保てるかであろう．つまり内部共生体とホストの増殖速度が揃っていなければならない．もし共生体がホストより速く増えていけばホストが分裂をくりかえすうちに内部共生体数が増えていきホストを崩壊させてしまうであろう．もし逆であれば内部共生体は失われる．

　実際，ミドリゾウリムシというクロレラを内部にもつ（ただしこの生物ではミドリムシとは異なって，クロレラなしでも生きていけ，これらを出し入れできるので完全に内部共生にまでは至っていない）生物では，その成長に比例してクロレラの数は増えていく．つまりクロレラをホストの体積で割った密度はほぼ一定である（細谷浩史，私信）．この1つの解釈は，ホスト内で内部共生体の密度は高くなっているので指数成長期から静止期（第3章参照）への転移点に至っているというものである．ここでホストが成長すれば密度が下がり，静止期からはずれて内部共生体が増えられ，そこでまた転移点にいたって止まる．このように，転移点にあることで整合性の維持は理解できるかもしれない．

　次の問題は，内部共生体が遺伝子をもっていて，ホスト内でそれらが競合しているときに，内部共生体はいかに進化するかという点である．もし内部共生体に複製速度を上げた変異が現れれば，それは広まって，ホストの成長速度を上回ってしまい，結果共生関係を壊してしまうかもしれない．にもかかわらず，整合性が維持できているのはなぜだろうか．ホスト側にも変異は起こって成長速度がさらに増せば整合性は回復する．しかし，このように両者が変異し続け（赤の女王仮説のような）競争が続いているという状況にはなさそうである．

　一方で内部共生体の複製は，その内部ゲノムが少ないほうが速く複製できるだろうから，それらの競争の結果内部ゲノムは減っていくとも考えられる．これが進んで共生体が遺伝子を完全に失いホストの一器官としてつくられてしまうようになれば，もはやそれらは独立した複製子ではなくなり，そもそも他と競争する単位ですらなくなる．つまりゲノムを失うほうが有利だけれど失えば他と競合する複製子でなくなるというパラドクスである．このパラドクスのも

10.2　起源の問題　　263

とで内部ゲノムがどのような場合に維持されるのかは答えるべき問であろう[3].

内部共生の進化を考えるうえでは，内部共生体の数自体も問題になろう．共生状態であれば多数をかかえるのはホストに利益もあるだろうけれど，多くなればそれを維持するコストが上回るかもしれない．一方で多数になれば，共生体のゲノムへの変異はならされて進化可能性を失い，結局ゲノム自身を失うようになるかもしれない．他方，共生体の数がそう多くないのであればそれらが分裂に際して単にランダムに分けられると片方に偏ってしまうことが起こるであろう．その際には半々に分けられていく何かの機構を考える必要が生じよう[4].

また，そもそも2種類が外部に存在して互いに助け合う共生から，内部にとりこまれて（1つの舟に乗って）の共生のほうが有利になるための条件の理解も必要になろう．たとえば内部にあれば互いに必要な化学成分を閉じ込めて共有できるので，外に出して薄まるよりも有利になるだろうという視点である．

最後に現在の真核細胞が内部共生体と整合性を保ち増殖していくのであれば，その整合性の破れが何をもたらすか，その観点から成長の休止した状態や病的な状態を考えることも意味があるだろう．

10.2.3　多細胞生物の起源

第7章では幹細胞から細胞が分化し，多種類の細胞が安定して共存することを示した．では，そもそもこのような多細胞システムはいかにして生じたのであろうか．このためには，ある細胞から表現型が異なる多種の細胞が生まれること，そして分化した細胞集団が単一な細胞種の集団よりも成長しやすいことが必要である．

一般に細胞が増えていくと，混み合ってきて，かつ限られた資源をとりあうことになる．つまり，「強い相互作用」と「栄養律速」の状況である．この場合，細胞内の反応ルール（つまりそれを決める遺伝子型）によっては第7章でみたような細胞分化が生じて異なる表現型をもった細胞が共存することが起こりうる [Kaneko and Yomo 1997, 1999; Furusawa and Kaneko 1998a, 2002;

---

3)　ミトコンドリアの場合はその場所で変化にすぐ対応できるために維持されているとも考えられている（たとえば [Lane 2015] 参照）．

4)　たとえばバクテリアではプラスミドという形で，本来の遺伝子以外の遺伝子が存在している．これの分配機構はさかんに議論されている [Adachi *et al.* 2006; Surovtsev and Jacobs-Wagner 2018; Gerdes *et al.* 2010; Sugawara and Kaneko 2011].

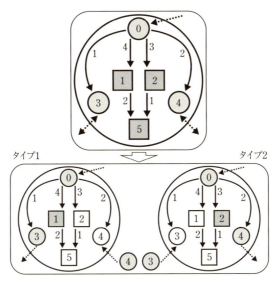

図 10.1 表現型分化による共生成長する細胞モデル．栄養成分 0 から成分 1, 2, 3, 4, 5 が図のような反応経路でつくられる．ここで 0 → 3 の矢印の上に 1 がかかれているのは 0 から 3 をつくる反応が 1 により触媒されているという意味である．この細胞モデルの各成分濃度は単体では 1 から 5 までの成分濃度が振動している．この細胞は栄養を変換して各成分をつくって成長分裂している．ここで成分 3, 4 は膜を透過して拡散により細胞間でやりとりされるとする．このモデルをシミュレーションし細胞数が増えていくと細胞集団は，下段左のように成分 0, 1, 3, 5 を主にもつ細胞と右のように 0, 2, 4, 5 を主にもつ細胞へと分化する．ここで左の細胞は成分 1 をつくるのに 4 が必要であるがこれは右の細胞から拡散ではいってくる．同様に右の細胞は必要な成分 3 を左の細胞からもらっている [Yamagishi et al. 2016]（山岸純平氏のご厚意による）．

Yamagishi et al. 2016]．もちろん，このように表現型が分化するかどうかは細胞内の反応ネットワーク（遺伝子制御ネットワーク）による．適切なネットワークを選んだときに，栄養が不足し，かつ細胞が混み合って強い相互作用をしている場合に，分化が生じるのである．

　それでは，分化が生じるほうが有利なことがあるだろうか．もし分化した細胞タイプが分業して互いに助け合えば，結果として，より成長できることが起こりうる．たとえば，山岸らは図 10.1 の触媒反応系を考え，この系が (1) 細胞密度が高く栄養が少ないと，図の左側のネットワーク部分 1, 3 の濃度 x_1, x_3

が高い細胞と反対側の 2, 4 の濃度 x_2, x_4 が高い細胞に分化すること,そして
(2) 分化した細胞が共存すると成長速度があがることをみいだしている.

　ここで成長速度増加の理由は,一部の成分に濃度を集中させることで,その反
応が進行しやすくなるからである[5]. 実際,図 10.1 で,左の 2 成分に集中した
細胞タイプと右の 2 成分に集中したタイプのそれぞれが,全成分をもつ細胞タ
イプより成長速度が高くなる. ただし,左の部分ネットワークだけではその反
応を進行させるための成分 4 がつくられず,これは右の部分ネットワークでつ
くられる. 同様に右側の反応だけでは必要な成分 3 がつくられない. 今,この
必要な成分は反対のタイプの細胞が漏らすことで供給されている. つまり,そ
れぞれに特化した細胞が中でつくられた成分をやりとりすることで互いの成長
を助けあっている. これは,それぞれが分業して特定の生産に集中し,互いに
必要なものを貿易でやりとりするという,経済学での状況に対応している. こ
のようにして「共生的細胞分化」とでもいうべき状況が実現する [Yamagishi
et al. 2016]. 第 5 章で議論した触媒反応ネットワークを用いて,もっと多成分
で複雑なネットワークで調べても,この共生的分化を示す例は十分な割合で存
在する. 細胞が増えて密度が高くなり栄養が不足してくるとこのような共生的
分化は広くみいだされる.

　こうして多種の細胞が協調する体制ができたとして,その多細胞体制自体が
再生産されていかなければならない. ここで,多くの多細胞生物では,次の世
代がその全細胞からつくられるのではなく,ごく一部の生殖細胞からつくられ
る. 少数の生殖細胞と多数の体細胞が発生の初期段階で分離するのである. こ
の分化は今述べた,相互に対称的な共生的分業とは質を異にしていて,情報伝
播と機能という形で対称性が破れている[6]. この,少数のみが次世代に伝わり
情報を担うという構造は複製細胞で遺伝情報を担う分子 (DNA) と機能を担う
分子(タンパク質)の役割分化が生じることとも共通していて,階層的な複製
系の基本性質と考えられる [Takeuchi and Kaneko 2019].

---

　5)　たとえば,$x_i + x_j^2 \to x_k$ という反応のレートは濃度の 3 乗で進行する. 細胞内に N 分子
があり,それが k 種類の成分に同じだけ割り当てられているとすれば,各反応レートは k^{-3} に比
例する. k 種類あれば反応の種類が k に比例して増えるとしても,反応による各成分合成は k^{-2}
に比例するので,成分が多くなるほど合成速度は減少する. そこで細胞内の分子量を必要な少数成
分に集中したほうが合成が速くなる. 実際この加速は数値計算で確認されている.
　6)　第 7 章の機構で相互作用により分化した細胞が空間的パタンを形成し,そこから分離した
少数細胞から次世代の細胞集団が形成される. その例については [Furusawa and Kaneko 2000a,
2000b, 2002] を参照されたい.

実際，細胞の塊から次世代が生まれると，次世代は異なる遺伝的な変異をもつさまざまな細胞から形成される．こうすると変異は平均として慣らされてしまう．機能を上げる変異の割合は少ないから，平均すれば次第に機能を失っていくことになる．これに対して，ひとにぎりの細胞からのみ次世代が生まれるのであれば，まれに起こる，機能を向上させる変異が選ばれる可能性が出てくる．このように「少数性制御」[生命本] が働いて進化可能性をもつ．そこで，生殖細胞と多細胞が分離された，通常の多細胞生物が普遍的にみられるのであろう．

こうした考え方によれば，単細胞生物を適度に混み合った状況におくことで，多細胞生物のプロトタイプを構成することも可能になるだろう．実際，酵母を用いて，雪片型の多細胞凝集体が形成されること [Ratcliff *et al.* 2012]，細菌（桿菌シュードモナス）を用いて固着と泳動型のタイプの分化が生じること [Rainey and Rainey 2003; Hammershmidt *et al.* 2014] など多細胞構成生物学も始まっている．今後，こうした中から，子孫を残すタイプと機能を担う側の細胞の分化が生じるかなどは興味深い課題となってくる．

10.3 生態系

10.3.1 多様性

生命システムの階層の上で上位に属するのはもちろん生態系である．多種の個体が互いに影響しながら共存し，個体数分布を維持し，時には進化していく．この点でまず重要なのは，強い種が勝つのではなく，いかにして多種が共存するかどうかであろう．

素朴な素人の疑問として挙げられるものに，なぜ最強生物が存在しないのか，というものがある．どんな環境条件に対しても他より成長しやすい生物が進化してしまえば，多種の共存は起きないのではないか，という問いである．これに対する返答としては環境条件がその生物の存在によって変わってしまうということが挙げられる．実際，個体にとっての環境として一番大きいものはまわりにいる同種ないし異種の生物ともいえる．もし，ある生物がある環境に適していて個体数が増えれば，それらが用いる栄養が不足し，環境条件は悪化する．また，生物は栄養から細胞の各成分を合成しつつ外に一部の成分をもらすとい

う非平衡のフローを有している．するとその個体数が増えていくともらした成分が環境に蓄積し，流れが減少して成長が阻害される．一方で環境に蓄積された成分を用いて，それを利用する異なる種が増えやすくなり，逆にその種の存在は環境への蓄積を減らして両者の共生を可能にする [Yamagishi *et al.* 2020]．

　第1章では細胞内になぜ多様な成分が存在するかを議論し，栄養が不足すると指数関数的成長ができなくなり多成分が共存することを述べた．それと同様な論理を種間相互作用にあてはめれば，個体数が増して資源が不足してくると成長が阻害されてきて多種が共存することになる．要するに個体数増加による栄養資源の不足と強い個体間相互作用が多種共存をもたらすことになるであろう．

　もちろん多種共存が進化により実現するためには種が分化してこなければいけない．それには異なる遺伝子型と表現型をもった個体が出現してこなければならない．第8章の末尾でふれたように，個体数増加 → 相互作用増加 → 表現型の分化 → 遺伝子変異による遺伝子型の分化，といったルートで種分化が進行するという理論が以前から提唱されている [生命本; Kaneko and Yomo 2000; Kaneko 2002a]．本節での議論をふまえれば，個体数増加による資源枯渇＋強い相互作用 → 表現型可塑性の増加 → 種の多様化 → 相互作用増加といった正のフィードバックループが働き，多様性が増していくと予想される．適切なモデル化と理論はまだ完成していないけれども，栄養資源，個体数に関するパラメタを変えていったときにある段階でフィードバックループが働き出し，多様性の高い状態への転移が起こるとも予想される．

10.3.2　安定性

　外部の環境が変われば生態系自体が変化し，各個体数も変化する．1つのシステムの中に多種類の複製体が存在し，それが環境とともに変化するという点では，この状況は細胞内に多くの化学成分が存在することに対応している．そこで，このときに各種の個体数変化に対して，細胞内の各成分変化に対する比例応答（第9章参照）と同様な関係がみいだされないであろうか．ここで細胞と生態系の相違点と類似点に注意しよう．生態系と細胞や個体の違いは，前者は複製しない点である．空間的に広がっていくことはあっても生態系がひとまとまりとして複製することは通常起こらない．この点では第9章でみいだされたような法則を得るのは一見困難にも思われる．

　一方で両者の類似点は安定性である．多様な種を維持する生態系はしばしば

長期的に安定して存続できる．その間，環境変動や新たな種の誕生や一部の種の絶滅も起こりうる．そのもとで長期間多様性を維持して安定して存続するのには強い拘束がかかるであろう．安定性により，各個体数がもとに戻り，一方で環境変動に対し適応して進化していくのであれば，その変化してきた方向については可塑性が残っていると考えられる．すると，各種個体数の割合の変化に対して図 9.2 と同様な状況が期待できる．そうであれば，各個体数の変化 δN_j の間に対して強い拘束がかかり，式 (9.3) のような比例変化関係が期待できる．

　他方，生態系で各種の個体が増えて飽和しそれが安定になっていれば，各種の個体数増加率はほぼ 0 となってみなつりあっている（増殖と死が等しくなる）はずである．いいかえると安定した生態系では，どの種がより適して増加するということがなく各種の個体数変化は中立的になっている．実際，この中立性を要請することで，Hubbel [2001] は実際に観測されている各個体数の対数正規分布を説明することに成功している．この生態系の中立説は，表現型レベルで結果として中立になっているという理論であり，遺伝子の分子的変化に方向性がないという，分子進化での中立説 [Kimura 1983] とは階層の異なる理論である．いずれにせよ，生態系が多くの摂動に対して安定で，変わりうる方向に対しては中立であることは，その普遍的性質を導くうえで基本となるだろう．

10.4　発生と進化の対応について

　もう 1 つ本書で重視した階層間整合性として，異なる時間スケールの現象の間のそれがある．実際に，1 世代内での環境適応としての表現型の変化と進化スケールでの変化が対応していた．これは最終的に形づくられた表現型についての関係であった（第 8, 9 章）．それでは，それらを形づくっていく時間発展自体について，1 世代での個体発生過程と長期世代にわたる進化的変化の間に対応関係はないだろうか．

　実際，発生過程と進化の関係は，生物学の古典的難問の 1 つである．かつて発生過程は進化的な分岐系列をなぞるという意味での反復説が唱えられたこともあった．Haeckel のこの説はもっとも単純化した形でいえば，哺乳類の発生過程は魚類と共通の段階，爬虫類のそれと共通の段階，… を経るといった形になるが，その単純形はすでに否定されてきた．とはいえ，進化的変化と発生

過程での変化に，なんらかの関係があるのでは，という考えは根強い．さらに，近年，Evo-Devo（進化発生学）という分野が勃興してふたたび関心を集めつつある [Raff 1996; Hall 2012; 倉谷 2017]．しかし，進化系列の過去の生物に関して得られる遺伝・発生のデータには限りがあるため，明確な結論が得られないままになっている．

　この発生－進化関係を理解するために香曽我部らは発生過程の進化シミュレーションをおこなった [Kohsokabe and Kaneko 2016]．具体的には，まず第7章で考えた遺伝子制御ネットワークによる発現ダイナミクスをもつ細胞を考える．この細胞を1次元上に配置し，いくつかの成分が拡散相互作用により隣接細胞とやりとりされるとする．さらに外部の化学成分（モルフォジェン）が勾配をなしていて，これが遺伝子発現系への入力を与えるとする．そのもとでこの遺伝子発現反応と拡散によって細胞ごとのタンパク質濃度が変化してパタン形成が進行する [Fujimoto *et al.* 2008]．

　ここで，発生過程でできたパタンに応じて適応度が異なり，最適なパタンがつくられるよう進化が進行すると考えよう．そのために適応度を，ダイナミクスの結果得られる出力遺伝子発現パタンと前もって与えられたターゲットと間の距離（類似度）で与え，距離が小さいほうへ進化するとしよう．次世代が生まれる際に遺伝子制御ネットワークと反応パラメタが突然変異で少しずつ変化するとし，より高い適応度を示す個体が選択されるという進化シミュレーションを実行する．その結果，数十から数百世代の後にはターゲットパタンとマッチした最高適応度個体への進化が達成された．さて，この個体の発生過程では，初期の一様なパタンから（発生）時間が進むにつれいくつかの縞が形成されターゲットパタンに至る．一方，各世代でできあがったパタンを進化的に追っていくと，こちらも一様パタンからターゲットパタンへ至る．ではその形成過程は発生コースと進化コースで類似しているのであろうか．図 10.2 の例でみるようにどちらでも縞の形成は段階的に起こり，その分岐のしかた，その順番がよく合致している．多くの例について，定量的な指標を用いて発生，進化過程でのパタン形成を比較すると，95%程度で，この一致が確認される．その意味では進化と発生が対応するという反復説の現代的表現ともいうべき関係がみいだされている．

　この対応を考えるうえで，発生過程も進化過程も，変化しない時期と急に変化するエポックからなることに注目しよう．進化の場合は，中立的な突然変異

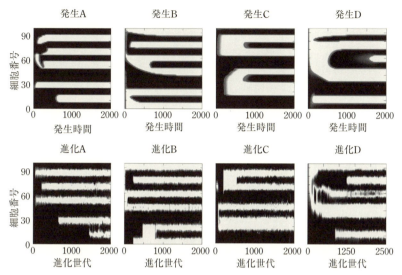

図 10.2 進化–発生の対応関係.縦軸は 1 次元に並べた細胞の番号をあらわし,横軸は発生時間ないし進化世代をあらわす.最終的に進化した世代での発生過程が上段で,各世代での最終パタンが世代とともにどう進化してきたかが下段にあらわされている.A, B, C のように両者が対応しているケースがほとんど (95%) である.まれに D のように対応が壊れるケースもある.[Kohsokabe and Kaneko 2016] に基づく(香曽我部隆裕氏のご厚意による).

が蓄積した後でようやく適応度を上げる変異が生じるので,このようなステップ的変化がみられ,これは断続平衡として知られている [Gould and Eldredge 1977].それでは発生過程がこのように段階的に進むのはなぜだろうか.調べてみると,進化を通して時間変化の遅い遺伝子発現が現れ,それがパタンをつくる出力遺伝子の発現を制御している.この遅く変化する成分によるパタン制御の結果として発生は段階的に進む.このようにして進化,発生のどちらの段階変化も,ゆっくり変化するパラメタに対して力学系のアトラクター(状態)が大きく変化する分岐現象として表現される.この分岐が進化・発生で一致しているということで両者の対応関係が説明される.

一方,遺伝子制御ネットワークをみると,進化で新しいパタンが生まれる際には,それまで働いていたネットワークの下流に新たな(フィードフォーワードないしフィードバック)ネットワークが付加されるという形で進化してくる.もちろん進化し終えた個体では,これらの遺伝子制御ネットワーク全体が発生過

程の初期から存在している．ただ，後に加わったネットワークを働かせる入力は発生初期には不足していて，それは実効的に働いていない．遅い遺伝子発現が働き出してはじめて下流ネットワークが働き出す．そこで，働いているネットワークは進化と同じ順で継起し，その結果，両者の対応が生じる．

くわしい解析は原論文 [Kohsokabe and Kaneko 2016] を参照されたい．いずれにせよ第 8, 9 章では最終的にできた表現型について進化，発生の対応を確認したのに対して，この結果はそれを形成する過程に対しても対応がみいだされたという点は興味深い．また，その背後に他よりも遅く変化する変数（タンパク質発現量）が関与しているのは，遅いモードにより他を制御する構造が進化的に生まれ，それが進化を加速できる，という点で第 9 章の結果とも対応しており，「時間スケール分離による制御」が進化の基本原理の 1 つであると示唆される．

以上では進化 – 発生が対応した例を述べたが，まれではあるが対応が破れる場合もある．これは下流に加わった遺伝子制御ネットワークが上流にフィードバックして影響を与え，その構造を変える場合である．つまり発生と進化の過程間の整合性が破れている．これにより新規な構造が形成される．このような整合性の破れが新奇性を生むというのも進化の一般的な性質と考えられる．

なお，進化 – 発生対応はともすれば今までは定性的議論にとどまっていたが，近年，発生過程での遺伝子発現の動態が計測できるようになり，また，系統ごとのゲノム変化のデータ解析も進んできたので定量的次元に乗るようになってきた．その中で近年注目されているのは発生砂時計仮説である．これは異なる種の発生過程を比較すると，卵の段階で高かった多様性が中期でいったん縮まり，その後また多様化してさまざまな形態をもつ種が形成されるという考え方である．この途中で狭まる形状から砂時計仮説とよばれている．提案当初 [Duboule 1994] は定量的に判定し難いものだったけれども，最近は各段階での遺伝子発現の比較も可能になり定量的な議論もされている [Kalinka *et al.* 2010; Irie and Kuratani 2011; Hu *et al.* 2017].

これは上記の進化発生対応と矛盾するものでなく，いったん中期で差異が狭まった後で各種ごとの発生過程が広がっていく段階では進化と発生が対応していればよい．またいったん差異が減るのは本書で議論した頑健性とも関連するであろう．卵段階で親から受け継がれた表現型の多様性をどこかで減らさないと発生過程が安定して進まないだろうからである．第 9 章で議論したような表

現型の低次元への拘束が多種の多細胞生物にわたってなりたつには発生中期での状態の拘束が必要なのかもしれない．いずれにせよ，進化発生の対応関係は頑健性と関連づけて今後考えていくべき課題であろう．

10.5 脳神経系へ

本書で述べた，動的階層性と整合性の考え方，とくに異なる時間スケールのダイナミクスの干渉と整合性は脳神経系による記憶，学習，認知についても新たな視点を与えると期待される．

たとえば進化で議論した，遺伝子の変化と表現型の変化という異なる時間スケールの現象間の整合性の考えは学習過程の理解においても有効であろう．神経の発火は他の神経からの活性化（促進）と抑制の結果で生じ，その活動が脳の情報処理を担っている．この活性化‐抑制は神経間のシナプス結合で決められ，全体の神経発火活動のダイナミクスは神経ネットワークで与えられ，一方でシナプス結合は学習過程によってゆっくりと変化する．この点で神経系のダイナミクスは遺伝子発現系のそれとの共通点が多い．どちらも活性化‐抑制からなるネットワークがあり（第5, 7章で用いられたモデルでいえば行列 J_{ij} に対応し，ほぼ同じ形のモデルと行列が神経活動ダイナミクスでも用いられている），どちらでも発現／発火は閾値を超えるとオンになるというオンオフ型のダイナミクスをもつ．さらにそのネットワーク自体は，進化／学習という，遅い時間スケールで変化する．その結果どちらでも力学系を与えるネットワークが変わり，大自由度の状態が変化し，それに応じて適切なネットワークが選択されていく．

進化の場合，どういう表現型進化が起こりやすいかは遺伝子変化が入る以前でのノイズによるゆらぎと関係していた．この進化揺動応答関係での進化による変化を学習による変化と読み替えて拡張解釈すると，入出力関係の学習しやすさは学習が起こる前の神経発火のゆらぎと相関（比例）していると予想される．実際，学習しやすい方向については実験的にも注目されている．高次元の神経発火ダイナミクスが低次元の領域に拘束されていて，それが学習しやすい方向と結びついているという，第9章の結果にも類比する結果も得られている [Sadtler *et al.* 2014]．今後，学習しやすさと，もともとある神経発火ダイナミ

クスの自発ゆらぎとの連関を調べていくのは重要であろう.

　進化の場合，この揺動応答関係の背後には，タンパク質発現ダイナミクスへのノイズに対する安定性と遺伝子変異に対する安定性の間の相関があった．同様に神経系の場合にも速いスケールでは神経発火ダイナミクスにノイズがはいり，遅いスケールではシナプス変化にノイズが乗っている．われわれの記憶や認知はこの2種類のノイズに対する安定性を有しているはずなので，両者の安定性の相関は学習の可塑性ないしそれへの拘束を考えるうえで鍵となるだろう．このように，異なる時間スケールの事象の間の整合性という本書の視点は脳認知過程を考えるうえでも重要であろう.

　次に関連するトピックは可塑性の高い幹細胞状態からの分化である．第7章の理論では時間的に変動する状態が他の細胞からの入力に対応して，異なる一定の状態へと細胞が分化した．もとの状態はアトラクターではあるが，入力によって多くの異なる状態に分岐しうるという特性をもっていた．この際最初の1細胞ダイナミクスは必ずしも多くのアトラクター（多重安定性）をもつというわけではない．では，このような考え方は脳の記憶，その想起にあてはめることは可能だろうか.

　すでに述べたように神経ネットワークのモデルは力学系として遺伝子制御ネットワークモデルと同様な性質をもっている．とくに多くのアトラクターをもつような神経ネットワークを用いて，アトラクターのそれぞれを記憶と対応づける研究が確立している [甘利 1978; Hopfield 1982]．これは第6章でもふれた，たくさんの（準）安定状態（谷といってもよい）それぞれに記憶をわりふるという考え方である．これに対して本書ではむしろ記憶を動的過程とむすびつける立場を重視してきた（[Tsuda 1992; 津田 2002, 2016] も参照）．実際，記憶の想起はそのネットワークに外部（ないし脳の他の領野）から入力がはいったもとでの神経活動ダイナミクスの結果である．そこで，入力なしの力学系が多数の安定状態をもたなくても，それぞれの入力に対応して状態の分岐が生じて異なる安定状態に落ちれば記憶想起を説明できる.

　実際，栗川らはこのような神経ネットワークが簡単にデザインでき，また簡単な学習により構成されることを示している [Kurikawa and Kaneko 2012, 2013, 2015; Kurikawa *et al.* 2020]．まず，神経間の結合 J_{ij} に入力パタンと出力パタンの相関を埋め込むことにより，各神経に入力パタン η_i^α が入ると神経活動が変化して対応する出力パタン ξ_i^α を生じうることが示された（α は記

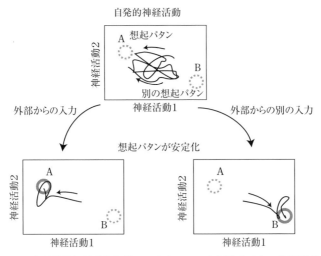

図 10.3 自発的神経活動と記憶．入出力パタンを記憶すると，神経活動の状態空間でカオス的振動を示す自発活動が生じる．この神経系は入力によって，それに対応する一定の出力パタンを示すように状態が分岐する．シミュレーション結果 [Kurikawa and Kaneko 2013] をもとにした模式図（栗川知己氏のご厚意による）．

憶する入出力対応の番号で，神経数の 3 割程度の記憶が埋め込まれる）．ついでこのように前もって結合をデザインしておかなくても，学習過程で結合が変化することで，各入力パタンに応じて出力パタンが生成されることが示された．この結合変化は，各神経発火とターゲット発火パタンが同期していればその結合を強め，そうでなければ弱めるというヘブ則 [Hebb 1949]，および各神経の間で同期していれば弱めるという逆ヘブ則の 2 つだけで与えられている．そして，このような結合の変え方は単に発火の相関によって結合の強弱が変化するだけなので神経生物学的にも十分想定できるものである．機械学習で用いられているような複雑な（生物学的には困難な）仕組みを導入せずに，発火の速いスケールの変化が結合の遅いスケールの変化に埋め込まれて記憶が形づくられる．

　この場合，記憶したパタンに対応して多くのアトラクターが存在するのではなく，入力によって神経活動の状態が変化（分岐）して対応する出力が形成される（図 10.3）．この際，興味深いのは入力がはいっていないときの状態である．学習が進みいくつもの入出力パタンが埋め込まれたときには，入力がない

場合の神経活動は一定ではなく想起すべき出力パタンそれぞれに近づいては離れるという変動（カオス的振動状態）を示す．つまり，入力がないときの神経発火の自発活動は入力下での出力のリハーサルをおこなっているとみなすこともできる．実際，このような自発活動は実験的にもみいだされており，入力下での活動との相関もみいだされている [Kenet *et al.* 2003; Luczak *et al.* 2009].

この自発活動が第7章でみた未分化で多能性をもった細胞の遺伝子発現の振動状態と類似していることはみてとれよう．どちらの場合も入力がないときに自発振動があり，そして外部（ないし他の細胞）からの入力に応じて，この変動状態から安定した定常状態への遷移が起こる．その点で数理的には細胞分化過程と脳の記憶想起過程に共通点をみることができる．

なお，理論モデルでも実際の実験でも自発活動はランダムというわけではなく入力下の活動パタン間をつなぐ領域を含むアトラクター上に存在している．つまり神経活動パタンの変化は高次元の状態空間の中の低次元領域に制限されている．このような「次元圧縮」（第9章参照）も細胞状態と神経活動状態で共通の点であり，それが進化と学習の可能性（とその制限）を与えていると考えられる．

10.6　生命システムの数理的理論へ

生命現象の理論は，物理の理論と比べれば確立したものとはほど遠く，まだまだ発展させなければいけない．本書の最後に，今後の方向について少しだけ述べておこう（なお，この部分は多分に理論的なので，その方向にとくに興味がある方以外はとばしてかまわない）．

普遍生物学極限

本書では生命システムを多様な成分の再生産系と考え，適応，記憶，分化，発生，進化の普遍的性質を議論してきた．では「多様」とは何成分以上であろうか？　それを考えていくのは生命存立条件を考えるうえで意味があろう[7].　そ

---

7)　1つの可能性として組み合わせの数と指数関数との比較により「大」自由度を定義する提案を以前おこなった．自由度 N が増えると場合の数は急速に増加する．大雑把に N が5–10になると場合の数（$(N-1)!$ のオーダー）が指数関数（たとえば 2^N）を上回る．実際に大域結合力学系，

の条件を求める一方で，逆に多様性（自由度）が十分大きい場合を考えて，その無限極限の特徴から適応，記憶，分化，進化の基本性質を数理的に特徴づけて生命の理論を構築するのも肝要であろう．

統計力学では粒子数が無限大という「熱力学極限」をとることで，厳密な定式化が可能になっている．それによって，相転移現象も秩序パラメタが0か有限か，転移点で感受率が発散するという形で厳密に定義できる．もちろん自然界では粒子数は無限大ではないので，真の発散は起きないのだけれども，数がそこそこ大きければ（実際は10くらいでも），十分理論は適用できる．実際，粒子数が有限で相転移点で発散はしなくても，その影を十分みることができる．

これと同様に生命システムでも，まず成分種類数が無限大という仮想的な極限を考えて明確な，生命／非生命の区別を数学的におこない，そのあとで，現実の細胞をその影として理解することができるかもしれない．

可能クラス

次に，このような多様成分の再生産が続く状態の存在が高次元の状態空間でどのように拘束されているかを理解すれば，生命を数理的に可能な状態の普遍性クラス (universality class) として表現できるであろう．ノイズの大きい大自由度力学系の中での階層間の整合性を保った安定した状態という制限である．普遍生物学としてはそれが普遍的にみたす条件と法則を求めていく．

ただし，これはあくまで数理的に可能な普遍性クラスとしての生命である．次に物理としては，この状態が熱力学と矛盾せずに存在できるかという要請がある．ここまでが物理として可能なクラスとしての生命である．ついでこの状態が自然界に存在する高分子の反応として物質的に実現されるかが，化学としての可能な普遍性クラスである．その次に，地球で進化してきた生命を考えるのであれば地球環境上での進化が可能であったというクラスが存在する．こうした可能な状態のクラスとしての理論を明らかにしていくのは今後の課題であろう．

層状神経ネットワークで $N \sim 7 \pm 2$ 程度を超えると状態空間をオンオフで表現できなくなることがみいだされている（なお，これは心理学で知られている短期記憶の数とも合っている）[Kaneko 2002b; Ishihara and Kaneko 2005].

10.6 生命システムの数理的理論へ　　277

安定性

　成分数が成分量よりも大きい系が増殖していくのであれば，量が少ない成分が出てくる．そこでノイズはきわめて大きくなる．そのような系が再生産を続けていくには，さまざまな摂動への頑健性を有さなければならない．こうした安定性は，力学系の立場ではアトラクターへの強い吸引をもつ，また広い範囲のベイスンをもつといった特徴づけが考えられる[8]．

　一方で生命システムは進化的安定性つまり遺伝的変化に対してアトラクターが大きく変化しないという頑健性も有している．これはパラメタや力学系の方程式自体を少し変えてもアトラクターが変化しにくいというものである．力学系の数学ではこうしたシステム自体の変化に対する安定性として構造安定性という概念がある．これはアトラクターのトポロジカルな性質が方程式自体の任意の微小摂動に対して変わらないというものである．ただ一般的すぎて，自然科学や生命科学の問題に適用しにくい面がある．「任意の」という部分を緩めて進化的安定性への概念を表現することは重要であろう．それらをふまえた頑健性（ロバストネス）や可塑性の数理的表現が今後待たれる．

進化，認知——力学系による力学系の選択

　生命システムを考えるうえではどのような力学系が選択されてきたか，そしてされていくかをこみにして考える必要がある．これは法則を所与として時間発展や定常状態を求める，多くの数理‐物理モデルと性質を異にするものである[9]．ここで各個体の表現型形成の発生過程が力学系であらわせるとすれば，個体集団はすこしずつ異なる力学系の分布であらわされる．その結果，表現型の分布がつくられ，それは進化とともに時間発展していく．この分布の安定性が進化的安定性を与える．このような力学系自体の分布を考えるのは本章でもふれた進化発生の問題を考えるうえで重要になってくるであろう．

---

　8)　この両者は一致するとは限らない．谷に落ちていくイメージでいえばその深さと広さといってもよい．その両者の違いについてはたとえば [Kaneko 1997a, 1998b] 参照．

　9)　その意味では宇宙の進化の結果としての物理法則を探ろうという立場に相通ずるものがあるかもしれない．ただ宇宙論と異なり進化はくりかえしも実験も可能であり自然科学の俎上に乗りやすい．

278　　第 10 章　まとめと今後の課題

大自由度からの次元圧縮

　第 8, 9 章で議論したように，生命システムの状態型は元来非常に多くの自由度を含み高次元空間上に存在しているにもかかわらず，環境変化や進化に対して変化しやすい領域は低次元の領域に制約されている．第 8, 9 章ではこれを頑健性の帰結として議論した．熱統計力学の平衡状態もマクロに安定した状態であり，そしてミクロには多数の自由度を含むにもかかわらず少数自由度であらわされる．ここで統計力学では大自由度システムから少数マクロ自由度の抽出には集団座標への射影 [Mori 1965] がしばしば用いられる．またミクロな自由度を粗視化して有効なモードだけを引出してくるのにくりこみ群の手法 [Kadanoff 1966; Wilson 1983; Goldenfeld 1992; 大野 2009] も有効である．これらの手法を拡張して生物システムの詳細の自由度から少数の優位モードを抽出する方法論が確立できれば普遍生物学の数理的基盤の 1 つになろう．

力学系の枠組みの拡張

　本書では数理的な表現として（大自由度）力学系と確率過程を用いた．これらは長い数学の歴史でいえば比較的新しい分野であり，まだ発展させていく余地は大きい．

　力学系（そして確率過程）は外部から与えられた時間のもとで「状態変数，発展の規則，初期条件」の 3 組を与え，状態の時間発展を追う形式である．ただし，生物システム，とくに発生や進化，学習や発達を考えるうえではこれら 3 組自体が固定されず力学系自体の結果として変わることを許すような拡張が必要になってくるであろう [Kaneko 2014].

　たとえば細胞分化 – 発生過程で k 自由度の状態変数であらわされる細胞が N 個あり，それらが相互作用していれば全体は Nk 自由度の力学系となる．ここで細胞が分裂して増えていけば，第 7 章でみたように N が増加していくので状態変数が増えていくことになる．もし各細胞が同一のままであればもとの k 自由度での記述が可能であるが細胞間相互作用により細胞状態が異なっていけば，より多くの自由度が必要になる．この場合自由度がいかに増えるかはそのときの細胞の状態つまり力学系の結果に依存するので力学系の外部から独立して与えられているわけではない [Kaneko 1994, 1997b].

　また 1 細胞の力学系を考えればその初期条件は親細胞の状態で与えられる．多細胞生物の発生過程を考えてもその初期条件の「卵」の状態は母親により与

えられ，また境界条件も母体で与えられ，さらに発生過程とともに変化していく．標準的な力学系では初期条件や境界条件は状態変数とは独立に外から与えられているのに対し，これらは発生過程を通して変化し，力学系の時間発展の結果で変わっていく．このような形式をもつ力学系の定式化も必要であろう．

　これとともに本書では異なる時間スケール過程（速い / 遅い過程）の干渉と整合性，また速い現象の遅い過程への埋め込みとしての記憶という視点をしばしば採用した．この見方を力学系の立場から理論化していくことも必要になってくるであろう [Fujimoto and Kaneko 2003; Aoki and Kaneko 2013]．

　学習過程は神経間の結合（シナプス）はゆっくり変化しそれが速い神経活動の時間発展を規定し，その一方で結合は速い神経活動変化に依存して変化する．遺伝子の修飾によるエピジェネティック変化はより速いタンパク質発現量変化を規定し，その一方で遅い遺伝子修飾過程はタンパク質発現量に依存している．

　これらの例では時間スケールの異なる多くの変数をもつ力学系として表現されるが，遅い過程の変数が速い力学系のパラメタを与えると近似すれば，前者は力学系の発展の規則を与える側とみなせられる．その観点からは速い過程からの遅い過程へのフィードバックは状態が発展規則に影響を与えているとも考えられる．その立場をとれば，規則を所与とした従来の力学系の枠組みをはみ出たものとなる．さらに生命システムでは，たとえば酵素量の調節などによって変化の時間スケール自体も変化する．このような「時間スケールマシン」の視点そして可塑的時間スケールをもつ力学系の理論は記憶や動的情報処理，さらには生命がいかに内部に固有の時間を形づくっていくのかを理解するうえで欠かせないであろう．

　生命システムは自らの発展規則を自らつくりだすという特徴がある．この点では発展規則と状態を分離した力学系の枠組みは窮屈に感じられるかもしれない．実際，生命への力学系アプローチへの先駆的教科書 [Rosen 1970] を著した Rosen は晩年その限界を感じて別な道を模索する [Rosen 2000]．また状態の時間変化でなく関数の変化を考える関数力学系という自らルールを変える力学系も考察されている [Kataoka and Kaneko 2000, 2001, 2003; Takahashi *et al.* 2001]．この関数力学系では関数 f の時間発展に $f(f)$ という自己言及する項が含まれている．この $f(\cdots)$ の外側の f は時間発展の規則として働き，一方でその中 $(\cdots(f))$ の f はそれによって動かされる変数となっていて規則と状態の分離を無効化させている．

280　　第 10 章　まとめと今後の課題

本書の立場では大自由度の力学系の枠組みの中で時間スケールや階層性の分離や自由度の変化を許すことで内側から力学系の枠組みを広げていくものであったが，その中に関数力学系の抽象的立場が埋め込まれうるのかを明らかにしていくのかは未来への課題であろう.

文献

[1] Adachi, S., Hori, K. and Hiraga, S. (2006). "Subcellular Positioning of F Plasmid Mediated by Dynamic Localization of SopA and SopB," *Journal of Molecular BSiology*, **356**(4), 850–863.

[2] Alon, U. (2006). *An Introduction to Systems Biology: Design Principles of Biological Circuits* (CRC Press). 邦訳：倉田博之・宮野悟訳『システム生物学入門——生物回路の設計原理』（共立出版, 2008）.

[3] Alon U., Surette M.G., Barkai N. and Leibler S. (1999a). "Robustness in Bacterial Chemotaxis," *Nature*, **397** 168–171.

[4] Alon, U., Barkai, N., Notterman, D.A., Gish, K., Ybarra, S., Mack, D. and Levine, A.J. (1999b). "Broad Patterns of Gene Expression Revealed by Clustering Analysis of Tumor and Normal Colon Tissues Probed by Oligonucleotide Arrays," *Proc. Natl. Acad. Sci., USA* **96**, 6745–6750.

[5] Altmeyer, S. and McCaskill, J.S. (2001). "Error Threshold for Spatially Resoved Evolution in the Quasispecies Model," *Phys. Rev. Lett.*, **86**, 5819–5822.

[6] 甘利俊一 (1978). 『神経回路網の数理』（産業図書）.

[7] Ancel, L.W. and Fontana, W. (2002). "Plasticity, Evolvability, and Modularity in RNA," *J. Exprimental Zoology*, **288**, 242–283.

[8] Aoki, H. and Kaneko, K. (2013). "Slow Stochastic Switching by Collective Chaos of Fast Elements," *Physical Review Letters*, **111**(14), 144102.

[9] Ariizumi, T. and Asashima, M. (2001). "In vitro Induction Systems for Analyses of Amphibian Organogenesis and Body Patterning," *Int. J. Dev. Biol.*, **45**, 273–279.

[10] Asakura, S. and Honda, H. (1984). "Two-state Model for Bacterial Chemoreceptor Proteins: The Role of Multiple Methylation," *Journal of Molecular Biology*, **176**(3), 349–367.

[11] Awazu, A. and Kaneko, K. (2007). "Discreteness-induced Transition in Catalytic Reaction Networks," *Physical Review E*, **76**(4), 041915.

[12] Awazu, A. and Kaneko, K. (2009). "Ubiquitous 'Glassy' Relaxation in Catalytic Reaction Networks," *Physical Review E*, **80**, 041931.

[13] Balaban, N.Q., Merrin, J., Chait, R., Kowalik, L. and Leibler, S. (2004). "Bacterial Persistence as a Phenotypic Switch," *Science*, **305**(5690), 1622–1625.

[14] Baldwin, M. (1896). "A New Factor in Evolution," *American Naturalist*, **30** 441–451; 536–553.

[15] Bar-Even, A., Paulsson, J., Maheshri, N., Carmi, M., O'Shea, E., Pilpel, Y. and Barkai, N. (2006). "Noise in Protein Expression Scales with Natural Protein Abundance," *Nature Genetics*, **38**(6), 636.

[16] Barkai, N. and Leibler, S. (1997). "Robustness in Simple Biochemical Networks," *Nature*, **387**(6636), 913.

[17] Beisson, J. and Sonneborn, T.M. (1965). "Cytoplasmic Inheritance of the Organization of the Cell Cortex in Paramecium Aurelia," *Proceedings of the National Academy of Sciences*, **53**(2), 275–282.

[18] Benner, S.A. and Sismour, A.M. (2005). "Synthetic Biology," *Nat. Rev. Genet.*, **6**(7), 533–543.

[19] Berg, H.C. (1975). "Chemotaxis in Bacteria," *Annual Review of Biophysics and Bioengineering*, **4**(1), 119–136.

[20] Berthier, L. and Biroli, G. (2011). "Theoretical Perspective on the Glass Transition and Amorphous Materials," *Reviews of Modern Physics*, **83**(2), 587.

[21] Biancalani, T., Rogers, T. and McKane, A.J. (2012). "Noise-induced Metastability in Biochemical Networks," *Physical Review E*, **86**(1), 010106.

[22] Boerlijst, M. and Hogeweg, P. (1991). "Spiral Wave Structure in Pre-biotic Evolution – Hypercycles Stable against Parasites," *Physica*, **48**D, 17.

[23] Braun, E. (2015). "The Unforeseen Challenge: from Genotype-to-phenotype in Cell Populations," *Reports on Progress in Physics*, **78**(3), 036602.

[24] Callahan, H.S., Pigliucci, M. and Schlichting, C.D. (1997). "Developmental Phenotypic Plasticity: Where Ecology and Evolution Meet Molecular Biology," *Bioessays*, **19**, 519–525.

[25] Campbell, K.H.S., McWhir, J., Ritchie, W.A. and Wilmut, I. (1996). "Sheep Cloned by Transfer from a Cultured Cell Line," *Nature*, **380**, 64–66.

[26] Cannon, W.B. (1932). *Wisdom of the Body* (W.W. Norton & Company, Inc.). 邦訳：舘隣・舘澄江訳『からだの知恵——この不思議なはたらき』（講談社学術文庫，1981）.

[27] Caratheodory, C. (1976). "Investigations into the Foundations of Thermodynamics," *The Second Law of Thermodynamics*, **5**, 229–256.

[28] Cavagna, A. (2009). "Supercooled Liquids for Pedestrians," *Physics Reports*, **476**(4-6), 51–124.

[29] Chambers, I., Silva, J., Colby, D., Nichols, J., Nijmeijer, B., Robertson, M. and Smith, A. (2007). "Nanog Safeguards Pluripotency and Mediates Germline Development," *Nature*, **450**(7173), 1230.

[30] Chang, H.H., Hemberg, M., Barahona, M., Ingber, D.E. and Huang, S. (2008). "Transcriptome-wide Noise Controls Lineage Choice in Mammalian Progenitor Cells," *Nature*, **453**(7194), 544–547.

[31] Chow, M., Yao, A. and Rubin, H. (1994). "Cellular Epigenesis: Topochronology of Progressive Spontaneous Transformation of Cells under Growth Constraint," *Proc. Nat. Acad. Sci.*, **91**, 599–603.

[32] Ciliberti S., Martin O.C. and Wagner A. (2007). "Robustness can Evolve Gradually in Complex Regulatory Gene Networks with Varying Topology," *PLOS Computational Biology*, **3**, e15.

[33] Darwin, C. (1859). *On the Origin of Species by Means of Natural Selection or the Preservation of Favored Races in the Struggle for Life* (Murray). 邦訳：八杉龍一訳『種の起源』（上・下）（岩波文庫，1990）.

[34] Debenedetti, P.G. and Stillinger, F.H. (2001). "Supercooled Liquids and the Glass Transition," *Nature*, **410**(6825), 259.

[35] Derrida, B. and Pomeau, Y. (1986). "Random Networks of Automata: A Simple Annealed Approximation," *EPL* (*Europhysics Letters*), **1**, 45.

[36] Dodd, I.B., Micheelsen, M.A., Sneppen, K. and Thon, G. (2007). "Theoretical Analysis of Epigenetic Cell Memory by Nucleosome Modification," *Cell*, **129**, 8132.

[37] Duboule, D. (1994). "Temporal Colinearity and the Phylotypic Progression: a Basis for the Stability of a Vertebrate Bauplan and the Evolution of Morphologies through Heterochrony," *Dev. Suppl.*, **135**, 142.

[38] Dunn, S.J., Martello, G., Yordanov, B., Emmott, S. and Smith, A.G. (2014). "Defining an Essential Transcription Factor Program for Naive Pluripotency," *Science*, **344**(6188), 1156–1160.

[39] Dyson, F. (1985). *Origins of Life* (Cambridge Univ. Press). 邦訳：大島泰郎・木原拡訳『ダイソン 生命の起原』（共立出版，1989）.

[40] Edwards, A.W.F. (2000). *Foundations of Mathematical Genetics* (Cambridge Univ. Press).

[41] Eigen, M. (1992). *Steps towards Life* (Oxford Univ. Press).

[42] Eigen, M. and Schuster, P. (1979). *The Hypercycle* (Springer).

[43] Einstein, A. (1905). "Über die von der molekularkinetischen Theorie der Wärme geforderte Bewegung von in ruhe nden Flüssigkeiten suspendierten Teilchen," *Ann. der Physik*, **17**, 549–560.

[44] Einstein, A. (1906). "Zur Theorie der Brownschen Bewegung," *Ann. der Physik*, **19**, 371–381.

[45] Elena, S.F. and Lenski, R.E. (2003). "Evolution Experiments with Microorganisms: the Dynamics and Genetic Bases of Adaptation," *Nature Reviews. Genetics*, **4**(6), 457.

[46] Elowitz, M.B. and Leibler, S. (2000). "A Synthetic Oscillatory Network of Transcriptional Regulators," *Nature*, **403**, 335–338.

[47] Elowitz, M.B., Levine, A.J., Siggia, E.D. and Swain, P.S. (2002). "Stochastic Gene Expression in a Single Cell," *Science*, **297**, 1183–1186.

[48] Fisher, R.A. (1930; 1958). *The Genetical Theory of Natural Selection* (Oxford Univ. Press).

[49] Forgacs, G. and Newman, S.A. (2005). *Biological Physics of the Developing Embryo* (Cambridge Univ. Press).

[50] Forward, R.L. (1980). *Dragon's Egg* (Del Rey). 邦訳：山高昭訳『竜の卵』（早川文庫，1982）.

[51] Fujimoto, K. and Kaneko, K. (2003). "How Fast Elements can Affect Slow Dynamics," *Physica D*, **180**, 1–16.

文献　　285

[52] Fujimoto, K., Ishihara, S. and Kaneko, K. (2008). "Network Evolution of Body Plans," *PLoS One*, **3**, e2772.

[53] Furusawa, C. and Kaneko, K. (1998a). "Emergence of Rules in Cell Society: Differentiation, Hierarchy, and Stability," *Bulletin of Mathematical Biology*, **60**(4), 659–687.

[54] Furusawa, C. and Kaneko, K. (1998b). "Emergence of Multicellular Organisms with Dynamic Differentiation and Spatial Pattern," *Artificial Life*, **4**, 78–89.

[55] Furusawa, C. and Kaneko, K. (2000a). "Origin of Complexity in Multicellular Organisms," *Phys. Rev. Lett.*, **84**, 6130–6133.

[56] Furusawa, C. and Kaneko, K. (2000b). "Complex Orgnization in Multicullarity as a Necessity in Evolution," *Artificial Life*, **6**, 265–281.

[57] Furusawa, C. and Kaneko, K. (2001). "Theory of Robustness of Irreversible Differentiation in a Stem Cell System: Chaos Hypothesis," *J. Theor. Biol.* **209**, 395–416.

[58] Furusawa, C. and Kaneko, K. (2002). "Origin of Multicellular Organisms as an Inevitable Consequence of Dynamical Systems," *Anatomical Record*, **268**, 327–342.

[59] Furusawa, C. and Kaneko, K. (2003a). "Zipf's Law in Gene Expression," *Phys. Rev. Lett.*, **90**, 088102.

[60] Furusawa, C. and Kaneko, K. (2003b). "Robust Development as a Consequence of Generated Positional Information," *J. Theor. Biol.*, **224**, 413–435.

[61] Furusawa, C. and Kaneko, K. (2008). "A Generic Mechanism for Adaptive Growth Rate Regulation," *PLoS Computational Biology*, **4**(1), e3.

[62] Furusawa, C. and Kaneko, K. (2009). "Chaotic Expression Dynamics Implies Pluripotency: When Theory and Experiment Meet," *Biology Direct*, **4**(1), 17.

[63] Furusawa, C. and Kaneko, K. (2012a). "A Dynamical-systems View of Stem Cell Biology," *Science*, **338**(6104), 215–217.

[64] Furusawa, C. and Kaneko, K. (2012b). "Adaptation to Optimal Cell Growth through Self-organized Criticality," *Physical Review Letters*, **108**(20), 208103.

[65] Furusawa, C. and Kaneko, K. (2013). "Epigenetic Feedback Regulation Accelerates Adaptation and Evolution," *PloS One*, **8**(5), e61251.

[66] Furusawa, C. and Kaneko, K. (2015). "Global Relationships in Fluctuation and Response in Adaptive Evolution," *Journal of The Royal Society Interface*, **12**(109), 20150482.

[67] Furusawa, C. and Kaneko, K. (2018). "Formation of Dominant Mode by Evolution in Biological Systems," *Physical Review E*, **97**(4), 042410.

[68] Furusawa, C., Suzuki, T., Kashiwagi, A., Yomo, T. and Kaneko, K. (2005). "Ubiquity of Log-normal Distributions in Intra-cellular Reaction Dynamics," *BIOPHYSICS*, **1**, 25.

[69] Futuyma, D.J. (1986). *Evolutionary Biology*, 2nd ed. (Sinauer Associates Inc.). 邦訳：岸由二訳『進化生物学』（蒼樹書房， 1997）．

[70] Ganti, T. (1975). "Organization of Chemical Reactions into Dividing and Metabolizing Units: the Chemotons," *Biosystems*, **7**, 189.

286　　文献

[71] Gefen, O., Fridman, O., Ronin, I. and Balaban, N.Q. (2014). "Direct Observation of Single Stationary-phase Bacteria Reveals a Surprisingly Long Period of Constant Protein Production Activity," *Proceedings of the National Academy of Sciences*, **111**(1), 556–561.

[72] Gehring, W. (1998). *Master Control Genes in Development and Evolution: The Homeobox Story* (Yale Univ. Press).

[73] Gerdes, K., Howard, M. and Szardenings, F. (2010). "Pushing and Pulling in Prokaryotic DNA Segregation," *Cell*, **141**(6), 927–942.

[74] Gillespie, D.T. (2000). "The Chemical Langevin Equation," *The Journal of Chemical Physics*, **113**, 297–306.

[75] Glass, L. and Kauffman, S. (1973). "The Logical Analysis of Continuous Nonlinear Biochemical Control Networks," *J. theor. Biol.*, **39**, 103–129.

[76] Goldenfeld, N. (1992). *Lectures on Phase Transitions and the Renormalization Group* (CRC Press).

[77] Goodsell, D.S. (1998). *The Machinery of Life* (Springer).

[78] Goodwin, B. (1963). *Temporal Organization in Cells* (Academic Press).

[79] Goto, Y. and Kaneko, K. (2013). "Minimal Model for Stem-cell Differentiation," *Physical Review E*, **88**(3), 032718.

[80] Gould, S.J. and Eldredge, N. (1977). "Punctuated Equilibria: the Tempo and Mode of Evolution Reconsidered," *Paleobiology*, **3**, 115–151.

[81] Grainger, R.M. and Gurdon, J.B. (1989). "Loss of Competence in Amphibian Induction can Take Place in Single Nondividing Cells," *Proc. Natl. Acad. Sci. USA*, **86**, 1900904.

[82] Gurdon, J.B., Laskey, R.A. and Reeves, O.R. (1975). "The Developmental Capacity of Nuclei Transplanted from Keratinized Skin Cells of Adult Frogs," *Journal of Embriology and Experimental Morphology*, **34**, 93–112.

[83] Haken, H. (1979). *Synergetics* (Springer). 邦訳：牧島邦夫・小森尚志訳『協同現象の数理——物理，生物，化学的系における自律形成』（東海大学出版会，1980）．

[84] Haldane, J.B.S. (1949). "Suggestion as to Quantitative Measurement of the Rate of Evolution, *Evolution*, **3**, 51–56.

[85] Hall, B.K. (2012). *Evolutionary Developmental Biology* (Springer Science and Business Media). 邦訳：倉谷滋訳『進化発生学——ボディプランと動物の起源』（工作舎，2001）．

[86] Hammerschmidt, K., Rose, C.J., Kerr, B. and Rainey, P.B. (2014). "Life Cycles, Fitness Decoupling and the Evolution of Multicellularity," *Nature*, **515**(7525), 75.

[87] Hashimoto, M., Nozoe, T., Nakaoka, H., Okura, R., Akiyoshi, S., Kaneko, K., ... and Wakamoto, Y. (2016). "Noise-driven Growth Rate Gain in Clonal Cellular Populations," *Proceedings of the National Academy of Sciences*, **113**(12), 3251–3256.

[88] Hasty, J., Pradines, J., Dolnik, M. and Collins, J.J. (2000) "Noise-based Switches and Amplifiers for Gene Expression," *Proc. Natl. Acad. Sci. USA*, **97**, 2075–2080.

[89] Hatakeyama, T.S. and Kaneko, K. (2012). "Generic Temperature Compensation of Biological Clocks by Autonomous Regulation of Catalyst Concentration," *Proceedings of the National Academy of Sciences*, **109**(21), 8109–8114.

[90] Hatakeyama, T.S. and Kaneko, K. (2014a). "Kinetic Memory Based on the Enzyme-limited Competition," *PLoS Computational Biology*, **10**(8), e1003784.

[91] Hatakeyama, T.S. and Kaneko, K. (2014b). "Homeostasis of the Period of Post-translational Biochemical Oscillators," *FEBS Letters*, **588**(14), 2282–2287.

[92] Hatakeyama, T.S. and Kaneko, K. (2015). "Reciprocity between Robustness of Period and Plasticity of Phase in Biological Clocks," *Physical Review Letters*, **115**(21), 218101.

[93] Hatakeyama, T.S. and Kaneko, K. (2017). "Robustness of Spatial Patterns in Buffered Reaction-diffusion Systems and its Reciprocity with Phase Plasticity," *Physical Review E*, **95**(3), 030201.

[94] Hatakeyama, T.S. and Kaneko, K. (2020). "Transition in relaxation paths in allosteric molecules: Enzymatic kinetically constrained model," *Phys. Rev. Research*, **2**, 012005(R).

[95] Hatakeyama, T.S. and Kaneko, K. (2019) in preparation.

[96] Hayashi, K., de Sousa Lopes, S.M.C., Tang, F. and Surani, M.A. (2008). "Dynamic Equilibrium and Heterogeneity of Mouse Pluripotent Stem Cells with Distinct Functional and Epigenetic States," *Cell Stem Cell*, **3**(4), 391–401.

[97] Hebb, D.O. (1949). *The Organization of Behavior. A Neuropsychological Theory* (John Wiley and Sons).

[98] Himeoka, Y. and Kaneko, K. (2014). "Entropy Production of a Steady-growth Cell with Catalytic Reactions," *Physical Review E*, **90**(4), 042714.

[99] Himeoka, Y. and Kaneko, K. (2017). "Theory for Transitions between Exponential and Stationary Phases: Universal Laws for Lag time," *Physical Review X*, **7**(2), 021049.

[100] Himeoka, Y. and Kaneko, K. (2020). "Epigenetic Ratchet: Spontaneous Adaptation via Stochastic Gene Expression," *Scientific Reports*, **10**, 459.

[101] Hirsch, M.W., Smale, S. and Devaney, R.L. (2003). *Differential Equations, Dynamical Systems, and an Introduction to Chaos* (Academic Press). 邦訳：桐木 紳 他訳『力学系入門——微分方程式からカオスまで』(共立出版, 2017).

[102] Hogeweg, P. (1994). "Multilevel Evolution: Replicators and the Evolution of Diversity," *Physica*, **75**D, 275–291.

[103] Hopfield, J.J. (1974). "Kinetic Proofreading: a New Mechanism for Reducing Errors in Biosynthetic Processes Requiring High Specificity," *Proceedings of the National Academy of Sciences*, **71**(10), 4135–4139.

[104] Hopfield, J.J. (1982). "Neural Networks and Physical Systems with Emergent Collective Computational Abilities," *Proceedings of the National Academy of Sciences*, **79**(8), 2554–2558.

[105] Horinouchi, T., Suzuki, S., Hirasawa, T., Ono, N., Yomo, T., Shimizu, H. and Furusawa, C. (2015). "Phenotypic Convergence in Bacterial Adaptive Evolution to Ethanol Stress," *BMC Evolutionary Biology*, **15**(1), 180.

[106] 堀淳一 (1977). 『ランジュバン方程式』 (岩波書店).

[107] Hoshino E. and Kaneko K., unpublished note (2007).

[108] Hosokawa, T., Koga, R., Kikuchi, Y., Meng, X.Y. and Fukatsu, T. (2010). "Wolbachia as a Bacteriocyte-associated Nutritional Mutualist," *Proceedings of the National Academy of Sciences*, **107**(2), 769–774.

[109] Hu, H., *et al.* (2017). "Constrained Vertebrate Evolution by Pleiotropic Genes," *Nature Ecology and Evolution*, **1**(11), 1722.

[110] Huang, S. (2009). "Reprogramming Cell Fates: Reconciling Rarity with Robustness," *Bioessays*, **31**(5), 546–560.

[111] Huang, S., Ernberg, I. and Kauffman, S. (2009). "Cancer Attractors: a Systems View of Tumors from a Gene Network Dynamics and Developmental Perspective," *Semin. Cell Dev. Biol.*, **20**, 869-876.

[112] Huang, S. and Ingber, D.E. (2006). "A Non-genetic Basis for Cancer Progression and Metastasis: Self-organizing Attractors in Cell Regulatory Networks," *Breast Dis.*, **26**, 27–54.

[113] Hubbell, S.P. (2001). *The Unified Neutral Theory of Biodiversity and Biogeography* (Princeton Univ. Press).

[114] Ichihashi, N., Matsuura, T., Kita, H., Sunami, T., Suzuki, H. and Yomo, T. (2010). "Constructing Partial Models of Cells," *Cold Spring Harbor Perspectives in Biology*, a004945.

[115] Ichihashi, N., Usui, K., Kazuta, Y., Sunami, T., Matsuura, T. and Yomo, T. (2013). "Darwinian Evolution in a Translation-coupled RNA Replication System within a Cell-like Compartment," *Nature Communications*, **4**, 2494.

[116] Inoue, M. and Kaneko, K. (2011). "Weber's Law for Biological Responses in Autocatalytic Networks of Chemical Reactions," *Physical Review Letters*, **107**(4), 048301.

[117] Inoue, M. and Kaneko, K. (2013). "Cooperative Adaptive Responses in Gene Regulatory Networks with Many Degrees of Freedom," *PLoS Computational Biology*, **9**(4), e1003001.

[118] Irie, N. and Kuratani, S. (2011). "Comparative Transcriptome Analysis Reveals Vertebrate Phylotypic Period during Organogenesis," *Nature Communications*, **2**, 248.

[119] Ishihara, S. and Kaneko, K. (2005). "Magic Number 7 ± 2 in Networks of Threshold Dynamics," *Phys. Rev. Lett.*, **94**, 058102.

[120] Ito, Y., Toyota, H., Kaneko, K. and Yomo, T. (2009). "How Selection Affects Phenotypic Fluctuation," *Molecular Systems Biology*, **5**(1), 264.

[121] Jennings, H.S. (1906). *Behavior of the Lower Organisms* (The Colombia Univ. Press).

[122] Kadanoff, L.P. (1966). "Scaling Laws for Ising Models near T_c," *Physics Physique Fizika*, **2**(6), 263.

[123] Kaern, M., Elston, T.C., Blake, W.J. and Collins, J.J. (2005). "Stochasticity in Gene Expression: from Theories to Phenotypes," *Nat. Rev. Genet.*, **6**, 451–464.

[124] Kalinka, A.T., Varga, K.M., Gerrard, D.T., Preibisch, S., Corcoran, D.L., Jarrells, J., ... and Tomancak, P. (2010). "Gene Expression Divergence Recapitulates the Developmental Hourglass Model," *Nature*, **468**(7325), 811.

[125] Kamimura, A. and Kaneko, K. (2010). "Reproduction of a Protocell by Replication of a Minority Molecule in a Catalytic Reaction Network," *Physical Review Letters*, **105**(26), 268103.

[126] Kamimura, A. and Kaneko, K. (2015). "Transition to Diversification by Competition for Multiple Resources in Catalytic Reaction Networks," *Journal of Systems Chemistry*, **6**(1), 5.

[127] Kamimura, A. and Kaneko, K. (2016). "Negative Scaling Relationship between Molecular Diversity and Resource Abundances," *Physical Review E*, **93**(6), 062419.

[128] Kamimura, A. and Kaneko, K. (2018). "Exponential Growth for Self-reproduction in a Catalytic Reaction Network: Relevance of a Minority Molecular Species and Crowdedness," *New Journal of Physics*, **20**(3), 035001.

[129] van Kampen, N.G. (1992). *Stochastic Processes in Physics and Chemistry* (Elsevier).

[130] Kaneko, K. (1990). "Clustering, Coding, Switching, Hierarchical Ordering, and Control in Network of Chaotic Elements," *Physica*, **41**D, 137–172.

[131] Kaneko, K. (1994). "Relevance of Clustering to Biological Networks," *Physica*, **75**D, 55.

[132] Kaneko, K. (1997a). "Dominance of Milnor Attractors and Noise-induced Selection in a Multi-attractor System," *Phys. Rev. Lett.*, **78**, 2736–2739.

[133] Kaneko, K. (1997b). "Coupled Maps with Growth and Death: An Approach to Cell Differentiation," *Physica D: Nonlinear Phenomena*, **103**, 505–527.

[134] Kaneko, K. (1998a). "Life as Complex Systems: Viewpoint from Intra-Inter Dynamics," *Complexity*, **3**, 53–60.

[135] Kaneko, K. (1998b). "On the Strength of Attractors in a High-dimensional System: Milnor Attractor Network, Robust Global Attraction, and Noise-induced Selection," *Physica D*, **124**, 322–344.

[136] Kaneko, K. (2002a). "Symbiotic Sympatric Speciation: Compliance with Interaction-driven Phenotype Differentiation from a Single Genotype," *Population Ecology*, **44**, 71–85.

[137] Kaneko, K. (2002b). "Dominance of Minlnor Attractors in Globally Coupled Dynamical Systems with more than 7 ± 2 Degrees of Freedom," *Phys. Rev. E.*, **66**, 055201(R).

[138] 金子邦彦 (2003；第 2 版：2009)『生命とは何か』(東京大学出版会). 英語版：Kaneko, K. (2006). *Life: An Introduction to Complex Systems Biology* (Springer).

[139] Kaneko, K. (2005). "On Recursive Production and Evolvabilty of Cells: Catalytic Reaction Network Approach," *Adv. Chem. Phys.*, **130**, 543–598.

[140] Kaneko, K. (2007). "Evolution of Robustness to Noise and Mutation in Gene Expression Dynamics," *PLoS One*, **2**(5), e434.

[141] Kaneko, K. (2009). "Relationship among Phenotypic Plasticity, Phenotypic Fluctuations, Robustness, and Evolvability; Waddington's Legacy Revisited under the Spirit of Einstein," *Journal of Biosciences*, **34**(4), 529.

[142] Kaneko, K. (2011a). "Characterization of Stem Cells and Cancer Cells on the Basis of Gene Expression Profile Stability, Plasticity, and Robustness," *Bioessays*, **33**(6), 403–413.

[143] Kaneko, K. (2011b). "Proportionality between Variances in Gene Expression induced by Noise and Mutation: Consequence of Evolutionary Robustness," *BMC Evolutionary Biology*, **11**(1), 27, and errata (2012), **12**(1), 240.

[144] Kaneko, K. (2012a). "Phenotypic Plasticity and Robustness: Evolutionary Stability Theory, Gene Expression Dynamics Model, and Laboratory Experiments," in *Evolutionary Systems Biology* (Springer), pp. 249–278.

[145] Kaneko, K. (2012b). "Evolution of Robustness and Plasticity under Environmental Fluctuation: Formulation in Terms of Phenotypic Variances," *Journal of Statistical Physics*, **148**(4), 687–705.

[146] Kaneko, K. (2014). "Dynamical Systems++ for a Theory of Biological System," in *Chaos, Information Processing and Paradoxical Games: The Legacy of John S. Nicolis*, Nicolis, G. and Vasileois, B. eds. (World Scientific Publishing Co. Pte. Ltd).

[147] Kaneko K. (2016). "Scenario for the Origin of Multicellular Organisms: Perspective from Multilevel Consistency Dynamicsin Multicellularity," in *Origins and Evolution*, Niklas, K.J. and Newman, S.A. eds. (MIT Press).

[148] Kaneko, K. and Furusawa, C. (2006). "An Evolutionary Relationship between Genetic Variation and Phenotypic Fluctuation," *Journal of Theoretical Biology*, **240**(1), 78–86.

[149] Kaneko, K. and Furusawa, C. (2018). "Macroscopic Theory for Evolving Biological Systems Akin to Thermodynamics," *Annual Review of Biophysics*, **47**, 273–290.

[150] Kaneko, K., Furusawa, C. and Yomo, T. (2015). "Universal Relationship in Gene-expression Changes for Cells in Steady-growth State," *Physical Review X*, **5**(1), 011014.

[151] Kaneko, K., Sato, K., Michiue, T., Okabayashi, K., Ohnuma, K., Danno, H. and Asashima, M. (2008). "Developmental Potential for Morphogenesis in vivo and in vitro," *Journal of Experimental Zoology Part B: Molecular and Developmental Evolution*, **310**(6), 492–503.

[152] 金子邦彦・澤井哲・高木拓明・古澤力 (2020). 『細胞の理論生物学』 (東京大学出版会).

[153] Kaneko, K. and Tsuda, I. (1994). "Constructive Complexity and Artificial Reality: An Introduction," *Physica*, **75**D, 1–10.

[154] 金子邦彦・津田一郎 (1996). 『複雑系のカオス的シナリオ』 (朝倉書店). 英語版： Kaneko, K. and Tsuda, I. (2000). *Complex Systems: Chaos and Beyond ——A Constructive Approach with Applications in Life Sciences* (Springer).

[155] Kaneko, K. and Tsuda, I. eds. (2003). "Chaotic Itinerancy," *Chaos*, **13**, 926–936.

[156] Kaneko, K. and Yomo, T. (1994). "Cell Division, Differentiation, and Dynamic Clustering," *Physica*, **75** D, 89–102.

[157] Kaneko, K. and Yomo, T. (1997). "Isologous Diversification: A Theory of Cell Differentiation," *Bull. Math. Biol.*, **59**, 139–196.

[158] Kaneko, K. and Yomo, T. (1999). "Isologous Diversification for Robust Development of Cell Society," *J. Theor. Biol.*, **199**, 243–256.

[159] Kaneko, K. and Yomo, T. (2000). "Symbiotic Speciation from a Single Genotype," *Proc. Roy. Soc. B*, **267**, 2367–2373.

[160] Kaneko, K. and Yomo, T. (2002a). "On a Kinetic Origin of Heredity: Minority Control in Replicating Molecules," *J. Theor. Biol.*, **312**, 563–576.

[161] Kaneko, K. and Yomo, T. (2002b). "Symbiotic Sympatric Speciation through Interaction-driven Phenotype Differentiation," *Evol. Ecol. Res.*, **4**, 317–350.

[162] Kashiwagi, A., Urabe, I., Kaneko, K. and Yomo, T. (2006). "Adaptive Response of a Gene Network to Environmental Changes by Fitness-induced Attractor Selection," *PloS One*, **1**(1), e49.

[163] Kataoka, N. and Kaneko, K. (2000). "Functional Dynamics. I: Articulation Process," *Physica D: Nonlinear Phenomena*, **138**(3–4), 225–250.

[164] Kataoka, N. and Kaneko, K. (2001). "Functional Dynamics: II: Syntactic Structure," *Physica D: Nonlinear Phenomena*, **149**(3), 174–196.

[165] Kataoka, N. and Kaneko, K. (2003). "Dynamical Networks in Function Dynamics," *Physica D: Nonlinear Phenomena*, **181**(3–4), 235–251.

[166] Kauffman, S.A. (1969). "Metabolic Stability and Epigenesis in Randomly Constructed Genetic Nets," *J. Theor. Biol.*, **22**, 437.

[167] Kauffman, S.A. (1971). "Differentiation of Malignant to Benign Cells," *J. Theor. Biol.*, **31**, 429–451.

[168] Kauffman, S.A. (1986). "Autocatalytic Sets of Proteins," *Journal of Theoretical Biology*, **119**(1), 1–24.

[169] Kauffman, S.A. (1993). *The Origin of Order* (Oxford Univ. Press).

[170] Kenet, T., Bibitchkov, D., Tsodyks, M., Grinvald, A. and Arieli, A. (2003). "Spontaneously Emerging Cortical Representations of Visual Attributes," *Nature*, **425**(6961), 954.

[171] Kimura, M. (1983). *The Neutral Theory of Molecular Evolution* (Cambridge Univ. Press). 邦訳：木村資生訳『分子進化の中立説』（紀伊國屋書店，1986）．

[172] Kirkpatrick, S., Gelatt, C.D. and Vecchi, M.P. (1983). "Optimization by Simulated Annealing," *Science*, **220**(4598), 671–680.

[173] Kobayashi, T., Mizuno, H., Imayoshi, I., Furusawa, C., Shirahige, K. and Kageyama, R. (2009). "The Cyclic Gene Hes1 Contributes to Diverse Differentiation Responses of Embryonic Stem Cells," *Genes and Development*, **23**(16), 1870–1875.

[174] Kohsokabe, T. and Kaneko, K. (2016). "Evolution-development Congruence in Pattern Formation Dynamics: Bifurcations in Gene Expression and Regulation of Networks Structures," *Journal of Experimental Zoology Part B: Molecular and Developmental Evolution*, **326**(1), 61–84.

[175] 小松左京（1968）.『継ぐのは誰か』（現在，ハルキ文庫）．

[176] Kondepudi, D. and Prigogine, I. (2014). *Modern Thermodynamics: from Heat Engines to Dissipative Structures* (John Wiley and Sons).

[177] Kondo, Y. and Kaneko, K. (2011). "Growth States of Catalytic Reaction Networks Exhibiting Energy Metabolism," *Physical Review E*, **84**(1), 011927.

[178] Koshland, D.E., Goldbeter, A. and Stock, J.B. (1982). "Amplification and Adaptation in Regulatory and Sensory Systems," *Science*, **217**, 220–225.

[179] Kotte, O., Volkmer, B., Radzikowski, J.L. and Heinemann, M. (2014). "Phenotypic Bistability in Escherichia coli's Central Carbon Metabolism," *Molecular Systems Biology*, **10**(7), 736.

[180] 倉谷滋（2017）.『新版 動物進化形態学』（東京大学出版会）.

[181] Kurikawa, T., Barak, O. and Kaneko, K. (2020). "Repeated Sequential Learning Increases Memory Capacity via Effective Decorrelation in a Recurrent Neural Network," *Phys. Rev. Research*, **2**, 023307.

[182] Kurikawa, T. and Kaneko, K. (2012). "Associative Memory Model with Spontaneous Neural Activity," *EPL (Europhysics Letters)*, **98**(4), 48002.

[183] Kurikawa, T. and Kaneko, K. (2013). "Embedding Responses in Spontaneous Neural Activity Shaped through Sequential Learning," *PLoS Computational Biology*, **9**(3), e1002943.

[184] Kurikawa, T. and Kaneko, K. (2015). "Memories as Bifurcations: Realization by Collective Dynamics of Spiking Neurons under Stochastic Inputs," *Neural Networks*, **62**, 25–31.

[185] Landry, C.R., Lemos, B., Rifkin, S.A., Dickinson, W.J. and Hartl, D.L. (2007). "Genetic Properties Influencing the Evolvability of Gene Expression," *Science*, **317**(5834), 118–121.

[186] Lane, N. (2015). *The Vital Question: Energy, Evolution, and the Origins of Complex Life* (W.W. Norton & Company). 邦訳：斉藤隆央訳『生命，エネルギー，進化』（みすず書房，2016）.

[187] Levy, S.F., Ziv, N. and Siegal, M.L. (2012). "Bet Hedging in Yeast by Heterogeneous, Age-correlated Expression of a Stress Protectant," *PLoS Biology*, **10**(5), e1001325.

[188] Li, F., Long, T., Lu, Y., Ouyang, Q. and Tang, C. (2004). "The Yeast Cell-Cycle Network is Robustly Designed," *Proceedings of the National Academy of Sciences of the United States of America*, **101**(14), 4781–4786.

[189] Lieb, E.H. and Yngvason, J. (1999). "The Physics and Mathematics of the Second Law of Thermodynamics," *Physics Reports*, **10**(1), 1–96.

[190] Lisman, J.E. and Goldring, M.A. (1988). "Feasibility of Long-term Storage of Graded Information by the $Ca2+$/calmodulin-dependent Protein Kinase Molecules of the Postsynaptic Density," *Proceedings of the National Academy of Sciences*, **85**(14), 5320–5324.

[191] Lisman, J.E., Schulman, H. and Cline, H. (2002). "The Molecular Basis of CaMKII Function in Synaptic and Behavioural Memory," *Nat. Rev. Neurosci.*, **3**, 1750.

[192] Luczak, A., Bartho, P. and Harris, K.D. (2009). "Spontaneous Events Outline the Realm of Possible Sensory Responses in Neocortical Populations," *Neuron*, **62**(3), 413–425.

[193] Luisi, P.L. and Stano, P. eds. (2010). *The Minimal Cell: the Biophysics of Cell Compartment and the Origin of Cell Functionality* (Springer Science & Business Media).

[194] Margulis, L. (1981). *Symbiosis in Cell Evolution* (W.H. Freemand and Company). 邦訳：永井進訳『細胞の共生進化——初期の地球上における生命とその環境』(上・下)（学会出版センター, 1985).

[195] Matsuura, T., Ichihashi, N., Sunami, T., Kita, H., Suzuki, H. and Yomo, T. (2011). "Evolvability and Self-Replication of Genetic Information in Liposomes," in *The Minimal Cell* (Springer Netherlands), pp. 275–287.

[196] Matsuura, T., Yomo, T., Yamaguchi, M., Shibuya, N., Ko-Mitamura, E.P., Shima, Y. and Urabe, I. (2002). "Importance of Compartment Formation for a Self-encoding System," *Proc. Nat. Acad. Sci. USA*, **99**, 7514–7517.

[197] Maynard-Smith, J. (1979). "Hypercycles and the Origin of Life," *Nature*, **280**, 445–446.

[198] Maynard-Smith, J. (1989). *Evolutionary Genetics* (Oxford Univ. Press). 邦訳：岩佐庸・原田裕子訳『進化遺伝学』（産業図書, 1995).

[199] Maynard-Smith, J. and Szathmary, E. (1995). *The Major Transitions in Evolution* (Oxford Univ. Press). 邦訳：長野敬訳『進化する階層——生命の発生から言語の誕生まで』（シュプリンガー・フェアラーク東京, 1997).

[200] McCulloch, W.S. and Pitts, W. (1943). "A Logical Calculus of the Ideas Immanent in Nervous Activity," *The Bulletin of Mathematical Biophysics*, **5**(4), 115–133.

[201] Mezard, M., Parisi, G. and Virasoro, M.A. eds. (1987). *Spin Glass Theory and Beyond* (World Sci. Pub.).

[202] Mikhailov, A. and Hess, B. (1995). "Fluctuations in Living Cells and Itracellular Traffic," *J. Theor. Biol.*, **176**, 185–192.

[203] Milo, R. and Phillips, R. (2015). *Cell Biology by the Numbers* (Garland Science).

[204] Miyamoto, T., Furusawa, C. and Kaneko, K. (2015). "Pluripotency, Differentiation, and Reprogramming: A Gene Expression Dynamics Model with Epigenetic Feedback Regulation," *PLoS Computational Biology*, **11**, e1004476.

[205] Mizuuchi, R. and Ichihashi, N. (2018). "Sustainable Replication and Coevolution of Cooperative RNAs in an Artificial Cell-like System," *Nature Ecology and Evolution*, **2**(10), 1654.

[206] Mjolsness, E., Sharp, D.H. and Reinitz, J. (1991). "A Connectionist Model of Development," *J. Theor. Biol.*, **152**, 429–453.

[207] Monod, J. (1949). "The Growth of Bacterial Cultures," *Annual Reviews in Microbiology*, **3**(1), 371–394.

[208] Mori, H. (1965). "Transport, Collective Motion, and Brownian Motion," *Progress of Theoretical Physics*, **33**(3), 423–455.

[209] Nakajima, A. and Kaneko, K. (2008). "Regulative Differentiation as Bifurcation of Interacting Cell Population," *Journal of Theoretical Biology*, **253**(4), 779–787.

[210] Nakajima, M. *et al.* (2005). "Reconstitution of Circadian Oscillation of Cyanobacterial KaiC Phosphorylation in vitro," *Science*, **308**, 414–415.

[211] Nakaoka, Y., Tokui, H., Gion, Y., Inoue, S. and Oosawa, F. (1982). "Behavioral Adaptation of Paramecium Caudatum to Environmental Temperature," *Proceedings of the Japan Academy, Series B*, **58**(7), 213–217.

[212] Newman, S.A. (1994). "Generic Physical Mechanisms of Tissue Morphogenesis:a Common Basis for Development and Evolution," *J. Evol. Biol.*, **7**, 467–488.

[213] Newman, S.A. and Comper, W.D. (1990). "Generic Physical Mechanisms of Morphogenesis and Pattern Formation," *Development*, **110**, 1–18.

[214] Nicolis, G. and Prigogine, I. (1977). *Self-organization in Nonequilibrium Systems* (Wiley).

[215] 西森秀稔（1999）.『スピングラス理論と情報統計力学』（岩波書店）.

[216] Ohno, S. (1970). *Evolution by Gene Duplication* (Springer).

[217] Ohta, T. (1992). "The Nearly Neutral Theory of Molecular Evolution," *Annual Review of Ecology and Systematics*, **23**(1), 263–286.

[218] Ohta, T. (2011). "Near-neutrality, Robustness, and Epigenetics," *Genome Biol. Evol.*, **3**, 1034–1038.

[219] 大野克嗣（2009）.『非線形な世界』（東京大学出版会）.

[220] 大沢文夫（2001）.「自主，自発と個体差」『複雑系のバイオフィジックス』所収（共立出版）.

[221] Pfeuty, B. and Kaneko, K. (2014). "Reliable Binary Cell-fate Decisions Based on Oscillations," *Physical Review E*, **89**(2), 022707.

[222] Pfeuty, B. and Kaneko, K. (2016). "Requirements for Efficient Cell-type Proportioning: Regulatory Timescales, Stochasticity and Lateral Inhibition," *Physical Biology*, **13**(2), 026007.

[223] Pirt, S.J. (1965). "The Maintenance Energy of Bacteria in Growing Cultures," *Proc. R. Soc. Lond. B*, **163**(991), 224–231.

[224] Price, G.R. (1970). "Selection and Covariance," *Nature*, **227**, 520–521.

[225] Price, G.R. (1972). "Extension of Covariance Selection Mathematics," *Annals of Human Genetics*, **35**(4), 485–490.

[226] Raff, R.A. (1996). *The Shape of Life: Genes, Development, and the Evolution of Animal Form* (University of Chicago Press).

[227] Rafols, I., Sawada, Y., Amagai, A., Maeda, Y. and MacWilliams, H.K. (2001). "Cell Type Proportioning in Dictyostelium Slugs: Lack of Regulation within a 2.5-fold Tolerance Range," *Differentiation*, **67**(4–5), 107–116.

[228] Rainey, P.B. and Rainey, K. (2003). "Evolution of Cooperation and Conflict in Experimental Bacterial Populations," *Nature*, **425**(6953), 72.

[229] Rashevsky, N. (1940). "Physicomathematical Aspects of Some Problems of Organic Form," *The Bulletin of Mathematical Biophysics*, **2**(3), 109–121.

[230] Rashevsky, N. (1960). *Mathematical Biophysics: Physico-Mathematical Foundations of Biology* (Dover Publictations).

[231] Ratcliff, W.C., Denison, R.F., Borrello, M. and Travisano, M. (2012). "Experimental Evolution of Multicellularity," *Proceedings of the National Academy of Sciences*, **109**(5), 1595–1600.

[232] Rice, S.H. (2004). *Evolutionary Theory: Mathematical and Conceptual Foundations* (Sinauer Associates), pp. 76–78.

[233] Ritort, F. and Sollich, P. (2003). "Glassy Dynamics of Kinetically Constrained Models," *Advances in Physics*, **52**(4), 219–342.

[234] Rosen, R. (1970). *Dynamical System Theory in Biology* (Wiley and Sons). 邦訳：山口昌哉訳『生物学におけるダイナミカルシステムの理論』（産業図書, 1988）.

[235] Rosen, R. (2000). *Essays on Life Itself* (Columbia Univ. Press).

[236] Rubin, H. (1990). "The Significance of Biological Heterogeneity," *Cancer and Metastasis Reviews*, **9**, 1–20.

[237] Rubin, H. (1994). "Experimental Control of Neoplastic Progression in Cell Populations; Fould's Rules Revisited," *Proc. Nat. Acad. Sci.*, **91**, 6619–6623.

[238] Russell, J.B. and Baldwin, R.L. (1979). "Comparison of Maintenance Energy Expenditures and Growth Yields among Several Rumen Bacteria Grown on Continuous Culture," *Applied and Environmental Microbiology*, **37**(3), 537–543.

[239] Sadtler, P.T., Quick, K.M., Golub, M.D., Chase, S.M., Ryu, S.I., Tyler-Kabara, E.C., ... and Batista, A.P. (2014). "Neural Constraints on Learning," *Nature*, **512**(7515), 423.

[240] Saito, N., Sughiyama, Y. and Kaneko, K. (2016). "Motif Analysis for Small-number Effects in Chemical Reaction Dynamics," *The Journal of Chemical Physics*, **145**(9), 094111.

[241] Sakata, A., Hukushima, K. and Kaneko, K. (2009). "Funnel Landscape and Mutational Robustness as a Result of Evolution under Thermal Noise," *Physical Review Letters*, **102**, 148101.

[242] Salazar-Ciudad, I. Newman, S.A. and Sole, R.V. (2001a). "Phenotypic and Dynamical Transitions in Model Genetic Networks I," *Evolution and Development*, **3**, 84.

[243] Salazar-Ciudad, I., Sole, R.V. and Newman, S.A. (2001b). "Phenotypic and Dynamical Transitions in Model Genetic Networks II; Application to the Evolution of Segmentation Mechanisms," *Evolution and Development*, **3**(2), 95–103.

[244] Sato, K., Ito, Y., Yomo, T. and Kaneko, K. (2003). "On the Relation between Fluctuation and Response in Biological Systems," *Proc. Nat. Acad. Sci. USA*, **100**, 14086–14090.

[245] Sato, K. and Kaneko, K. (2006). "On the Distribution of State Values of Reproducing Cells," *Physical Biology*, **3**(1), 74.

[246] Sato, T.U. and Kaneko, K. (2020). "Evolutionary dimension reduction in phenotypic space," *Phys. Rev. Research*, **2**, 013197.

[247] Schaechter, M., Maaløe, O. and Kjeldgaard, N.O. (1958). Dependency on medium and temperature of cell size and chemical composition during balanced growth of Salmonella typhimurium, *Microbiology*, **19**, 592–606.

[248] Schmidt, A., Kochanowski, K., Vedelaar, S., Ahrné, E., Volkmer, B., Callipo, L., ... and Heinemann, M. (2016). "The Quantitative and Condition-dependent Escherichia Coli Proteome," *Nature Biotechnology*, **34**, 104.

[249] Schrödinger, E. (1946). *What is Life* (Cambridge Univ. Press). 邦訳：岡小天・鎮目恭夫訳『生命とは何か——物理的にみた生細胞』(岩波文庫, 2008).

[250] Scott, M., Gunderson, C.W., Mateescu, E.M., Zhang, Z. and Hwa, T. (2010). "Interdependence of Cell Growth and Gene Expression: Origins and Consequences," *Science*, **330**(6007), 1099–1102.

[251] Shimizu, Y., Kanamori, T. and Ueda, T. (2005). "Protein Synthesis by Pure Translation Systems," *Methods*, **36**(3), 299–304.

[252] Shoval, O., Goentoro, L., Hart, Y., Mayo, A., Sontag, E. and Alon, U. (2010). "Fold-change Detection and Scalar Symmetry of Sensory input Fields," *Proceedings of the National Academy of Sciences*, **107**(36), 15995–16000.

[253] Silva, A.J., Kogan, J.H., Frankland, P.W. and Kida, S. (1998). "CREB and Memory," *Annu. Rev. Neurosci.*, **21**, 1278.

[254] 荘子（紀元前 2c ころ）.

[255] Sprinzak, D. and Elowitz, M.B. (2005). "Reconstruction of Genetic Circuits," *Nature*, **438**, 443–448

[256] Spudich, J.L. and Koshland, D.E.Jr. (1976). "Non-genetic Individuality: Chance in the Single Cell," *Nature*, **262**, 467–471.

[257] Stern, S., Dror, T., Stolovicki, E., Brenner, N. and Braun, E. (2007). "Genome-wide Transcriptional Plasticity Underlies Cellular Adaptation to Novel Challenge," *Molecular Systems Biology*, **3**(1), 106.

[258] Stern, S., Fridmann-Sirkis, Y., Braun, E. and Soen, Y. (2012). "Epigenetically Heritable Alteration of Fly Development in Response to Toxic Challenge," *Cell Reports*, **1**(5), 528–542.

[259] Steward, F.C., Mapes, M.O. and Mears, K. (1958). "Growth and Organized Development of Cultured Cells. II. Organization in Cultures from Freely Suspended Cells," *Am. J. Bot.*, **45**(1958), 705–708.

[260] Strogatz, S. (2001). *Nonlinear Dynamics and Chaos: With Applications to Physics, Biology, Chemistry, and Engineering* (Perseus Books). 邦訳：田中久陽・中尾裕也・千葉逸人訳『ストロガッツ 非線形ダイナミクスとカオス』(丸善出版, 2015).

[261] Sugawara, T. and Kaneko, K. (2011). "Chemophoresis as a Driving Force for Intracellular Organization: Theory and Application to Plasmid Partitioning," *Biophysics*, **7**, 77–88.

[262] Surovtsev, I.V. and Jacobs-Wagner, C. (2018). "Subcellular Organization: a Critical Feature of Bacterial Cell Replication," *Cell*, **172**(6), 1271–1293.

[263] Suzuki, N., Furusawa, C. and Kaneko, K. (2011). "Oscillatory Protein Expression Dynamics Endows Stem Cells with Robust Differentiation Potential," *PLoS One*, **6**(11), e27232.

[264] Suzuki, S., Horinouchi, T. and Furusawa, C. (2014). "Prediction of Antibiotic Resistance by Gene Expression Profiles," *Nature Communications*, **5**, 5792.

[265] Szathmary, E. and Demeter, L. (1987). "Group Selection of Early Replicators and the Origin of Life," *J. Theor. Biol.*, **128**, 463–486.

[266] Szostak, J.W., Bartel, D. and Luisi, P.L. (2001). "Synthesizing Life," *Nature*, **409**(2001), 387–390.

[267] Takagi, H. and Kaneko, K. (2005). "Dynamical Systems Basis of Metamorphosis: Diversity and Plasticity of Cellular States in Reaction Diffusion Network," *Journal of Theoretical Biology*, **234**, 173–186.

[268] Takahashi, K. and Yamanaka, S. (2006). "Induction of Pluripotent Stem Cells from Mouse Embryonic and Adult Fibroblast Cultures by Defined Factors," *Cell*, **126**(4), 663–676.

[269] Takahashi, Y., Kataoka, N., Kaneko, K. and Namiki, T. (2001). "Function Dynamics," *Japan Journal of Industrial and Applied Mathematics*, **18**(2), 405.

[270] Takeuchi, N., Hogeweg, P. and Kaneko, K. (2017). "The Origin of a Primordial Genome through Spontaneous Symmetry Breaking," *Nature Communications*, **8**(1), 250.

[271] Takeuchi, N., Kaneko, K. and Hogeweg, P. (2016). "Evolutionarily Stable Disequilibrium: Endless Dynamics of Evolution in a Stationary Population," *Proc. R. Soc. B*, **283**(1830), 20153109 (The Royal Society).

[272] Takeuchi, N. and Kaneko, K. (2019). "The Origin of the Central Dogma through Conflicting Multi-level Selection," *Proc. R. Soc. B*, **286**, 20191359.

[273] Tan, C., Marguet, P. and You, L. (2009). "Emergent Bistability by a Growth-modulating Positive Feedback Circuit," *Nature Chemical Biology*, **5**(11), 842–848.

[274] Taniguchi, Y., Choi, P.J., Li, G. W., Chen, H., Babu, M., Hearn, J., ... and Xie, X.S. (2010). "Quantifying E. coli Proteome and Transcriptome with Single-molecule Sensitivity in Single Cells," *Science*, **329**(5991), 533–538.

[275] Thom, R. (1975). *Structural Stability and Morphogenesis: An Outline of a General Theory of Models* (W.A. Benjamin)

[276] 戸田盛和・斎藤信彦・久保亮五・橋爪夏樹（1972）．『統計物理学』（現代物理学の基礎第 6 巻，岩波書店）．英語版：Kubo, R., Toda, M. and Hashitsume, N. (1985). *Statistical Physics* II (Springer).

[277] Togashi, Y. and Kaneko, K. (2001). "Transitions Induced by the Discreteness of Molecules in a Small Autocatalytic System," *Phys. Rev. Lett.*, **86**, 2459.

[278] Togashi, Y. and Kaneko, K. (2005). "Discreteness-induced Stochastic Steady State in Reaction Diffusion Systems: Self-consistent Analysis and Stoch Astic Simulations," *Physica D*, **205**, 87–99.

[279] Tsuda, I. (1991). "Chaotic Itinerancy as a Dynamical Basis of Hermeneutics in Brain and Mind," *World Futures*, **32**, 167.

[280] Tsuda, I. (1992). "Dynamic Link of Memory–chaotic Memory Map in Nonequilibrium Neural Networks," *Neural Networks*, **5**, 313.

[281] 津田一郎（2002）．『複雑系脳理論』（サイエンス社）．

[282] 津田一郎（2016）．『脳の中に数学を見る』（共立出版）．

[283] Tsuru, S., Ichinose, J., Kashiwagi, A., Ying, B.W., Kaneko, K. and Yomo, T. (2009). "Noisy Cell Growth Rate Leads to Fluctuating Protein Concentration in Bacteria," *Physical Biology*, **6**(3), 036015.

[284] Tsuru, S., Yasuda, N., Murakami, Y., Ushioda, J., Kashiwagi, A., Suzuki, S., ... and Yomo, T. (2011). "Adaptation by Stochastic Switching of a Monostable Genetic Circuit in Escherichia coli," *Molecular Systems Biology*, **7**(1), 493.

[285] Turing, A.M. (1952). "The Chemical Basis of Morphogenesis," *Phil. Trans. Roy. Soc., B*, **237**, 37–72.

[286] de Visser, J.A.G.M. *et al.* (2003). "Evolution and Detection of Genetic Robustness," *Evolution*, **57**, 1959-1972.

[287] van Zon, J.S., Lubensky, D.K., Altena, P.R.H. and ten Wolde, P.R. (2007). "An Allosteric Model of Circadian KaiC Phosphorylation," *Proc. Natl. Acad. Sci. USA*, **104**, 7420–7425.

[288] Waddington, C.H. (1957). *The Strategy of the Genes* (George Allen and Unwin LTD., Bristol).

[289] Wagner, A. (2007). *Robustness and Evolvability in Living Systems*, Vol. 24 (Princeton Univ. Press).

[290] Wakamoto, Y., Dhar, N., Chait, R., Schneider, K., Signorino-Gelo, F., Leibler, S. and McKinney, J.D. (2013). "Dynamic Persistence of Antibiotic-stressed Mycobacteria," *Science*, **339**(6115), 91–95.

[291] Wang, P., Robert, L., Pelletier, J., Dang, W.L., Taddei, F., Wright, A. and Jun, S. (2010). "Robust Growth of Escherichia coli," *Current Biology*, **20**(12), 1099–1103.

[292] West-Eberhard, M.J. (2003). *Developmental Plasticity and Evolution* (Oxford Univ. Press).

[293] Wilson, K.G. (1983). "The Renormalization Group and Critical Phenomena," *Reviews of Modern Physics*, **55**(3), 583.

[294] Yamagishi, J.F., Saito, N. and Kaneko, K. (2016). "Symbiotic Cell Differentiation and Cooperative Growth in Multicellular Aggregates," *PLoS Computational Biology*, **12**(10), e1005042.

[295] Yamagishi, J.F., Saito, N. and Kaneko, K. (2020). "Adaptation of metabolite leakiness leads to symbiotic chemical exchange and to a resilient microbial ecosystem," *PLoS Computational Biology*, **17**, e1009143.

[296] Yoshida, T., Murayama, Y., Ito, H., Kageyama, H. and Kondo, T. (2009). "Nonparametric Entrainment of the in vitro Circadian Phosphorylation Rhythm of Cyanobacterial KaiC by Temperature Cycle," *Proc. Natl. Acad. Sci. USA*, **106**, 1648–1653.

[297] Zipf, G.K. (1949). *Human Behavior and the Principle of Least Effort* (Addison-Wesley, Cambridge).

索引

ア 行

iPS 細胞　19, 171, 192–194
赤の女王仮説　263
アクチビン　175–178
アトラクター　24, 29–31, 92–94, 96–98, 100–104, 110, 111, 113, 114, 148, 164, 171, 173, 176, 179, 182, 183, 187, 188, 192, 195, 196, 218–220, 271, 274, 278
——選択　53, 89, 93–95, 97, 100, 104, 105, 109, 112, 113, 163, 164
アフィニティ　60, 61, 136, 153
RNA-seq　50
異化　64
1 細胞長期計測　72, 76, 77, 107
遺伝子型　3, 26, 27, 167, 201, 205–211, 213, 223, 224, 232, 264, 268
——–表現型マップ　202, 206, 209
遺伝子制御ネットワーク　51, 94, 98–100, 111, 113, 115, 128, 130, 132, 148, 151, 163, 179, 182, 193, 199, 213, 216, 217, 219, 221, 226, 254, 265, 270, 271
遺伝子発現　21, 44, 45, 73, 75, 90, 93–97, 100, 101, 111, 119, 125, 128, 129, 148, 162, 171, 173, 179, 186, 225, 249, 253, 271
——ダイナミクス　180, 182, 184, 188, 193, 216, 217, 225
——パタン　182, 194, 217, 221, 270
遺伝的アルゴリズム　214
遺伝的同化　32, 212, 223, 235
遺伝率　212
ウェーバー–フェヒナー法則　122, 123

運動論的制約　149, 151, 152
栄養律速　9, 264
エピジェネティクス　6, 146, 180, 190, 223, 224
エピジェネティック　46, 47
——過程　47, 162, 190, 192, 193, 224
——固定化　163, 194
——地形　172, 173, 176
——変化　147, 162, 181, 191, 192, 194, 224, 280
エラーカタストロフ　209–211, 216, 254
エントロピー　13, 15, 16, 19, 34, 55, 56, 60, 186, 192, 194
——生成　60, 61, 63, 64
応答　3, 16, 21, 22, 38, 43, 44, 122, 123, 130, 201, 206, 214, 236, 237, 242
折れ畳み　64
温度補償性　133, 135–139, 141

カ 行

概日時計　133, 138, 141
階層間整合性　32, 54, 84, 172, 180, 198, 260, 269
階層性　23–27, 33, 45, 171, 261
Kai タンパク質　133, 134, 140
ガウス分布　36, 38, 66, 72, 74, 79, 208–210
カオス　24, 189
——的遍歴　185, 190
化学反応ランジュヴァン方程式　93
化学ポテンシャル　57, 60, 65, 157
学習　162, 273–276, 279, 280
確率微分方程式　83, 93

可塑性　4, 6, 28, 29, 34, 89, 137–140, 163, 166, 170, 171, 174, 176, 178, 187–189, 202, 205, 224, 225, 256, 259, 269, 274, 278

活性　44, 49, 64, 67, 81, 91, 103, 133, 134

活性化エネルギー　133

活性度　34

活動性　4, 5, 19, 28, 64, 65, 136

活動度　20

ガラス　149, 151, 156, 159, 160

カルノー効率　58

カルノーサイクル　17

カルモジュリンキナーゼ　147, 166

ガン　26, 28, 53, 195–197, 260

　　——幹細胞　196, 197

頑健性　4, 5, 7, 44, 89, 133, 135–140, 172, 189, 196, 205, 218–223, 247, 255, 256, 259, 272, 273, 278, 279

幹細胞　140, 170, 180, 183, 186, 188–190, 264, 274

感受率　178, 277

関数力学系　280, 281

完全適応　117–119, 121, 125, 127, 129, 138

記憶　3, 27, 33, 54, 145–150, 156, 162, 165, 166, 190, 191, 273–276, 280

機械学習　12, 275

寄生　9, 262

　　——分子　9, 10, 25, 67, 80, 81, 261

休眠状態　44, 53, 66, 67, 147, 156, 257

休眠相　21

共生　262–264, 266, 268

局所平衡　159, 160

区画化　82, 83

くりこみ群　279

蛍光タンパク質　72, 75–77, 99, 202, 230

原腸陥入　178

構成生物学　50–53

合成生物学　51, 52

構成的アプローチ　80

後成的地形　34

構造安定性　278

酵素競合律速　134, 136, 152, 154, 156

酵素律速　153, 159–161

酵素量調節　49

酵母　46, 112, 146, 254, 267

互恵関係　137–139, 189

混雑性　82–84, 86

サ　行

細胞間相互作用　77, 172, 180–183, 196–199

細胞内共生　262

細胞分化　3, 19, 26, 31, 34, 165, 174, 179, 180, 182, 186, 188, 190, 191, 195, 264, 266, 276, 279

散逸構造　55, 56

時間スケール　3, 45, 113, 133, 162, 190, 192, 223, 280

　　——分離　47, 48, 272

シグナル伝達系　52, 90, 95, 98, 99, 112, 178

次元圧縮　249, 276, 279

自己触媒反応　8, 58, 59, 62, 65, 67, 119

自己組織化　55, 56

指数関数的成長　44, 66, 71, 105, 240, 257, 262, 268

指数増殖相　21

磁性体　147, 149

自然選択の基本定理　204, 211

ジップ則　36, 66, 124

シナプス　147, 162, 166, 273, 274, 280

修飾反応　136, 152

集団座標　260, 279

収率　62, 63

主成分分析　245, 251, 256

種分化　3, 210, 232, 260, 268

準安定状態　150, 151, 189, 190, 195

少数性　82, 83, 87

　　——制御　81, 262, 267

状態空間　29, 30, 40, 45, 173, 174, 182, 183, 186, 187, 192, 210, 237, 245, 247, 251, 276, 277

状態方程式　16, 20, 21

初期化　19, 191, 193, 194

触媒反応ネットワーク　65, 71, 123, 127, 132, 156, 157, 160, 161, 202, 213, 215, 242, 254, 255, 266

自律性　6, 7

進化　3, 10, 27, 32, 33, 52, 54, 65, 80, 112, 201, 205, 235–237, 242–252, 261–264, 269–274, 276, 278, 279
　——可能性　82, 205, 222, 224, 232, 262, 264, 267
　——速度　50, 202–204, 206, 211, 214, 222, 254
　——的安定性　196, 205, 208, 213, 278
　——発生学　270
　——揺動応答関係　204, 211, 214, 273
真核細胞　47, 262, 264
神経ネットワーク　116, 147, 148, 150, 151, 162, 273, 274
人工細胞　1, 80, 82, 83, 85, 86
水平的遺伝子伝播　222
スピン　149–151
スピングラス　149–151
制御パラメタ　48, 175
整合性　25, 27–29, 32, 45, 49, 50, 52–55, 70, 84, 89, 94, 103, 113, 114, 124, 140, 170, 190, 191, 195, 196, 205, 223, 232, 248, 256, 257, 259, 260, 263, 264, 272–274, 277, 280
　——原理　33, 38, 103, 223
静止期　21, 53, 66, 70, 77, 263
生殖細胞　26, 262, 266, 267
生態系　23, 25, 26, 169, 267–269
成長速度　49, 60, 62, 64, 65, 68, 71, 72, 75, 76, 92–94, 96, 97, 101–111, 123, 124, 164, 213, 231, 236, 237, 249, 255–258, 263, 266
生物時計　133, 134, 137, 140
線形近似　43, 138, 139, 208, 209, 241
線形性　241, 242
セントラルドグマ　82, 230, 261, 262
全能性　19, 170, 171
相互作用力学系　179, 185, 195
増殖速度　19–21, 37, 41–44, 70, 101, 102, 104, 105, 108, 112, 238, 240–243, 245, 249–251, 253, 263
速度論的校正過程　68

タ　行

体細胞　171, 194, 262, 266
代謝　8, 18, 20, 21, 46, 48, 58, 85, 112, 113
　——反応ネットワーク　100, 101
対称性の自発的破れ　82
対数関数型の緩和　153, 154, 159, 166
対数正規分布　37, 71, 74, 122, 128, 208, 214, 269
大腸菌　10, 42, 46, 51, 72, 79, 85, 98, 106, 112, 119, 147, 197, 202, 225, 227, 238, 241, 251
タイプ化　29–31
多細胞生物　26, 28, 30, 34, 53, 145, 147, 169, 170, 189, 195, 196, 201, 202, 261, 262, 266, 267, 273, 279
多重安定性　147–149, 165, 166, 274
多能性　34, 170, 171, 182, 183, 186, 187, 189, 191–194, 276
多様化　3, 11, 85, 169, 268, 272
多様性　4, 7, 8, 11, 84, 85, 87, 157, 161, 182, 186–188, 269, 272, 277
多様体　245, 246
断続平衡　271
断熱過程　15
断熱消去法　48
タンパク質　2, 18, 20, 21, 42, 46, 47, 50, 67, 71, 73, 82, 90, 95, 133, 174, 217, 266
中立説　269
チューリング不安定性　183
長期記憶　146, 147, 149, 166
長期増強　147, 166
DNA　26, 47, 82, 84, 146, 147, 162–164, 190, 224, 266
定常成長　19, 20, 28, 36, 43, 204, 235, 236, 241, 242
　——状態　18, 21, 24, 34, 38–40, 75
適応　3, 27, 33, 36, 45, 54, 65, 89, 117, 119, 121, 123, 129, 133, 140, 145, 237, 242, 251, 256
　——度　104, 131, 204, 206, 209, 210, 213, 217–222, 225, 226, 231, 247, 255–257, 270
でこぼこ地形　150, 151, 220
同化　64
動的記憶　145, 149, 152, 156, 161, 162, 165, 166
トグルスイッチ　95, 98, 99, 148

トランスクリプトーム解析　42, 50, 174,
187, 189

ナ 行

内部共生体　262–264
ネットワーク・モチーフ　129, 131, 132
熱力学　13–19, 21–23, 25, 34, 39, 55,
60, 194, 206, 237, 277
――極限　277
ノイズ　37, 50, 93, 107, 108

ハ 行

バイオフィルム　26, 169
倍変化検出　122, 127
パーシスタンス　91
パタン形成　55, 56, 270
発生　27, 34, 54, 170–178, 205, 217,
219, 220, 223, 269–273, 278–280
――砂時計仮説　272
反応能　178
反復説　269, 270
引き込み　110, 137, 140
微細加工技術　77
ヒストン修飾　146, 162–164
ヒストンタンパク質　47
非平衡状態　4, 13, 49, 56, 62, 86, 157,
161
非平衡性　55, 57, 58, 86
表現型　3, 26, 27, 29, 32, 46–48, 91,
112, 146, 147, 196, 197, 201–219, 222–
225, 227, 231, 232, 235–237, 245–249,
253–255, 257, 264, 265, 268, 269, 272,
273, 278
比率制御　182, 188, 189
フィードバック　22, 37, 85, 100, 106,
124, 125, 133, 156, 163, 164, 185, 190–
194, 222, 224, 256, 268, 271, 272, 280
フィードフォワード　128, 129, 131, 138
フォッカー–プランク方程式　108
不可逆性　14, 15, 18, 19, 171, 180, 188,
191, 194
複製　2, 4, 9, 10, 18, 26, 27, 33, 54,
55, 65, 170, 182, 183, 186, 188, 261,
263

――系　9, 10, 36, 80, 84–86, 169,
260–263, 266
部分適応　117, 119, 125, 127, 129, 131
普遍性クラス　277
普遍生物学　1, 2, 13, 27, 33, 51, 79, 80,
128, 147, 259, 261, 276, 277, 279
ブラウン運動　16, 84, 203
プラトー　159, 160
ブーリアン・ネットワーク　151
プロテインキナーゼ C　147
プロト細胞　58
分化　3, 19, 20, 26, 27, 31, 33, 54, 169,
186, 191, 195, 232, 261, 264–268, 276
分岐　30, 31, 183, 184, 232, 269–271,
274, 275
分子修飾　27
分裂時間　46, 76–79, 105–107
平均化法　48
平衡状態　13–18, 35, 39, 57, 59, 68, 86,
133, 151, 156–158, 160, 161, 203, 279
ベイズン　183, 188, 192, 278
ヘブ則　162, 275
変異体　112, 202, 209, 211, 218, 220,
221, 227–232
変異率　202, 206, 208–211, 214, 216
変態　53, 195
胞子　147, 189
ほぼ中立説　221
ホメオスタシス　3, 18, 21, 44, 89, 117,
133, 258

マ 行

膜前駆体　59, 60
マクロポテンシャル　237
マクロ–ミクロ整合性　24, 27, 30, 38,
49, 50, 54, 75, 132, 140, 188, 189, 195
未分化細胞　175
メチル化　47, 146, 152, 154, 162, 190
メチル基　146
mRNA　42, 46, 95, 113, 115, 119, 124,
173, 174, 230, 231, 237, 251
免疫系　112
模擬焼きなまし　104
モジュール　8, 48, 52, 54

304　索引

ヤ 行

有性生殖　　205, 222
輸送体　　124, 125, 141, 242
揺動応答関係　　17, 22, 38, 203, 204, 211,
　214, 231, 273, 274

ラ 行

ラグタイム　　66, 70, 88

力学系　　1, 24, 29, 31, 35, 47, 65, 92,
　96, 110, 117, 120, 134, 173, 176, 179,
　180, 183, 190, 195, 217–219, 232, 259,
　271, 279, 280
理想気体　　16, 17, 22
理想細胞モデル　　22, 35, 59, 123, 127
臨界状態　　124, 127
リン酸化　　133–137, 140, 152–154, 166
　──反応　　119
ルシャトリエ原理　　16, 21, 250, 251
レセプター　　90, 178
レチノイン酸　　175–177

著者について

金子邦彦 (かねこ・くにひこ)

略歴：1956 年，神奈川県横浜市に生まれる．1984 年，東京大学大学院理学系研究科博士課程修了（理学博士）．日本学術振興会研究員，ロスアラモス研究所研究員を経て，1985–90 年，東京大学教養学部物理学教室助手．1990–94 年，東京大学教養学部基礎科学科助教授．1994 年から東京大学教養学部基礎科学科教授．この間，1987–88 年，イリノイ大学で文部省在外研究員，1988–89 年，ロスアラモス研究所スタニスラフ・ウラムフェロー，1999 年，フライブルク大学客員教授，2002 年から大阪大学大学院生命機能研究科客員教授．2004–09 年，ERATO 複雑系生命総括，2005 年，エコールノルマル・リヨン校客員教授，2013–18 年，複雑生命システム動態研究教育拠点長，2017 年から生物普遍性連携研究機構長，2018 年，プリンストン高等研究所客員，現在，Niels Bohr 研究所教授，東京大学名誉教授．

専門：生命基礎論（複雑系），カオス，非平衡現象論．

主要著書：*Collapse of Tori and Genesis of Chaos in Dissipative Systems* (World Sci. Pub., 1986)，*Theory and Applications of Coupled Map Lattices*（編集および分担執筆，Wiley, 1993），『複雑系のカオス的シナリオ』（津田一郎と共著，朝倉書店，1996），『複雑系の進化的シナリオ』（池上高志と共著，朝倉書店，1998），*Complex Systems: Chaos and Beyond —A Constructive Approach with Applications in Life Sciences*（津田一郎と共著，Springer, 2000），『複雑系のバイオフィジックス』（編集および分担執筆，共立出版，2001），『生命とは何か』（東京大学出版会，2003；第 2 版：2009），*Life: An Introduction to Complex Systems Biology* (Springer, 2006)，『システムバイオロジー』（現代生物科学入門 8，共著，岩波書店，2010）．

普遍生物学

物理に宿る生命，生命の紡ぐ物理

2019 年 10 月 21 日　初　版
2022 年　9 月 30 日　第 2 刷

[検印廃止]

著者　金子邦彦

発行所　一般財団法人　東京大学出版会

代表者　吉見俊哉

153-0041 東京都目黒区駒場 4-5-29

電話 03-6407-1069　　Fax 03-6407-1991

振替 00160-6-59964

印刷所　三美印刷株式会社

製本所　牧製本印刷株式会社

©2019 Kunihiko Kaneko
ISBN978-4-13-062620-0

Printed in Japan

JCOPY 〈出版者著作権管理機構 委託出版物〉
本書の無断複写は著作権法上での例外を除き禁じられています．複
写される場合は，そのつど事前に，出版者著作権管理機構（電話 03-
5244-5088, FAX 03-5244-5089, e-mail: info@jcopy.or.jp）の
許諾を得てください．

生命とは何か［第2版］ 複雑系生命科学へ	金子邦彦	A5/3800 円
細胞の理論生物学 ダイナミクスの視点から	金子・澤井・高木・古澤	A5/3800 円
非線形な世界	大野克嗣	A5/3800 円
現象数理学入門	三村昌泰編	A5/3200 円
振動と波動	吉岡大二郎	A5/2500 円
解析力学・量子論［第2版］	須藤 靖	A5/2800 円

ここに表示された価格は本体価格です．御購入の
際には消費税が加算されますので御了承下さい．